代数学入門

先につながる群, 環, 体の入門

川口 周

Kawaguchi Shu

［著］

日評ベーシック・シリーズ

日本評論社

はじめに

整数の全体 $\mathbb{Z}$ には，$2+3=5$ や $2\cdot 3=6$ という加法 $+$ と乗法 $\cdot$ とよばれる演算が定義されていて，これらの演算は加法の結合則や乗法の結合則などいくつかの公理をみたしている．一般に，集合とその上に定義されたいくつかの公理をみたす演算に注目したものを代数系という[1]．1 つの演算をもつ代数系に群があり，2 つの演算をもつ代数系に環と体がある．本書は，群，環，体といった代数系を学ぶための最初の 1 冊になることを目標にしている．

大学の数学系における代数学関連のカリキュラムでは，線形代数の講義に続いて，まず代数系の入門講義があり，その後に，群，環と加群，体とガロア理論を扱う講義があることが多い[2]．本書は，筆者がこれまでに在職した京都大学，大阪大学，同志社大学で担当した講義（特に，大阪大学と同志社大学での代数系の入門講義）の配布資料をもとにしている．

本書の構成

本書は，6 つの章と 4 つの付録からなる．予備知識としては，大学 1 年次に習う微分積分学と線形代数学の内容（特に線形代数学）を仮定している．

第 1 章は準備であり，第 2 章と第 3 章は群の基礎である．第 4 章と第 5 章は環の基礎である．加群についても少し触れている．第 6 章は体論の最初のあたりの体の拡大次数を説明している．付録では，代数が使われている例として，平面の結晶群，公開鍵暗号，音楽 CD とリード・ソロモン符号，作図問題について簡

1] ベクトル空間のスカラー倍のように，もう少し広い範囲のものも考える．
2] 群論の講義が代数系の入門講義を兼ねていることも多い．

単に述べている.

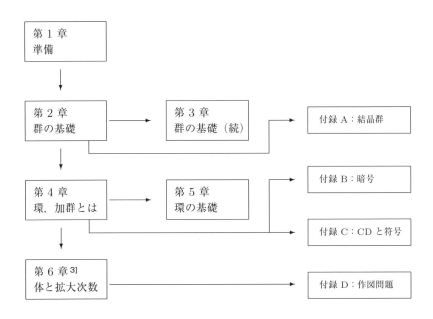

　冒頭でも述べたように，代数学では，数学的対象のもつ演算や作用を共通の構造として取り出して考える．抽象化することにより見通しが良くなり適用範囲が広がる一方で，この抽象化は初めて代数学を学ぶ人にとっては関門になることが多いように思われる．本書では，例を多くあげるとともに，群，環，体に関するいくつかの大切な概念については，抽象的な概念そのものを理解できるように，丁寧に説明することを心がけた．

　代数学を学ぶときの最初の目標は，準同型定理を理解することだろう．本書では，第 2 章で群の準同型定理を証明する．群の準同型定理を理解するためには，同値関係や商集合という概念を理解する必要がある．さらに，群の演算を用いて，群から作られた商集合に演算が定義できることや，商集合から群への写像が矛盾なく定義できることを理解する必要がある．準同型定理はひとたび理解してしまえば，空気の存在のように「当たり前」と感じられるものだと思う．一方で，All

---

3] 6.3 節は 5 章の内容を使う．

things are difficult before they are easy というように，準同型定理を当たり前と感じられるようになるまでにはいくつかの関門があるように思われる．本書では，第 1 章で演算，同値関係と商集合についてゆっくり進め，第 2 章で群の定義から準同型定理にいたるまでをゆっくり進めた．

さて，群の準同型定理を理解しても，そのありがたみが分からないかもしれない（むしろその方が普通だろう）．本書では，第 3 章で有限アーベル群の基本定理と群の作用を扱う．群の作用では，数え上げ問題への応用や，有限群の構造に関するコーシーの定理などを扱う．第 3 章で，群の準同型定理の使われ方をみてほしい．と同時に，いくつかの公理をみたす 1 つの演算をもつという群の定義からは想像できない（？）ほど，群が豊かな性質をもつことを感じてもらえればと思う．

同様に，本書の第 4 章と第 5 章では，目次にあるように，環と環上の加群の定義から始めて環の準同型定理を証明したあとに，環の性質についてもう少し述べている．本書の第 6 章では，体について，拡大体・部分体の関係を中心に簡単に述べている．さらに，2.9 節，4.7 節，6.4 節では，群，環と加群，体についてこの先にどのようなことがあるかを述べ，付録では，代数が他の分野でどのように使われているかを垣間みている．

上に述べた「この先にあること」の節と付録はおはなしのような感じで軽く書いているが，それ以外の本書の大部分は行間が広くならないように努めた．内容に関しては足りないと思われる方もいらっしゃるだろうが，大部にならずに代数学入門としてそれなりの部分をおさえられたのではないかと思う．むしろ，本書が代数系を学ぶ人にとって最初の手引書となり，さらに学ぼうと思っていたたければ有り難いと思う．なお，群，環，加群，体といった代数系は，それ自体が研究の対象であるだけでなく，数学のさまざまな分野で言葉あるいは道具として使われている．

本書の読み方

基本的に，第 1 章から第 6 章までを順に読むことを想定している．練習問題（ところどころにちりばめた問題と章末問題の問）を解きながら読めば，理解が深まり基礎力がつくだろう．練習問題には，理解を確かめる問題とともに，先に

つながるような問題も入れている．付録は興味のあるものを読めばよい．

　一方で，代数学がどのようなものかを概観したい読者は，第1章，第2章，第4章，第6章だけを読むことも可能である．この場合でも，第2章の準同型定理はしっかりと理解してほしい．

謝辞

　日本評論社の大賀雅美氏には本書の出版に大変なご助力を頂いた．首都大学東京の内田幸寛氏，大阪府立大学の川添充氏，熊本大学の北別府悠氏，京都大学の山木壱彦氏は原稿の一部を読んで下さり，貴重なコメントを下さった．厚くお礼申し上げる．

2017年7月

川口 周

目次

はじめに … i

記号 … vii

第 1 章　集合と写像，演算，同値関係と商集合 … 1

1.1　集合と写像 … 1

1.2　演算 … 7

1.3　同値関係と商集合 … 13

第 2 章　群の基礎 … 27

2.1　群とは … 27

2.2　群の定義 … 29

2.3　群の例 … 36

2.4　部分群 … 49

2.5　正規部分群 … 55

2.6　剰余類分解，剰余群 … 58

2.7　群の準同型写像，群の同型 … 68

2.8　群の準同型定理 … 74

2.9　この先にあること … 79

第 3 章　群の基礎（続き）… 87

3.1　群の直積，中国剰余定理 … 87

3.2　有限アーベル群の基本定理 … 92

3.3　群の集合への作用 … 97

3.4　群 G の G 自身への共役としての作用 … 110

第 4 章　環とは，環上の加群とは … 127

4.1　環と体の定義 … 127

4.2　環の例 … 132

4.3　イデアル … 135

4.4　整数環 $\mathbb{Z}$ … 138

4.5　体 K 上の 1 変数多項式環 $K[X]$ … 143

4.6　環上の加群とは … 146

4.7　この先にあること … 149

第 5 章　環の基礎 … 155

5.1　部分環，剰余環 … 155

5.2　環の準同型写像，準同型定理 … 162

5.3　整域と体，素イデアルと極大イデアル … 169

5.4　環の直積，中国剰余定理（再訪）… 174

5.5　ユークリッド整域，単項イデアル整域，素元分解整域 … 181

5.6　ネーター環 … 190

第 6 章　体と拡大次数 … 199

6.1　部分体，拡大体，拡大次数 … 199

6.2　体 K 上代数的な数，超越的な数 … 202

6.3　体 K 上 α で生成される体 $K(\alpha)$ … 203

6.4　この先にあること（ガロア理論）… 205

付録 A　平面の結晶群 … 210

A.1　平面の運動群 … 210

A.2　平面の結晶群 … 214

付録 B　公開鍵暗号 … 216

B.1　暗号の仕組み，古典的な暗号と公開鍵暗号 … 216

B.2　RSA 暗号 … 219

付録 C　音楽 CD とリード・ソロモン符号 … 224

C.1　ISBN コード … 224

C.2　誤り訂正符号とは … 225

C.3　誤り訂正符号とは（続き）… 226

C.4　「良い」符号と符号の限界式 … 228

C.5　リード・ソロモン符号 … 229

付録 D　体の拡大次数と作図問題 … 231

D.1　作図可能な数 … 231

D.2　正 5 角形の作図，正 17 角形の作図 … 234

D.3　角の 3 等分は作図不可能 … 236

参考文献 … 238

練習問題の略解 … 241

索引 … 253

記号

- $A := B$ は A を B によって定義することを表す.

- $\mathbb{Z}, \mathbb{Q}, \mathbb{R}, \mathbb{C}$ はそれぞれ,整数全体,有理数全体,実数全体,複素数全体を表す.

- $M(n, m, \mathbb{R}), M(n, m, \mathbb{C})$ はそれぞれ,実数,複素数を成分とする n 行 m 列の行列全体を表す. $M_n(\mathbb{R}), M_n(\mathbb{C})$ はそれぞれ,実数,複素数を成分とする n 次正方行列全体を表す. E_n は n 次単位行列を表す.本書で,体を定義した後では,$M(m, n, K)$ は体 K の元を成分とする m 行 n 列の行列全体を表す. $M_n(K)$ は体 K の元を成分とする n 次正方行列全体を表す.

- 行列 A の転置行列を ${}^t\!A$ で表す.

- (a) 整数 a, b に対して,$a = bc$ となる整数 c が存在するときに,a は b の倍数であり,b は a の約数であるという.このことを $b \,|\, a$ と書く.

  (b) m を正の整数,a, b を整数とする. $b - a$ が m の倍数であるとき,a と b は m を法として合同であるといい,$a \equiv b \pmod{m}$ と書く.

  (c) $a_1, a_2, \ldots, a_n$ を整数とする.非負整数 $d \geqq 0$ が $a_1, \ldots, a_n$ の最大公約数であるとは,次の 2 条件をみたすときにいう.

     (i) $d \,|\, a_1, \ldots, d \,|\, a_n$ である.

     (ii) $d' \,|\, a_1, \ldots, d' \,|\, a_n$ をみたす任意の整数 d' に対して,$d' \,|\, d$ が成り立つ.

     $a_1, \ldots, a_n$ の 最大公約数を $\mathrm{GCD}(a_1, \ldots, a_n)$ と書く. GCD は「最大公約数」の英語 greatest <u>c</u>ommon <u>d</u>ivisor の最初の文字をとったものである.

  (d) 整数 m, n が $\mathrm{GCD}(m, n) = 1$ をみたすとき,m と n は互いに素であるという.

viii 記号

○ギリシャ文字

A	α	Alpha	K	κ	Kappa	T	τ	Tau
B	β	Beta	Λ	λ	Lambda	Υ	υ	Upsilon
Γ	γ	Gamma	M	μ	Mu	Φ	ϕ, φ	Phi
Δ	δ	Delta	N	ν	Nu	X	χ	Chi
E	ϵ, ε	Epsilon	Ξ	ξ	Xi	Ψ	ψ	Psi
Z	ζ	Zeta	O	o	Omicron	Ω	ω	Omega
H	η	Eta	Π	π, ϖ	Pi			
Θ	θ, ϑ	Theta	P	ρ, ϱ	Rho			
I	ι	Iota	Σ	σ, ς	Sigma			

第1章

集合と写像，演算，同値関係と商集合

第 1 章は，第 2 章以降の準備である．1.1 節では，集合と写像について簡単に述べる．群，環，体という代数系では，「はじめに」でも述べたように，集合だけでなくその上に定義された演算に注目する．1.2 節では，演算がどのようなものかを説明する．1.3 節では，同値関係と商集合を扱う．同値関係と商集合は，代数学だけでなく，大学での数学の多くの場面で登場する基本的な概念である．本書では，これらは，第 2 章の群の準同型定理の基礎となる．

1.1 集合と写像

この節では，集合と写像について，記号の説明も兼ねて簡単に述べる．

1.1.1 集合

本書では集合の一般論については深入りせず，集合とは「もの」の集まりで，その集まりを構成する「もの」の条件がはっきりと定まっているものと理解しておく．

S を集合とする．s が S を構成する「もの」の 1 つであるとき，s は S の元であるといい，s は S に**属する**という．このことを，$s \in S$ と書く．s が S を構成する「もの」の 1 つでないとき，s は S の元ではないといい，s は S に属さないという．このことを，$s \notin S$ と書く．元を持たない集合を空集合といい，$\varnothing$ で表す．空集合でない集合を，空でない集合という．

2　第 1 章｜集合と写像，演算，同値関係と商集合

　集合 S が有限個の元からなるとき，S を**有限集合**といい，S に属する元の個数を $|S|$ で表す．例えば，$|\varnothing| = 0$，$|\{1, 10, 100\}| = 3$ である．S が有限集合でないとき，S を**無限集合**といい，$|S| = \infty$ と書く [1]．

　S, S' を集合とする．S に属する元と S' に属する元が一致するとき，集合 S と S' は等しいといい，$S = S'$ と書く．S' の任意の元 s' が S に属するときは，S' を S の**部分集合**といい，$S' \subseteq S$ と書く．S' が S の部分集合で，$S' = S$ でないとき，S' を S の**真の部分集合**といい，$S' \subsetneq S$ と書く [2]．

　S_1, S_2 を S の部分集合とする．S_1, S_2 の**和集合**と**共通部分**はそれぞれ

$$
\begin{aligned}
S_1 \cup S_2 &= \{s \in S \mid s \in S_1 \text{ または } s \in S_2\}, \\
S_1 \cap S_2 &= \{s \in S \mid s \in S_1 \text{ かつ } s \in S_2\}
\end{aligned}
\tag{1.1}
$$

で定義される．S_1 と S_2 の**差集合**は

$$
S_1 \setminus S_2 = \{s \in S \mid s \in S_1 \text{ かつ } s \notin S_2\}
$$

で定義される．

　一般に，Λ を集合とし，Λ の各元 λ に対して，S の部分集合 S_λ が与えられているとする．このとき，$S_\lambda \, (\lambda \in \Lambda)$ の**和集合**と**共通部分**はそれぞれ

$$
\begin{aligned}
\bigcup_{\lambda \in \Lambda} S_\lambda &= \{s \in S \mid \text{ある } \lambda \text{ が存在して，} s \in S_\lambda\}, \\
\bigcap_{\lambda \in \Lambda} S_\lambda &= \{s \in S \mid \text{任意の } \lambda \text{ に対して，} s \in S_\lambda\}
\end{aligned}
\tag{1.2}
$$

で定義される．式 (1.2) で $\Lambda = \{1, 2\}$ のときが，2 つの部分集合 S_1, S_2 の和集合と共通部分 (1.1) である．このとき，Λ は**添字集合**とよばれる．

　上の S と $S_\lambda \, (\lambda \in \Lambda)$ に対して，さらに，$S = \displaystyle\bigcup_{\lambda \in \Lambda} S_\lambda$ であり，任意の $\lambda, \lambda' \in \Lambda$ に対して，

$$
\lambda \neq \lambda' \text{ ならば } S_\lambda \cap S_{\lambda'} = \varnothing
$$

が成り立つとき，S は互いに共通部分をもたない部分集合 S_λ の和集合になって

　1]　一般に，集合 S が無限集合のとき，$|S|$ は S の濃度を表す．本書では，無限集合を濃度によって区別することはないので，S が無限集合のときには，単に「$|S| = \infty$」と書くことにする．

　2]　教科書によっては，「$\subseteq, \subsetneq$」の代わりに，「$\subseteq, \subset$」と書くものや，「$\subset, \subsetneq$」と書くものもある．本書では，誤解されにくい「$\subseteq, \subsetneq$」を用いる．

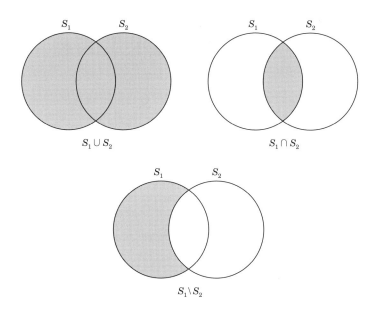

いるといい，
$$S = \coprod_{\lambda \in \Lambda} S_\lambda \tag{1.3}$$
と書く[3]．式 (1.3) で，Λ が有限集合のとき，例えば，$\Lambda = \{1, 2, \ldots, n\}$ のときには，式 (1.3) を

$$S = S_1 \amalg S_2 \amalg \cdots \amalg S_n \tag{1.4}$$

とも書く．

集合 S と集合 T の**直積** $S \times T$ とは，S の元と T の元の順序付けられた組からなる集合

$$S \times T = \{(s, t) \mid s \in S,\, t \in T\}$$

である．例えば，S も T も実数全体のなす集合 $\mathbb{R}$ であるとき，$\mathbb{R}$ と $\mathbb{R}$ の直積は，

$$\mathbb{R} \times \mathbb{R} = \{(a, b) \mid a, b \in \mathbb{R}\}$$

3] 集合の直和，非交和ともいう．

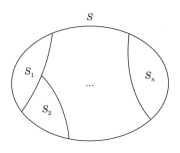

$$S = S_1 \amalg S_2 \cdots \amalg S_n$$

になる．$\mathbb{R} \times \mathbb{R}$ を $\mathbb{R}^2$ とも書く．$\mathbb{R}^2$ の元 (a, b) に座標平面の点 (a, b) を対応させ，$\mathbb{R}^2$ と座標平面を同一視することは，高校数学以来おなじみであろう．

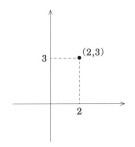

$\mathbb{R}^2$ の元 $(2, 3)$ を座標平面の点 $(2, 3)$ と同一視する．

1.1.2 写像

S と T を集合とする．S の任意の元 s に対して，T の元 t が（s に応じて）ただ 1 つ定まっているとき，その対応

$$S \to T, \quad s \mapsto t \tag{1.5}$$

を集合 S から集合 T への**写像**という[4]．(1.5) の写像を表す記号に f を用いるとき，(1.5) を $f \colon S \to T$ と書き，t を $f(s)$ と書く．

---

[4] 正確に述べると，集合 S から集合 T への写像とは，直積集合 $S \times T$ の部分集合 Γ であって，任意の $s \in S$ に対して，$(s, t) \in \Gamma$ となる $t \in T$ がただ 1 つ存在するものである．記号 f とは $\Gamma = \{(s, f(s)) \mid s \in S\}$ で結びついていて，Γ は f のグラフとよばれる．

例えば，再び S と T は実数全体のなす集合 $\mathbb{R}$ とする．$\mathbb{R}$ の元 x に $\mathbb{R}$ の元 x^2 を対応させる

$$f : \mathbb{R} \to \mathbb{R}, \quad x \mapsto x^2$$

は $\mathbb{R}$ から $\mathbb{R}$ への写像である．このとき，$f(x) = x^2$ である．

写像 $f : S \to T$ に対して，S を f の**定義域**，T を f の**終域**という．また，S の元 s に対して，$f(s)$ を s の f による**像**という．写像 f は S の元 s を T の元 $f(s)$ に移すなどという．元の像だけでなく，部分集合の像も考えられる．S' が S の部分集合のとき，$f(S') = \{f(s') \mid s' \in S'\}$ とおいて，$f(S')$ を S' の f による**像**という．$f(S')$ は T の部分集合である．

2 つの写像 $f : S \to T$ と $g : S \to T$ が**等しい**とは，任意の $s \in S$ に対して，$f(s) = g(s)$ が成り立つときにいう．

S の各元 s に s それ自身を対応させる S から S への写像

$$S \to S, \quad s \mapsto s$$

を**恒等写像**といい，$\mathrm{id}_S : S \to S$ で表わす．$\mathrm{id}_S(s) = s$ である．

写像 $f : S \to T$ と $g : T \to U$ に対して，その**合成写像** $g \circ f : S \to U$ を，$s \in S$ に $g(f(s)) \in U$ を対応させることで定める．$h : U \to V$ を写像とするとき，$h \circ (g \circ f) = (h \circ g) \circ f$ が成り立つ．というのも，$h \circ (g \circ f)$ と $(h \circ g) \circ f$ はいずれも S を定義域，V を終域とする写像であり，任意の $s \in S$ に対して，

$$(h \circ (g \circ f))(s) = h((g \circ f)(s)) = h(g(f(s))) \tag{1.6}$$
$$= (h \circ g)(f(s)) = ((h \circ g) \circ f)(s)$$

が成り立つからである．

矛盾なく定義されている（**well–defined**）

S, T を集合とする．S の任意の元 s に対して，T の元 t が（s に応じて）「ただ 1 つ」定まっているとき，この対応を S から T への写像というのだった．写像の定義が複雑になってくると，この「ただ 1 つ」定まっているということが，一見では明らかでないことがある．そこで，確かに，各 $s \in S$ に $t \in T$ が矛盾なくただ 1 つ対応するとき，写像 $S \to T$ は**矛盾なく定義されている**（well–defined）と

いう [5]．本書では，何回か，写像が矛盾なく定義されていることを確かめる作業をする [6]．例えば，定理 2.62 の証明，定理 5.7 の証明を参照してほしい．

単射，全射，全単射

集合 S から T への写像 $f : S \to T$ について，一般には，S の元 s_1, s_2 に対して，$s_1 \neq s_2$ であっても $f(s_1) = f(s_2)$ となることはある．また，一般には，T のある元 t については，$f(s) = t$ となる $s \in S$ が存在しないこともある．

写像 $f : S \to T$ が**単射**であるとは，S の任意の元 s_1, s_2 に対して，$s_1 \neq s_2$ ならば $f(s_1) \neq f(s_2)$ が成り立つときにいう．対偶をとると，$f : S \to T$ が単射であるというのは，S の任意の元 s_1, s_2 に対して，$f(s_1) = f(s_2)$ ならば $s_1 = s_2$ が成り立つことである．

写像 $f : S \to T$ が**全射**であるとは，T の任意の元 t に対して，$f(s) = t$ となる S の元 s が存在するときにいう．

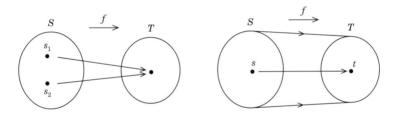

左図は，写像が単射でないことの概念図．右図は，写像が全射であることの概念図．

写像 $f : S \to T$ が**全単射**であるとは，$f : S \to T$ が単射かつ全射であるときにいう．写像 $f : S \to T$ が全単射のときには，T の任意の元 t に対して，$f(s) = t$ となる S の元 s がただ 1 つ存在している．したがって，T の任意の元 t に，$f(s) = t$ となる S の元 s を対応させることによって，T から S への写像を定めることができる．この写像を f の**逆写像**といい，$f^{-1} : T \to S$ で表す．

---

[5] well–defined の日本語への定訳はないようである．本書では「矛盾なく定義されている」と訳すが，「適切に定義されている」，「整合的に定義されている」などとも訳される．なお，矛盾なく定義されている（well–defined）という言葉で，写像によって元が確かに終域の元に移ることを指すこともある．

[6] 写像であることを確かめる作業であり，写像であることに加えて何か別のことを確かめる作業ではないことに注意する．

例題 1.1　写像 $f : S \to T$ について，以下は同値であることを示せ.

(i) f は全単射である.

(ii) 写像 $g : T \to S$ で，$g \circ f = \mathrm{id}_S$，$f \circ g = \mathrm{id}_T$ をみたすものが存在する.

さらに，このとき，(ii) の写像 g は f の逆写像 f^{-1} であることを示せ.

解答　(i) ならば (ii) を示す. f が全単射のとき，f の逆写像を g とおく. $s \in S$ を任意の元として，$t = f(s)$ とおけば，$g(t) = s$ である. よって，$g(f(s)) = s$ が成り立つので，$g \circ f = \mathrm{id}_S$ である. また $t \in T$ を任意の元として，$s = g(t)$ とおく. $t = f(s)$ であるから，$t = f(g(t))$ となるので，$f \circ g = \mathrm{id}_T$ である.

次に，(ii) ならば (i) を示す. S の任意の元 s_1, s_2 に対して，$f(s_1) = f(s_2)$ ならば，$s_1 = g(f(s_1)) = g(f(s_2)) = s_2$ となる. よって，f は単射である. また，T の任意の元 t に対して，$s = g(t)$ とおけば，$f(s) = f(g(t)) = t$ となるので，f は全射である. よって，f は全単射である.

最後に，(i)(ii) が成り立つときに，(ii) の写像 g が f の逆写像であることを示そう. $s \in S$ に対して，$t = f(s)$ とおく. (ii) の写像 g に対して，$g(t) = g(f(s)) = (g \circ f)(s) = \mathrm{id}_S(s) = s$ が成り立つので，g は f の逆写像である. □

問題 1.1　$\mathbb{R}$ から $\mathbb{R}$ への写像 $f : \mathbb{R} \to \mathbb{R}$ で次の性質をもつものをそれぞれ 1 つ挙げよ.

(a) f は単射でも全射でもない.

(b) f は単射であるが，全射ではない.

(c) f は全射であるが，単射ではない.

(d) f は全単射である.

1.2　演算

この章の冒頭の概要で述べたように，代数学では演算の定まった体系を扱う. ここで，演算とは何かを述べよう.

8 第1章 集合と写像，演算，同値関係と商集合

定義 1.2 （演算） S を空でない集合とする．S の任意の元 x, y に対して，S の元 z が（x, y に応じて）ただ 1 つ定まっているとき，S に**演算**が定まっているという．正確に述べると，S の演算とは，直積 $S \times S$ から S への写像

$$S \times S \to S \tag{1.7}$$

のことである．$(x, y) \in S \times S$ に対応する $z \in S$ を $x \cdot y$ と表すことが多い．

注意 演算の定義において，$x, y \in S$ に応じて定まる $z \in S$ は，x, y の順番に依存する．すなわち，一般には，$x \cdot y$ と $y \cdot x$ は異なる元である．定義 1.8 で説明するように，もし，すべての $x, y \in S$ に対して，$x \cdot y$ と $y \cdot x$ が同じ元であれば，S の演算 $\cdot$ は交換則をみたすという．

注意 写像の記号としてよく使われるのは f, g, φ などだろう．例えば，(1.7) の写像を f で表すときは，$(x, y) \in S \times S$ に対応する $z \in S$ は $f(x, y)$ と書かれる．この $f(x, y)$ の f のように，写像の記号を x, y の前に書く方法を**前置記法**という．しかし，演算を表す写像のときには，$x \cdot y$ の $\cdot$ のように，写像の記号を x, y の間に書くことが多い．この記法を**中置記法**という．写像の記号として前置記法の f のかわりに g や φ などを使うように，中置記法の $\cdot$ のかわりに（すなわち，演算の記号 $\cdot$ のかわりに）$\circ, *, \star, \times, +$ なども場合に応じてよく使われる．

注意 定義 1.2 の演算は，2 つの元から 1 つの元が定まるので，正確には **2 項演算**である．本書では，演算という言葉は 2 項演算にしか使わないので，2 項演算を単に演算とよんでいる．

例 1.3 (a) $\mathbb{Z}$ を整数全体とする．任意の元 $x, y \in \mathbb{Z}$ に対して，通常の和 $x + y \in \mathbb{Z}$ を対応させる

$$+ : \mathbb{Z} \times \mathbb{Z} \to \mathbb{Z}, \quad (x, y) \mapsto x + y$$

は $\mathbb{Z}$ の演算である．

(b) 任意の元 $x, y \in \mathbb{Z}$ に対して，通常の積 $x \cdot y \in \mathbb{Z}$ を対応させる

$$\cdot : \mathbb{Z} \times \mathbb{Z} \to \mathbb{Z}, \quad (x, y) \mapsto x \cdot y$$

も $\mathbb{Z}$ の演算である．

(c) 任意の元 $x, y \in \mathbb{Z}$ に対して，x と y の差 $x - y \in \mathbb{Z}$ を対応させる

$$- : \mathbb{Z} \times \mathbb{Z} \to \mathbb{Z}, \quad (x, y) \mapsto x - y$$

も $\mathbb{Z}$ の演算である．

(d) $M_n(\mathbb{R})$ を実数を成分とする n 次正方行列全体とする．$A, B \in M_n(\mathbb{R})$ に対して，行列の通常の和 $A + B \in M_n(\mathbb{R})$ を対応させる

$$+ : M_n(\mathbb{R}) \times M_n(\mathbb{R}) \to M_n(\mathbb{R}), \quad (A, B) \mapsto A + B$$

は $M_n(\mathbb{R})$ の演算である．

(e) $A, B \in M_n(\mathbb{R})$ に対して，行列の通常の積 $A \cdot B \in M_n(\mathbb{R})$ を対応させる

$$\cdot : M_n(\mathbb{R}) \times M_n(\mathbb{R}) \to M_n(\mathbb{R}), \quad (A, B) \mapsto A \cdot B$$

も $M_n(\mathbb{R})$ の演算である．

<u>**問題 1.2**</u>　n を正の整数とし，S は n 個の元からなる集合とする．このとき，S に定まる演算は何個あるか．

演算に対する結合則，単位元の存在，交換則

S を空でない集合とし，$\cdot$ を S の演算とする．すなわち，S の任意の元 x, y に対して，S の元 $x \cdot y$ が定まっているとする．

以下では，演算に関するいくつかの条件（法則，公理ともよばれる）を考えよう．はじめに，結合則とよばれる法則を考える．

定義 1.4　（結合則）　S を空でない集合とし，$\cdot$ を S の演算とする．S の任意の元 x, y, z に対して，

$$(x \cdot y) \cdot z = x \cdot (y \cdot z)$$

となるとき，S の演算 $\cdot$ は**結合則**をみたすという．

S の元 x, y, z に演算を施す（ただし，左から右にかけて x, y, z が並ぶ）組み合わせは，

$$(x \cdot y) \cdot z, \qquad x \cdot (y \cdot z) \tag{1.8}$$

の 2 つがあり，結合則はこの 2 つの元が同じであることを主張している．ここで，括弧は演算を施す順番を示している．演算が結合則をみたすとき，(1.8) の 2 つの元は一致するので，この元を $x \cdot y \cdot z$ と書いても混乱は起こらない．

10 　第 1 章 ｜ 集合と写像，演算，同値関係と商集合

　S の演算 $\cdot$ が結合則をみたすとき，次の例題 1.5 で確かめるように，S の元 x, y, z, w に演算を施した結果（ただし，左から右にかけて x, y, z, w が並ぶ）は演算を施す順番によらず同じである．一般に，$n \geqq 3$ に対して，S の元 $x_1, x_2, \ldots, x_n$ に演算を施した結果（ただし，左から右にかけて $x_1, x_2, \ldots, x_n$ が並ぶ）も演算を施す順番によらず同じであることが分かる（第 2 章の命題 2.4 で，n に関する帰納法によって証明する）．そこで，演算を施した結果に得られる元を括弧をつけずに $x_1 \cdot x_2 \cdot \cdots \cdot x_n$ と書くことが多い．

例題 1.5 　S の元 x, y, z, w に演算を施す（ただし，左から右にかけて x, y, z, w が並ぶ）組み合わせは，

$$((x \cdot y) \cdot z) \cdot w, \qquad (x \cdot (y \cdot z)) \cdot w, \qquad x \cdot ((y \cdot z) \cdot w),$$
$$x \cdot (y \cdot (z \cdot w)), \qquad (x \cdot y) \cdot (z \cdot w)$$

の 5 つある．S の演算が結合則をみたすとき，これらの 5 つの元は同じであることを確かめよ．（したがって，この元を括弧をつけず $x \cdot y \cdot z \cdot w$ と書いてもよい．）

解答 　結合則より，$(x \cdot y) \cdot z = x \cdot (y \cdot z)$ が成り立つから，

$$((x \cdot y) \cdot z) \cdot w = (x \cdot (y \cdot z)) \cdot w$$

が成り立つ．$a = y \cdot z \in S$ とおくと，結合則より，$(x \cdot a) \cdot w = x \cdot (a \cdot w)$ が成り立つから，

$$(x \cdot (y \cdot z)) \cdot w = x \cdot ((y \cdot z) \cdot w)$$

が成り立つ．結合則より，$(y \cdot z) \cdot w = y \cdot (z \cdot w)$ が成り立つから，

$$x \cdot ((y \cdot z) \cdot w) = x \cdot (y \cdot (z \cdot w))$$

が成り立つ．最後に，$b = z \cdot w \in S$ とおくと，結合則より，$x \cdot (y \cdot b) = (x \cdot y) \cdot b$ が成り立つから，

$$x \cdot (y \cdot (z \cdot w)) = (x \cdot y) \cdot (z \cdot w)$$

が成り立つ．以上により，これら 5 つの元は同じである． 　□

　次に，演算が単位元とよばれる特別な元をもつという条件を考える．

定義 1.6（単位元） S を空でない集合とし，$\cdot$ を S の演算とする．e は S の元とする．S の任意の元 x に対して

$$e \cdot x = x \cdot e = x$$

となるとき，e を演算 $\cdot$ に関する**単位元**という．

　演算に関する単位元は存在するとは限らないが，存在するときはただ 1 つである．

命題 1.7 S を空でない集合とし，$\cdot$ を S の演算とする．S の演算 $\cdot$ に関する単位元が存在するとき，単位元はただ 1 つである．

証明 e, e' を S の演算 $\cdot$ に関する単位元とすると，

$$e' = e \cdot e' = e$$

となる．ここで，1 つ目の等式は，定義 1.6 で，x として e' をとって得られる．2 つ目の等式は，定義 1.6 の e を e' に置き換えて，任意の $x \in S$ に対して，

$$e' \cdot x = x \cdot e' = x$$

が成り立つので，この等式で x として e をとって得られる．$e' = e$ が成り立つので，S の演算 $\cdot$ に関する単位元は存在するにしてもただ 1 つである． $\square$

　最後に，交換則とよばれる法則を考える．

定義 1.8（交換則） S を空でない集合とし，$\cdot$ を S の演算とする．S の任意の元 x, y に対して

$$x \cdot y = y \cdot x$$

となるとき，S の演算 $\cdot$ は**可換**であるといい，**交換則**をみたすという．

　定義 1.4, 1.6, 1.8 において，$\cdot$ は演算を表す記号にすぎず，単位元が存在するとき e は単位元を表す記号にすぎないことを強調しておく．記号 $\cdot$ と e を別の記号に置き換えても，意味は変わらない．例えば，e という記号の代わりに，1 や 1_S という記号を用いてもよい．

12 | 第 1 章 | **集合と写像，演算，同値関係と商集合**

演算が可換なときは，記号 · の代わりに記号 + を用い，演算 + を加法とよぶことがある．その場合，S に単位元が存在するとき，単位元を零元とよんで，e のかわりに 0 や 0_S で表すことが多い．

注意 演算を表す記号として · の代わりに +，単位元を表す記号として e の代わりに 0 を用いてみよう．上の定義 1.4，定義 1.6，定義 1.8 をみながら，頭の中で · を +，e を 0 に置き換えてみよう．すると，以下のようになる．

（結合則）　　　任意の $x, y, z \in S$ に対して，$(x + y) + z = x + (y + z)$，

（0 が単位元）　任意の $x \in S$ に対して，$0 + x = x + 0 = x$，

（交換則）　　　任意の $x, y \in S$ に対して，$x + y = y + x$．

もちろん，これらは記号を変えただけで，中身は定義 1.4，定義 1.6，定義 1.8 と全く同じである．

例 1.9 (a) $\mathbb{Z}$ は通常の加法 + に関して，結合則と交換則をみたす．また，0 が加法 + に関する単位元である．

(b) $\mathbb{Z}$ は通常の乗法 · に関して，結合則と交換則をみたす．また，1 が乗法 · に関する単位元である．

(c) 例 1.3 の (c) で考えた，2 つの元の差をとるという $\mathbb{Z}$ の演算 $-$ を考えよう．まず，例えば，

$$(1 - 2) - 3 = -4, \qquad 1 - (2 - 3) = 2$$

は異なるから，演算 $-$ は結合則をみたさない．また，$e \in \mathbb{Z}$ が，任意の $x \in \mathbb{Z}$ に対して，

$$e - x = x - e = x$$

をみたしたとする．特に $x = 1$ とおくと，$e - 1 = 1 - e$ からは $e = 1$ となるが，$1 - e = 1$ からは $e = 0$ となって矛盾する．よって，演算 $-$ に関する単位元は存在しない．さらに，例えば，

$$1 - 0 = 1, \qquad 0 - 1 = -1$$

は異なるから，演算 $-$ は交換則もみたさない．

(d) $M_n(\mathbb{R})$ は行列の通常の加法 + に関して，結合則と交換則をみたす．また，零行列 O が加法 + に関する単位元である．

(e) $M_n(\mathbb{R})$ は行列の通常の乗法 $\cdot$ に関して,結合則をみたす.また,単位行列 E_n が乗法 $\cdot$ に関する単位元である.しかし,例題 1.10 でみるように,$n \geqq 2$ のとき,交換則はみたさない.

例題 1.10 $\quad n \geqq 2$ とする.$M_n(\mathbb{R})$ を実 n 次正方行列全体とする.$M_n(\mathbb{R})$ の行列の通常の乗法 $\cdot$ は,交換則をみたさないことを示せ.

解答 $\quad S$ は集合で,$\cdot$ は S の演算とする.演算 $\cdot$ が交換則をみたすとは,S の任意の元 x, y に対して $x \cdot y = y \cdot x$ が成り立つことであった.

したがって,$M_n(\mathbb{R})$ の行列の通常の乗法 $\cdot$ が交換則をみたさないことを確かめるには,ある行列 $A, B \in M_n(\mathbb{R})$ が存在して,$A \cdot B \neq B \cdot A$ であることを示せばよい.

E_{n-2} は $(n-2)$ 次の単位行列とし,

$$A = \begin{pmatrix} 1 & 1 & \\ 0 & 1 & \\ & & E_{n-2} \end{pmatrix}, \quad B = \begin{pmatrix} 1 & 0 & \\ 1 & 1 & \\ & & E_{n-2} \end{pmatrix}$$

とおく(空欄の部分は,すべて 0 である).このとき,$A, B \in M_n(\mathbb{R})$ で,

$$A \cdot B = \begin{pmatrix} 2 & 1 & \\ 1 & 1 & \\ & & E_{n-2} \end{pmatrix}, \quad B \cdot A = \begin{pmatrix} 1 & 1 & \\ 1 & 2 & \\ & & E_{n-2} \end{pmatrix}$$

となるから,$A \cdot B \neq B \cdot A$ である.よって,$n \geqq 2$ のとき,$M_n(\mathbb{R})$ の行列の通常の乗法 $\cdot$ は,交換則はみたさない. $\qquad\square$

1.3 同値関係と商集合

一揃いのトランプカード 52 枚がある(ジョーカーは含まない).このカード 52 枚を,いくつかのまとまりに分ける(類に別ける,類別する)ことを考えよう[7].いろいろな分け方が考えられるが,ここでは,スペード,ハート,ダイヤ,クラブというマークで分けてみよう.

———————————

7]「別ける」は常用漢字音訓表にない読みなので,本書では原則として,常用漢字音訓表にある読みの「分ける」を使う.

一揃いのトランプカード 52 枚からなる集合を S とおく．$C_\spadesuit, C_\heartsuit, C_\diamondsuit, C_\clubsuit$ で，それぞれスペード，ハート，ダイヤ，クラブのマークのカード 13 枚からなる S の部分集合を表す．例えば，

$$C_\spadesuit = \{\boxed{\text{A}\spadesuit}, \boxed{2\spadesuit}, \ldots, \boxed{\text{K}\spadesuit}\}$$

である．すると，S は互いに共通部分のない 4 つの部分集合の和になる（記号 $\amalg$ については，式 (1.4) を参照）．

$$S = C_\spadesuit \amalg C_\heartsuit \amalg C_\diamondsuit \amalg C_\clubsuit$$

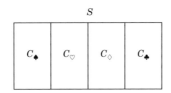

S の元 x, y に対して，x と y が同じマークという関係があるときに $x \sim y$ と書くことにする．例えば，$\boxed{\text{A}\spadesuit}$ と $\boxed{2\spadesuit}$ はいずれもマークがスペードのカードなので，$\boxed{\text{A}\spadesuit} \sim \boxed{2\spadesuit}$ である．

このとき，同じマークであるという関係は，次の 3 つの条件をみたす．以下で，x, y, z は S の任意の元とする．

(i) $x \sim x$（同じカードは同じマークである）．

(ii) $x \sim y$ ならば，$y \sim x$（x と y が同じマークのカードであるという関係は，x, y について対称である）．

(iii) $x \sim y$ かつ $y \sim z$ ならば，$x \sim z$（x と y が同じマークのカードで，y と z も同じマークのカードならば，x と z も同じマークのカードである）．

まとめると，S を互いに共通部分のない 4 つの部分集合に分けることで，(i)(ii)(iii) をみたす関係が得られた．

正確な定義は定義 1.13 で行うが，(i)(ii)(iii) をみたす関係を**同値関係**という．以下では，逆に，同値関係が与えられると，集合がいくつかの部分集合に分割できることをみる．さらに，部分集合を元とみなして**商集合**を定義する．

1.3 | 同値関係と商集合　15

関係

　演算と同じくらい基本的な概念である関係について述べよう.

> **定義 1.11**　（関係）　集合 S の任意の元 x, y に対して, ある関係 R が成り立って
> いるか成り立っていないかの規則が定まっているとき, 集合 S に関係 R が定まっ
> ているという.
>
> 　正確に述べると, 集合 S における**関係**とは, 集合の直積 $S \times S$ の部分集合 $R \subseteq$
> $S \times S$ のことである. S の任意の元 x, y に対して, $(x, y) \in R$ のとき, x と y は関
> 係が成り立っていると定め, $(x, y) \notin R$ のとき, x と y は関係が成り立っていない
> と定める.
>
> 　関係の記号として, 以下では主に $\sim$ を使い, x と y に関係が成り立っているこ
> とを $x \sim y$ で表し, x と y に関係が成り立っていないことを $x \not\sim y$ で表す.

> **注意**　関係の定義において, 一般には, x と y に関係が成り立っていても（すなわち, $x \sim$
> y でも）, y と x に関係が成り立つとは限らない（すなわち, $y \sim x$ とは限らない）. 以下で説
> 明するように, もし, すべての $x, y \in S$ に対して, $x \sim y$ ならば $y \sim x$ が成り立つとき, S に
> おける関係 $\sim$ は対称律をみたすという. 文章で「x と y に関係 R が成り立っている」と書いて
> いると, 「y と x にも関係 R が成り立っている」ように思ってしまいがちであるが, 関係 R の
> 定義は, 直積 $S \times S$ の部分集合である. 分かりにくいと思ったら, 以下の例も参考にしながら,
> 時間をかけて関係の概念を理解してほしい.

> **注意**　関係の記号として, $\sim$ のかわりに $R, \equiv, \leqq$ なども場合に応じてよく使われる. すな
> わち, $(x, y) \in R$ であることを, $x \sim y$ と書く代わりに, 場合に応じて, $xRy, x \equiv y, x \leqq y$ な
> どと書く.

> **注意**　定義 1.11 の関係は, 2 つの元が関係があるかどうかを述べているので, 正確には **2
> 項関係**である. 本書では, 関係という言葉は 2 項関係にしか使わないので, 2 項関係を単に関係
> とよんでいる.

> **例 1.12**　$S = \mathbb{Z}$ とする.
>
> 　(a) $x, y \in \mathbb{Z}$ に対し, $y - x$ が 2 の倍数であるときに $x \equiv y$ とおく. すなわ
> 　　　ち, x と y がともに偶数であるときと, x と y がともに奇数であるとき
> 　　　に, $x \equiv y$ とおく. $\equiv$ は $\mathbb{Z}$ における関係である. このとき, 定義 1.11 の
> 　　　部分集合 $R \subseteq \mathbb{Z} \times \mathbb{Z}$ は, $R = \{(x, y) \in \mathbb{Z} \times \mathbb{Z} \mid y - x$ が 2 の倍数$\}$ である.

16 | 第 1 章 | 集合と写像，演算，同値関係と商集合

(b) $x, y \in \mathbb{Z}$ に対し，y が x と等しいか大きいときに（通常通り）$x \leqq y$ とお

くと，$\leqq$ は $\mathbb{Z}$ における関係である．このとき，定義 1.11 の部分集合 $R \subseteq$

$\mathbb{Z} \times \mathbb{Z}$ は，$R = \{(x, y) \in \mathbb{Z} \times \mathbb{Z} \mid x \leqq y\}$ である．

問題 1.3　n を正の整数とし，S は n 個の元からなる集合とする．このとき，S
に定まる関係は何個あるか．

定義 1.13　（同値関係）　集合 S の関係 $\sim$ が，任意の $x, y, z \in S$ に対して，

（反射律）　　$x \sim x$

（対称律）　　$x \sim y$ ならば，$y \sim x$

（推移律）　　$x \sim y$ かつ $y \sim z$ ならば，$x \sim z$

をみたすとき，関係 $\sim$ は同値関係であるという．

例 1.14　S を一揃いのトランプカード 52 枚からなる集合とする．S の関係 $\sim$
を，S の元 x, y が同じマークであるときに，$x \sim y$ であるとして定義する．例え
ば，$\boxed{\text{A}\spadesuit}$ と $\boxed{2\spadesuit}$ はどちらもスペードのマークなので，

$$\boxed{\text{A}\spadesuit} \sim \boxed{2\spadesuit}$$

である．一方で，$\boxed{\text{A}\spadesuit}$ と $\boxed{\text{A}\heartsuit}$ はマークがスペードとハートと異なるので，

$$\boxed{\text{A}\spadesuit} \not\sim \boxed{\text{A}\heartsuit}$$

である．この節の最初でみたように，S のこの関係 $\sim$ は同値関係である．

例 1.15　m を正の整数とする．例 1.12 (a) を一般化して，$x, y \in \mathbb{Z}$ に対し，$y -$
x が m の倍数のときに $x \sim y$ とおく．関係 $\sim$ が $\mathbb{Z}$ における同値関係になること
を確かめよう．

　まず，任意の $x \in \mathbb{Z}$ に対して，$x - x = 0$ は m の倍数だから，反射律 $x \sim x$
が成り立つ．次に，整数 x, y に対して $x \sim y$ とすると，ある整数 k が存在して，
$y - x = km$ と表せる．このとき，$x - y = (-k)m$ となるから，$x - y$ も m の倍数
である．よって，$y \sim x$ となるから対称律が成り立つ．最後に，整数 x, y, z に対
して $x \sim y$, $y \sim z$ とすると，ある整数 k, ℓ が存在して，$y - x = km$, $z - y = \ell m$

と表せる．このとき，$z - x = (z - y) + (y - x) = (k + \ell)m$ となるから，$z - x$ も m の倍数である．よって，$x \sim z$ となるから推移律が成り立つ．以上より，$\sim$ は確かに同値関係である．特に，$m = 2$ のときを考えると例 1.12(a) の $\equiv$ は $\mathbb{Z}$ における同値関係である．

例 1.16 (a) $\mathbb{Z}$ の大小関係 $\leqq$（例 1.12(b) 参照）は，反射律と推移律をみたすが，対称律はみたさない．例えば，$1 \leqq 2$ であるが，$2 \leqq 1$ は成り立たない．よって，同値関係でない．

(b) $\mathbb{Z}$ における関係 $\sim$ を，$x, y \in \mathbb{Z}$ に対して，$|x - y| \leqq 1$ のときに $x \sim y$ と定める．関係 $\sim$ は，反射律と対称律をみたすが，推移律はみたさない．例えば，$x = 0, y = 1, z = 2$ とすると，$|x - y| \leqq 1$, $|y - z| \leqq 1$ であるが，$|x - z| \leqq 1$ は成り立たない．よって，同値関係でない．

類別，同値類，商集合

S を集合，$\sim$ を S の同値関係とする．互いに同値な関係にある元全体をひとまとまりとして，S をいくつかのまとまりに分ける（類別する）．$x \in S$ に対し，x と同値な元全体のなす集合を

$$[x] := \{x' \in S \mid x \sim x'\}$$

とおく．$[x]$ を x の**同値類**という．$[x]$ は S の部分集合である[8]．

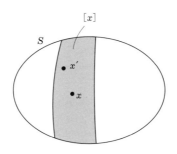

関係 $\sim$ が同値関係であることから，次が分かる．$x \in [x]$ であり，2 つの同値類 $[x]$ と $[y]$ はまったく同じであるか，または共通部分を持たない．

---

[8] 同値類を表す記号として，$[x]$ の代わりに $C(x)$ や $\overline{x}$ もよく用いられる．

証明 実際，反射律から $x \sim x$ なので $x \in [x]$ である．次に，2 つの同値類 $[x]$ と $[y]$ が，共通の元 z を持ったとする．このとき，$[x] = [y]$ を示そう．まず，$[x] \subseteq [y]$ を示す．x' を $[x]$ の任意の元とする．定義より $x \sim x'$ であり，対称律から $x' \sim x$ となる．また，$z \in [x]$ であるから $x \sim z$ である．よって，推移律から $x' \sim z$ となる．一方，$z \in [y]$ であるから $y \sim z$ であり，対称律から $z \sim y$ となる．もう一度，推移律を用いると $x' \sim y$ となり，対称律から $y \sim x'$ を得る．したがって，$x' \in [y]$ となり，$[x] \subseteq [y]$ が示せた．同様の議論により，$[y] \subseteq [x]$ もいえるから，$[x] = [y]$ となる．以上より，2 つの同値類 $[x]$ と $[y]$ は共通部分を持てば，まったく同じになる． □

これより，S は同値類 $[x]$ の互いに共通部分をもたない和集合で書ける．例えば，同値類が有限個のときは，S の同値類全体を $C_1, C_2, \ldots, C_n$ （n は正の整数）と表せば，S は互いに共通部分をもたない n 個の同値類の和集合

$$S = C_1 \amalg C_2 \amalg \cdots \amalg C_n \tag{1.9}$$

で表される（記号 $\amalg$ については，式 (1.4) を参照）．

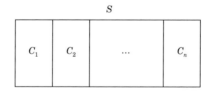

一般には，S の同値類は全部で無数にあるかもしれない．そこで，Λ を集合とし（Λ は無限集合かもしれない），Λ の各元 λ に，S の同値類 C_λ がちょうど対応しているとする[9]．すなわち，S の同値類全体は，$(C_\lambda)_{\lambda \in \Lambda}$ と表されているとする．このとき，S は互いに共通部分をもたない同値類 C_λ ($\lambda \in \Lambda$) の和集合

$$S = \coprod_{\lambda \in \Lambda} C_\lambda \tag{1.10}$$

---

[9] このような集合 Λ は存在する．実際，Λ として，同値類全体のなす集合との間に全単射写像があるような集合をとってくればよい．Λ として同値類全体のなす集合をとってきてもよいが，同値類が全部で n 個（n は正の整数）のときには，Λ として $\{1, 2, \ldots, n\}$ をとるのが分かりやすいと思うので，このような記述にしている．

で表される（記号 $\coprod$ については，式 (1.3) を参照）．

例えば，S の同値類が全部で n 個（n は正の整数）のときには，$\Lambda = \{1, 2, \ldots, n\}$ とおけばよいから，(1.9) は (1.10) の特別な場合になっている．

同値類全体のなす集合 $\{C_\lambda \mid \lambda \in \Lambda\}$ を $S/\sim$ と書き，S の $\sim$ に関する**商集合**という．

さて，C を S の同値類とする．同値類の定義から，ある $x \in S$ が存在して，$C = [x]$ となる．この x を同値類 C の**代表元**という[10]．

(1.9) の状況で，同値類 $C_1, \ldots, C_n$ の代表元 $x_1, \ldots, x_n \in S$ をそれぞれ選べば，(1.9) は

$$S = [x_1] \amalg [x_2] \amalg \cdots \amalg [x_n] \tag{1.11}$$

となる．一般の (1.10) の状況で，各同値類 C_λ の代表元 $x_\lambda \in S$ を選べば[11]，(1.10) は

$$S = \coprod_{\lambda \in \Lambda} [x_\lambda] \tag{1.12}$$

となる．$(x_\lambda)_{\lambda \in \Lambda}$ を S の同値関係 $\sim$ に関する**完全代表系**という．

注意　同値類 $[x_\lambda]$ は，S の部分集合である．商集合の元は同値類なので，S の部分集合 $[x_\lambda]$ が商集合の元である．以下の例も参考にしながら，時間をかけて商集合の概念を理解してほしい．

抽象的な定義が続いたので，例を挙げる．

例 1.17　S を一揃いのトランプカード 52 枚からなる集合とする．S の元 x, y が同じマークであるときに $x \sim y$ とおく．例 1.14 でみたように，$\sim$ は S の同値関係である．

$C_\spadesuit$ をスペードマークのカード 13 枚からなる S の部分集合とし，$C_\heartsuit, C_\diamondsuit, C_\clubsuit$ も同様に定める．

例えば，カード $\boxed{7 \spadesuit}$ の同値類

$$[\boxed{7 \spadesuit}] = \{x \in S \mid \boxed{7 \spadesuit} \text{ と } x \text{ は同じマーク}\}$$

10] 同値類 C の代表元の選び方は，いろいろある．実際，C に属する任意の元 $x' \in S$ に対して，$C = [x']$ である．したがって，C に属する任意の元は同値類 C の代表元である．

11] Λ が無限集合のときに，各同値類 C_λ から元 x_λ を一斉に選べることには，選択公理を用いている．

20 | 第 1 章 | **集合と写像，演算，同値関係と商集合**

はスペードマークのカード全体なので，$C_\spadesuit$ に等しい．このように考えると，S の同値関係 ～ に関する同値類は全部で $C_\spadesuit, C_\heartsuit, C_\diamondsuit, C_\clubsuit$ の 4 つであることが分かる．これらは互いに共通部分をもたず，S は

$$S = C_\spadesuit \amalg C_\heartsuit \amalg C_\diamondsuit \amalg C_\clubsuit$$

と類別される．

同値類 $C_\spadesuit$ の代表元は何だろうか．定義から，$C_\spadesuit$ の代表元は，$C_\spadesuit = [x]$ となる $x \in S$ である．したがって，$C_\spadesuit$ の代表元は 1 枚のスペードのマークのカードである．例えば，$C_\spadesuit = [\boxed{7\spadesuit}]$ であるから，$\boxed{7\spadesuit}$ は同値類 $C_\spadesuit$ の代表元である．$C_\spadesuit = [\boxed{A\spadesuit}]$ であるから，$\boxed{A\spadesuit}$ も同値類 $C_\spadesuit$ の代表元であり，どの 1 枚のスペードのマークのカードも同値類 $C_\spadesuit$ の代表元である．

S の ～ に関する完全代表系は何だろうか．定義から，各同値類から代表元を 1 つずつ選び，それらの代表元を集めたものが完全代表系である．よって，異なるマークの 4 枚のカードが S の ～ に関する完全代表系になる．例えば，

$$(\boxed{A\spadesuit}, \boxed{A\heartsuit}, \boxed{A\diamondsuit}, \boxed{A\clubsuit})$$

は S の ～ に関する完全代表系である．異なるマークの 4 枚のカードであれば何でもよいので，例えば，

$$(\boxed{7\spadesuit}, \boxed{Q\heartsuit}, \boxed{J\diamondsuit}, \boxed{10\clubsuit})$$

も S の ～ に関する完全代表系である．

最後に，S の ～ に関する商集合 $S/\sim$ は何だろうか．定義から，同値類全体のなす集合が商集合であった．よって商集合 $S/\sim$ は，

$$\{C_\spadesuit, C_\heartsuit, C_\diamondsuit, C_\clubsuit\}$$

である．特に，商集合 $S/\sim$ は 4 つの元からなる集合である [12]．

例 1.18 S を日評大学 [13] の学部生全体からなる集合とする．日評大学生 a さん，b さんが同じ学部に属するときに，$a \sim b$ であると定める．～ は同値関係にな

---

[12] 商集合の元 $C_\spadesuit$ は，S の部分集合である．つまり，S の部分集合 $C_\spadesuit$ を 1 つのまとまりとして，商集合の元としているのである．

[13] 本書が日本評論社から出版されることに基づく架空の大学名である．日評大学には文学部，法学部，経済学部，理学部，工学部，薬学部，医学部などがあるとする．

る．a さんの同値類 $[a]$ は，a さんと同じ学部に属する人たち全員のなす集合である．例えば，a さんが文学部生であるとすると，$[a] = \{$文学部生$\}$ である．商集合 $S/\sim$ は

$\{$ $\{$文学部生$\}$, $\{$法学部生$\}$, $\{$経済学部生$\}$,

$\{$理学部生$\}$, $\{$工学部生$\}$, $\{$薬学部生$\}$, $\{$医学部生$\}$, ... $\}$

となる．各学部生全体の集合にその学部を対応させることにすると，商集合 $S/\sim$ を学部の集合

$\{$文学部，法学部，経済学部，理学部，工学部，薬学部，医学部，...$\}$

として実現することもできる（すなわち，商集合 $S/\sim$ から学部の集合への写像は全単射である）．

$\{$理学部生$\}$ という同値類の代表元は，1 人（どの 1 人でもよい）の理学部生である．S の $\sim$ に関する完全代表系は，日評大学の各学部から 1 人ずつ選んできた学生の集まりである．

問題 1.4　S を日評大学の学部生全体からなる集合とする．日評大学生 a さん，b さんが同じ部活に入っているときに，$a \sim b$ であると定める．$\sim$ は同値関係になるか．

例 1.19　m を正の整数とする．$x, y \in \mathbb{Z}$ に対し，$y - x$ が m の倍数のときに $x \sim y$ とおく．例 1.15 で，$\sim$ は $\mathbb{Z}$ における同値関係であることを確かめた．

整数 x の同値類は，定義から

$$[x] = \{y \in \mathbb{Z} \mid y - x \text{ は } m \text{ の倍数}\}$$

である．つまり，x の同値類は，m で割った余りが x を m で割った余りに等しくなる整数全体からなる集合である．

整数を m で割った余りは $0, 1, \ldots, m-1$ のいずれかであるから，$\mathbb{Z}$ の同値関係 $\sim$ に関する同値類は，

$$[0], [1], \ldots, [m-1] \tag{1.13}$$

の m 個であることが分かる．ここで，$[i]$ $(i = 0, 1, \ldots, m-1)$ は，m で割った余

22 | 第 1 章 | 集合と写像，演算，同値関係と商集合

りが i である整数全体からなる $\mathbb{Z}$ の部分集合である．(1.13) は互いに共通部分をもたず，$\mathbb{Z}$ は

$$\mathbb{Z} = \coprod_{i \in \{0,1,\ldots,m-1\}} [i] = [0] \amalg [1] \amalg \cdots \amalg [m-1]$$

と類別される．つまり，$\mathbb{Z}$ を m で割った余りが等しいものをひとまとまりとして，$\mathbb{Z}$ を類別している．

$$\mathbb{Z}$$

[0]	[1]		[m−1]
● 0	● 1	⋯	● m−1
● m	● m+1		● 2m−1
⋮	⋮		⋮

同値類 $[1]$ の代表元は何だろうか．定義から，$[1]$ の代表元は，$[1] = [x]$ となる $x \in \mathbb{Z}$ である．いいかえれば，$[1]$ の代表元は，m で割った余りが 1 である 1 つの整数（そのような整数ならなんでもよい）である．例えば 1 は同値類 $[1]$ の代表元である．また，整数 $m+1$ も m で割った余りが 1 であるから，同値類 $[1]$ の代表元である．実際，$[1] = [m+1]$ が成り立つ．

$\mathbb{Z}$ のこの同値関係 $\sim$ に関する完全代表系として，例えば $0, 1, \ldots, m-1$ がとれる．m 個の整数で m で割った余りが相異なれば，それらは完全代表系をなすから，例えば，$m, m+1, \ldots, 2m-1$ も $\mathbb{Z}$ のこの同値関係 $\sim$ に関する完全代表系（の 1 つ）である．

商集合 $\mathbb{Z}/\sim$ は m 個の同値類からなる集合

$$\mathbb{Z}/\sim = \{[0], [1], \ldots, [m-1]\}$$

である．

例題 1.20 実数を成分とする m 行 n 列の行列全体を $M(m,n,\mathbb{R})$ とおく．$A, B \in M(m,n,\mathbb{R})$ に対し，$A \sim B$ というのを，正則な m 次実正方行列 P と正則な n 次実正方行列 Q が存在して，$B = P^{-1}AQ$ となるときに定める．

(a) $\sim$ は $M(m,n,\mathbb{R})$ の同値関係を定めることを示せ．

章末問題 | 23

(b) 線形代数で習った行列の行と列の基本変形を用いると，$A \in M(m, n, \mathbb{R})$ の $\sim$ に関する同値類の代表元としてどのような（簡単な形の）行列が選べるか．特に，商集合 $M(m, n, \mathbb{R})/\sim$ は有限集合か．

解答 (a) 関係 $\sim$ が反射律，対称律，推移律をみたすことを確かめよう．E_m を m 次の単位行列，E_n を n 次の単位行列とする．任意の $A \in M(m, n, \mathbb{R})$ に対し，$A = E_m^{-1} A E_n$ だから，$A \sim A$ が成り立つ．よって反射律が成り立つ．次に，$A, B \in M(m, n, \mathbb{R})$ に対し，$A \sim B$ とすると，正則な m 次実正方行列 P と正則な n 次実正方行列 Q が存在して，$B = P^{-1}AQ$ となる．このとき，$A = PBQ^{-1} = (P^{-1})^{-1}B(Q^{-1})$ であり，P^{-1}, Q^{-1} はそれぞれ正則な m 次実正方行列，正則な n 次実正方行列であるから，$B \sim A$ となる．よって対称律も成り立つ．最後に，$A, B, C \in M(m, n, \mathbb{R})$ に対し，$A \sim B$ かつ $B \sim C$ とする．このとき，正則な m 次実正方行列 P_1, P_2 と正則な n 次実正方行列 Q_1, Q_2 が存在して，$B = P_1^{-1}AQ_1$，$C = P_2^{-1}BQ_2$ となる．すると，$C = (P_2^{-1}P_1^{-1})A(Q_1 Q_2) = (P_1 P_2)^{-1}A(Q_1 Q_2)$ となり，$P_1 P_2, Q_1 Q_2$ はそれぞれ正則な m 次実正方行列，正則な n 次実正方行列であるから，$A \sim C$ となる．よって推移律も成り立つ．以上より，$\sim$ は $M(m, n, \mathbb{R})$ の同値関係である．

(b) $A \in M(m, n, \mathbb{R})$ の階数を r とおく．r 次の単位行列を E_r と表す．線形代数で習った行列の基本変形と行列の階数の関係を用いると，正則な m 次実正方行列 P と正則な n 次実正方行列 Q が存在して，$P^{-1}AQ = \begin{pmatrix} E_r & O \\ O & O \end{pmatrix}$ となる．したがって，A の属する同値類 $[A]$ の代表元として，$\begin{pmatrix} E_r & O \\ O & O \end{pmatrix}$ がとれる．

行列 A の階数は A からただ 1 つに定まり，m 行 n 列の行列の階数は，$0, 1, \ldots, \min\{m, n\}$ のいずれかであるから，商集合 $M(m, n, \mathbb{R})/\sim$ は

$$\left\{ \left[\begin{pmatrix} E_r & O \\ O & O \end{pmatrix} \right] \,\middle|\, r = 0, 1, \ldots, \min\{m, n\} \right\}$$

に等しい．特に，商集合 $M(m, n, \mathbb{R})/\sim$ は，$\min\{m, n\} + 1$ 個の元からなる有限集合である． $\square$

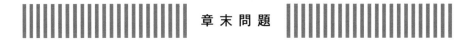

章末問題

問 1.1 S を正の整数全体のなす集合とする。$a, b \in S$ に対して，$a \circ b := a^b \in S$ とおく。

(a) S の演算 $\circ$ は結合則をみたさないことを示せ。

(b) 例題 1.5 でみたように，S の元 x, y, z, w に演算を施す（ただし，左から右にかけて x, y, z, w が並ぶ）組み合わせは，

$$((x \circ y) \circ z) \circ w, \quad (x \circ (y \circ z)) \circ w, \quad x \circ ((y \circ z) \circ w),$$
$$x \circ (y \circ (z \circ w)), \quad (x \circ y) \circ (z \circ w)$$

の 5 つある。$x = y = z = w = 10$ のとき，これら 5 つの元の大小関係を調べよ。

問 1.2 （ブール演算）$S = \{0, 1\}$ とする。S の演算 $\vee$ と $\wedge$ を表のように定める。（例えば，左表の 3 行目は $1 \vee 0 = 1$ を意味している。）

x	y	$x \vee y$
1	1	1
1	0	1
0	1	1
0	0	0

x	y	$x \wedge y$
1	1	1
1	0	0
0	1	0
0	0	0

$\vee$ を論理和といい，$\wedge$ を論理積という。

(a) 論理和 $\vee$ は結合則 $(x \vee y) \vee z = x \vee (y \vee z)$ と交換則 $x \vee y = y \vee x$ をみたし，0 は論理和 $\vee$ に関する単位元であることを示せ。

(b) 論理積 $\wedge$ は結合則 $(x \wedge y) \wedge z = x \wedge (y \wedge z)$ と交換則 $x \wedge y = y \wedge x$ をみたし，1 は論理積 $\wedge$ に関する単位元であることを示せ。

注意 1 は真，0 は偽を表すとすると，$x \vee y$（「x または y」）は，x か y の少なくとも一方が真のとき真であり，両方が偽のとき偽である演算である。$x \wedge y$（「x かつ y」）は，x と y がともに真のときのみ真である演算である。半導体を用いて，論理和と論理積を電気回路として実装することができ，ブール演算は計算機上でさまざまなことができることの基礎になっている。

章末問題 | 25

問 1.3 （min 演算） 実数全体の集合 $\mathbb{R}$ に，演算 $\oplus$ を

$$x \oplus y := \min\{x, y\} \quad (x, y \in \mathbb{R})$$

として定める．このとき，演算 $\oplus$ は，結合則 $(x \oplus y) \oplus z = x \oplus (y \oplus z)$ と交換則 $x \oplus y = y \oplus x$ をみたすことを示せ．演算 $\oplus$ に関する単位元は存在しないことを示せ．

注意 $\mathbb{R}$ の通常の加法 $+$ のかわりに演算 $\oplus$ を考え，$\mathbb{R}$ の通常の乗法 $\cdot$ のかわりに 加法 $+$ を考えたものを，min–plus 代数という．（正確には，$\mathbb{R}$ に元 "$+\infty$" を付け加えた集合 $\mathbb{T} = \mathbb{R} \cup \{+\infty\}$ の上で min–plus 代数を考える．$\mathbb{T}$ では演算 $\oplus$ は単位元 $+\infty$ をもつ．）min–plus 代数はトロピカル代数ともよばれ，min–plus 代数に基づいた幾何学はトロピカル幾何学とよばれる．

問 1.4 (a) ある人は，対称律と推移律から反射律が導かれると考えた．つまり，関係が対称律と推移律をみたすとし，$x \sim y$ とすると，対称律から $y \sim x$ が成り立ち，$x \sim y$ と $y \sim x$ と推移律から $x \sim x$ が成り立つ．したがって，反射律 $x \sim x$ が成り立つと考えた．この推論の間違いを指摘せよ．

(b) $\mathbb{Z}$ の関係で，対称律と推移律はみたすが反射律をみたさないものを 1 つ挙げよ．

注意 $\mathbb{Z}$ の関係で反射律と推移律はみたすが対称律はみたさないものに例 1.16(a) がある．また，$\mathbb{Z}$ の関係で反射律と対称律はみたすが推移律はみたさないものに例 1.16(b) がある．

問 1.5 （例題 1.20 の類題） 複素数を成分とする n 次正方行列全体を $M_n(\mathbb{C})$ とおく．$A, B \in M_n(\mathbb{C})$ に対し，$A \sim B$ というのを，正則な n 次複素正方行列 P が存在して，$B = P^{-1}AP$ となるときに定める．

(a) 関係 $\sim$ は $M_n(\mathbb{C})$ の同値関係を定めることを示せ．

(b) 線形代数で習った行列の標準化は，$A \in M_n(\mathbb{C})$ の $\sim$ に関する同値類の代表元としてどのようなものがとれることを述べているか．特に，商集合 $M_n(\mathbb{C})/\sim$ は有限集合か．

問 1.6 （例題 1.20 の類題） 実数を成分とする n 次正方行列で対称行列であるもの全体を $\mathcal{S}$ とおく．（ここで，${}^t A = A$ をみたす行列を対称行列という．）$A, B \in \mathcal{S}$ に対し，$A \sim B$ というのを，正則な n 次実正方行列 P が存在して，$B = {}^t PAP$ となるときに定める．

(a) 関係 $\sim$ は $\mathcal{S}$ の同値関係を定めることを示せ.

(b) 線形代数で習った 2 次形式の理論は,$A \in \mathcal{S}$ の $\sim$ に関する同値類の代表元としてどのようなものがとれることを述べているか.特に,商集合 $\mathcal{S}/\sim$ は有限集合か.

第2章

群の基礎

群はいくつかの公理をみたす1つの演算をもつ代数系で，数学的対象の対称性全体を考えるときに自然に現れる．ここでは，群の定義を述べた後に，群の例を多く挙げる．その後，部分群，正規部分群と剰余群について述べる．さらに，群から群への写像として大切な群の準同型写像について述べ，群の準同型定理を証明する．

2.1 群とは

平面 $\mathbb{R}^2$ における原点中心の反時計回りの θ 回転を $f_\theta : \mathbb{R}^2 \to \mathbb{R}^2$ で表す．

π（180°）回転

平面上に原点中心の正三角形 T を考える．T を T それ自身に重ね合わせる原点中心の回転写像 f_θ は，$f_0, f_{2\pi/3}, f_{4\pi/3}$ の 3 つがある．

$\mathbb{R}^2$ の点 P を原点中心に 2π 回転すると P に戻るから，写像 $f_{2\pi} : \mathbb{R}^2 \to \mathbb{R}^2$ と $f_0 : \mathbb{R}^2 \to \mathbb{R}^2$ は一致する．つまり，$f_{2\pi} = f_0$ である．同様に，例えば，$f_{-4\pi/3} =$

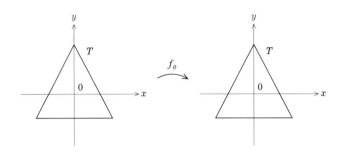

$f_{2\pi/3}$ である. というのも, $\mathbb{R}^2$ の点を時計回りに $4\pi/3$ 回転させた点と反時計回りに $2\pi/3$ 回転させた点は同じであるからである.

$\varepsilon = f_0$, $\sigma = f_{2\pi/3}$, $\tau = f_{4\pi/3}$ とおき,
$$G = \{\varepsilon, \sigma, \tau\}$$
と定める.

G の任意の 2 つの元に対して, 写像の合成を考えることができる. 例えば, σ と τ の合成 $\sigma \circ \tau$ は, $\sigma \circ \tau = f_{2\pi/3} \circ f_{4\pi/3} = f_{2\pi} = f_0 = \varepsilon$ である. 実際, $\sigma \circ \tau$ は原点中心に $4\pi/3$ 回転させてから, さらに $2\pi/3$ 回転させるということだから, 2π 回転となって 0 回転と同じ写像である. 同様にして, G の任意の元 g_1, g_2 をとってくると, 写像の合成 $g_1 \circ g_2$ は, また G の元になる (上の場合は, $g_1 = \sigma$, $g_2 = \tau$, $g_1 \circ g_2 = \varepsilon$ である). いいかえれば, G には写像の合成によって演算 $\circ$ が定まっている.

G と演算 $\circ$ は, 次の条件をみたしている.

(i) 任意の $g_1, g_2, g_3 \in G$ に対して, $(g_1 \circ g_2) \circ g_3 = g_1 \circ (g_2 \circ g_3)$ が成り立つ (式 (1.6) 参照).

(ii) ε (0 回転) は, 任意の $g \in G$ に対して $g \circ \varepsilon = \varepsilon \circ g = g$ をみたす.

(iii) 任意の $g \in G$ に対して, ある元 $x \in G$ (g に応じて決まる元) が存在して, $g \circ x = x \circ g = \varepsilon$ となる[1].

正確な定義は以下で述べるが, このように, 演算の定まった集合 G が, 上の 3 つの条件をみたすとき, G (と演算の組) を群という.

---

[1] 実際, $g = \varepsilon$ のとき, x として ε をとると, $\varepsilon \circ \varepsilon = \varepsilon \circ \varepsilon = \varepsilon$ となる. $g = \sigma$ のとき, x として τ をとると, $\sigma \circ \tau = \tau \circ \sigma = \varepsilon$ となる. $g = \tau$ のとき, x として σ をとると, $\tau \circ \sigma = \sigma \circ \tau = \varepsilon$ となる.

2.2 | 群の定義　29

　上の正 3 角形の場合のように，ある図形を考えて，その図形の何らかの対称性全体を考えると，群の概念が自然に現れる．さらに，図形に限らない数学的対象の対称性全体を考えても，群の概念が現れる．1770–71 年頃にラグランジュは代数方程式の解の対称性（解の置き換え）を考えた．Wussing [Wu] によれば，ここに群の概念の芽生えがみられるそうである．

2.2　群の定義

最も基本的な代数系の 1 つである群の定義を述べよう．

定義 2.1　（**群**）　G を空でない集合とし，$\cdot$ を G の演算とする．すなわち，G の任意の元 x, y に対して，G の元 $x \cdot y$ が定まっているとする．集合 G と演算 $\cdot$ の組 $(G, \cdot)$ が**群**であるとは，次の 3 つの条件（群の公理ともいう）をみたすときにいう．

(i)　演算 $\cdot$ は結合則をみたす．すなわち，任意の $a, b, c \in G$ に対して，$(a \cdot b) \cdot c = a \cdot (b \cdot c)$ が成り立つ．

(ii)　演算 $\cdot$ に関する単位元が存在する．すなわち，G のある元 e が存在して，任意の $a \in G$ に対して，$a \cdot e = e \cdot a = a$ となる．

(iii)　任意の $a \in G$ に対して，ある元 $x \in G$（a に応じて決まる元）が存在して，$a \cdot x = x \cdot a = e$ となる．この x を a の逆元といい，a^{-1} で表す．

注意　(a)　上の定義では，演算を表す記号として $\cdot$ を用いたが，別の記号を用いてもよい．例えば，演算の記号として $\circ$ を用いれば，$(G, \circ)$ が群であるとは，上の定義で $\cdot$ を $\circ$ に変えた式が成り立つことを意味する．2.1 節では，演算の記号として $\circ$ を用いた．

(b)　上の定義では，単位元を表す記号として e を用いたが，別の記号を用いてもよい．例えば，1 や 1_G なども単位元を表す記号としてよく使われる．2.1 節では，単位元を表す記号として ε を用いた．

(c)　命題 1.7 でみたように（命題 2.3 も参照），上の定義の (ii) の単位元はただ 1 つである．上の定義の (iii) は，このただ 1 つの単位元 e に対して，$a \cdot x = x \cdot a = e$ となることを述べている．また，すぐ後の命題 2.3 で示すように，G の各元 a に対して，その逆元はただ 1 つ存在する．そこで，このただ 1 つ定まる a の逆元を a^{-1} で表すことにしている．

30 | 第 2 章 | 群の基礎

(d) 群の元 a に a^{-1} を対応させる写像を $^{-1}$ と書く. 群とは, 集合 G と演算 $\cdot$, 写像 $^{-1}$, 単位元 e のなす組 $(G, \cdot, ^{-1}, e)$ で, 上の条件 (i)(ii)(iii) に相当することをみたすものと思ってもよい.

群の演算を表す記号として $\cdot$ を用いるとき, 演算 $\cdot$ を**乗法**とよぶことが多い. このとき, $a \cdot b$ を a と b の積とよぶ. ab と略して書くことも多い[2]. このとき, a, b から $a \cdot b$ を得ることを, 「a に右から b をかける」あるいは「b に左から a をかける」という.

定義 2.2 （アーベル群, 可換群） $(G, \cdot)$ を群とする. 演算 $\cdot$ がさらに交換則をみたすとき, すなわち, 任意の $a, b \in G$ に対して, $a \cdot b = b \cdot a$ が成り立つとき, $(G, \cdot)$ を**アーベル群**[3], あるいは**可換群** という.

以下では, 特に断りのない限り, 群 $(G, \cdot)$ を略して G と書く.

群の定義からすぐに分かる性質を述べる.

命題 2.3 G を群とする.

(a) G の単位元はただ 1 つ存在する.

(b) G の各元 a に対して, その逆元はただ 1 つ存在する.

証明 (a) 群の定義から, 単位元が存在する. 単位元がただ 1 つであることは, 命題 1.7 ですでにみた.

(b) 群の定義から, a の逆元が存在する. x, y が a の逆元とすると, $a \cdot x = x \cdot a = e$, $a \cdot y = y \cdot a = e$ が成り立つ. このとき, 結合則と単位元の定義を用いて,

$$x = x \cdot e = x \cdot (a \cdot y) = (x \cdot a) \cdot y = e \cdot y = y$$

となる. よって, a の逆元はただ 1 つ存在する. □

命題 2.4 （一般化された結合則） G を群, $n \geq 3$ とする. $x_1, \ldots, x_n \in G$ に対して, これらの n 個の元の演算を施した結果（ただし, 左から右にかけて $x_1, x_2, \ldots, x_n$ と並ぶ）は演算を施す順番によらず同じである. つまり, $(x_1 \cdot (x_2 \cdot x_3)) \cdot x_4 = x_1 \cdot (x_2 \cdot (x_3 \cdot x_4))$ などが成り立つ.

2] 本書では, 第 1 章と第 2 章では, 原則として $\cdot$ を略さずに書くが, 第 3 章では逆に, 原則として $\cdot$ を略して $x \cdot y$ を xy と書く.

3] ノルウェーの数学者ニールス・アーベルにちなむ.

証明 後半の $(x_1 \cdot (x_2 \cdot x_3)) \cdot x_4 = x_1 \cdot (x_2 \cdot (x_3 \cdot x_4))$ が成り立つことは，例題 1.5 ですでにみた．

一般に $x_1, \ldots, x_n$ に演算を施す順番は，$(x_1 \cdot (x_2 \cdot x_3)) \cdot x_4$ のように，括弧を用いて表すことができる．そこで，$x_1, \ldots, x_n$ に演算を施した結果は演算を行う順番によらず，$(((x_1 \cdot x_2) \cdot x_3) \cdots) \cdot x_n$ に等しくなることを，n に関する帰納法を用いて示せばよい．

$n = 3$ のときは，結合則より $x_1 \cdot (x_2 \cdot x_3) = (x_1 \cdot x_2) \cdot x_3$ が成り立つのでよい．$n \geqq 4$ とする．$x_1, \ldots, x_n$ の n 個の演算（ただし，左から右にかけて $x_1, x_2, \ldots, x_n$ と並ぶ）が，

$$(x_1 \cdot \cdots \cdot x_{n-1}) \cdot x_n$$

の形とする（すなわち，$x_1, \ldots, x_{n-1}$ に何らかの順番で演算を施して，その結果に得られた元と x_n の演算を最後に施しているとする）．帰納法の仮定より，$x_1, \ldots, x_{n-1}$ の $n - 1$ 個に演算を施した結果は演算を施す順番によらないので，$(x_1 \cdot \cdots \cdot x_{n-1}) \cdot x_n = (((x_1 \cdot x_2) \cdot x_3) \cdots) \cdot x_n$ となる．

$x_1, \ldots, x_n$ の n 個の演算が，$(x_1 \cdot \cdots \cdot x_{n-1}) \cdot x_n$ の形でないときは，$1 \leqq i \leqq n - 2$ が存在して，$x_1, \ldots, x_i$ に何らかの演算を施したものと，$x_{i+1}, \ldots, x_n$ に何らかの演算を施したものを考えて，それらの 2 つの元の演算を最後に施した

$$(x_1 \cdot \cdots \cdot x_i) \cdot (x_{i+1} \cdot \cdots \cdot x_n)$$

の形をしている．すると，帰納法の仮定から，$(x_{i+1} \cdot \cdots \cdot x_n)$ は $((x_{i+1} \cdot x_{i+2}) \cdots) \cdot x_n$ に等しいことと，結合則より，

$$(x_1 \cdot \cdots \cdot x_i) \cdot (x_{i+1} \cdot \cdots \cdot x_n) = (x_1 \cdot \cdots \cdot x_i) \cdot (((x_{i+1} \cdot x_{i+2}) \cdots) \cdot x_n)$$
$$= ((x_1 \cdot \cdots \cdot x_i) \cdot ((x_{i+1} \cdot x_{i+2}) \cdots)) \cdot x_n$$

となる．ここで，$((x_1 \cdot \cdots \cdot x_i) \cdot ((x_{i+1} \cdot x_{i+2}) \cdots))$ は帰納法の仮定より，$(((x_1 \cdot x_2) \cdot x_3) \cdots) \cdot x_{n-1}$ に等しいので，結局，上の式の最後の項は，$(((x_1 \cdot x_2) \cdot x_3) \cdots) \cdot x_n$ に等しくなる．

以上により，$x_1, \ldots, x_n$ の n 個に演算を施した結果（ただし，左から右にかけて $x_1, x_2, \ldots, x_n$ と並ぶ）は，演算を施す順番によらない． $\square$

命題 2.4 により，G の元の積 $((x_1 \cdot (x_2 \cdot x_3)) \cdot \cdots \cdot x_n)$ などを，$x_1 \cdot x_2 \cdot \cdots \cdot x_n$ と演算の順番を指定する括弧をつけずに書くことが多い．さらに，$\cdot$ も略して，

$x_1 x_2 \cdots x_n$ と書くことも多い.

定義 2.5 （元の累乗）　G は群とする. $x \in G$ について, 累乗 $x^n \, (n \in \mathbb{Z})$ を次で定める.

$$x^n = \begin{cases} \overbrace{x \cdots \cdots x}^{n \text{ 個}} & (n > 0 \text{ のとき}) \\ e & (n = 0 \text{ のとき}) \\ \underbrace{x^{-1} \cdots \cdots x^{-1}}_{(-n) \text{ 個}} & (n < 0 \text{ のとき}) \end{cases}$$

特に, $x^1 = x$ であり, x^{-1} は x の逆元である. 命題 2.4 より, $x \cdots \cdots x$ と $x^{-1} \cdots \cdots x^{-1}$ は演算を施す順番によらずに定まることに注意しよう.

　群の演算に慣れるために, 次の命題を証明する. 命題の証明には, 群の演算が 3 つの公理（結合則, 単位元の存在, 逆元の存在）をみたすことを使っていることに注意しよう.

命題 2.6　G を群とする. $a, b, x, y \in G$ とする. このとき, 以下が成り立つ [4].

  (a) $a \cdot b = e$ ならば, $b = a^{-1}$ である. また, $a = b^{-1}$ である.

  (b) $(x \cdot y)^{-1} = y^{-1} \cdot x^{-1}$ である.

  (c) $(x^{-1})^{-1} = x$ である.

証明　(a) $a \cdot b = e$ とする. a の逆元 a^{-1} を左からかけると, $a^{-1} \cdot (a \cdot b) = a^{-1} \cdot e$ である. ここで, 右辺は, 単位元の定義より $a^{-1} \cdot e = a^{-1}$ となる. 左辺は, 結合則, 逆元の定義, 単位元の定義を用いて,

$$a^{-1} \cdot (a \cdot b) = (a^{-1} \cdot a) \cdot b = e \cdot b = b$$

となる. よって, $b = a^{-1}$ が成り立つ.

　$a = b^{-1}$ を示すには, $a \cdot b = e$ に b^{-1} を右からかけて, 同様に議論すればよい.

　(b) $a = x \cdot y$, $b = y^{-1} \cdot x^{-1}$ とおく. このとき, 結合則, 逆元の定義, 単位元の定義を用いて,

---

4] 命題 2.6(b) について. 新幹線で, 鹿児島から東京に行って (y), 東京から北海道に行く (x) ことを考える. 帰りは, 北海道から東京に戻り (x^{-1}), 東京から鹿児島に戻る (y^{-1}). 鹿児島から東京を経て北海道に行くことを $x \cdot y$ で表せば, 帰りは $y^{-1} \cdot x^{-1}$ になる.

$$a \cdot b = (x \cdot y) \cdot (y^{-1} \cdot x^{-1}) = (x \cdot (y \cdot y^{-1})) \cdot x^{-1} = (x \cdot e) \cdot x^{-1} = x \cdot x^{-1} = e$$

となる．したがって，(a) より $b = a^{-1}$，すなわち，$y^{-1} \cdot x^{-1} = (x \cdot y)^{-1}$ を得る．

(c) $a = x^{-1}, b = x$ とおくと，$a \cdot b = x^{-1} \cdot x = e$ となる．よって，(a) より，$b = a^{-1}$，すなわち，$x = (x^{-1})^{-1}$ を得る． $\square$

例題 2.7 G を群とする．$a, b, c \in G$ とする．

(a) 次の簡約則が成り立つことを示せ．

$$a \cdot b = a \cdot c \ \text{ならば，} \ b = c,$$
$$b \cdot a = c \cdot a \ \text{ならば，} \ b = c.$$

(b) （除法が一意的に可能）$a, b \in G$ に対して，$a \cdot x = b$ となる $x \in G$ がただ1つ定まる．また，$y \cdot a = b$ となる $y \in G$ がただ1つ定まる．具体的には，$x = a^{-1} \cdot b,\ y = b \cdot a^{-1}$ である．このことを示せ．

(c) 写像 $\ell_a : G \to G$ を，$x \in G$ に $a \cdot x \in G$ を対応させる写像とする（すなわち，a を左からかける写像とする）．このとき，ℓ_a は全単射である．同様に，写像 $r_b : G \to G$ を，$x \in G$ に $x \cdot b \in G$ を対応させる写像とする（すなわち，b を右からかける写像とする）．このとき，r_b は全単射である．このことを示せ．

解答 (a) $a \cdot b = a \cdot c$ としよう．a の逆元 a^{-1} を左からかけると，$a^{-1} \cdot (a \cdot b) = a^{-1} \cdot (a \cdot c)$ となる．ここで，左辺は，結合則と単位元の定義を用いて，$a^{-1} \cdot (a \cdot b) = (a^{-1} \cdot a) \cdot b = e \cdot b = b$ となる．右辺も同様に，$a^{-1} \cdot (a \cdot c) = (a^{-1} \cdot a) \cdot c = e \cdot c = c$ となる．よって，$b = c$ が成り立つ．

$b \cdot a = c \cdot a$ については，右から a^{-1} をかけて，同様の議論をすることで，$b = c$ を得る．

(b) $x \in G$ が $a \cdot x = b$ をみたしたとしよう．このとき，a の逆元 a^{-1} を左からかけて，$a^{-1} \cdot (a \cdot x) = a^{-1} \cdot b$ となる．ここで，左辺は，結合則と単位元の定義を用いて，$a^{-1} \cdot (a \cdot x) = (a^{-1} \cdot a) \cdot x = e \cdot x = x$ となる．したがって，$x = a^{-1} \cdot b$ を得る．このことは，$a \cdot x = b$ をみたす $x \in G$ が存在するなら，x はただ1つであり，$x = a^{-1} \cdot b$ でなくてはならないことを示している．

逆に，$a^{-1} \cdot b \in G$ は，$a \cdot (a^{-1} \cdot b) = (a \cdot a^{-1}) \cdot b = e \cdot b = b$ をみたすから，$a \cdot$

$x = b$ をみたす x は存在する.

以上より,$a \cdot x = b$ となる $x \in G$ がただ 1 つ存在して,x は $a^{-1} \cdot b$ で与えられる.

$y \cdot a = b$ についても同様に議論すればよい.

(c) $x, y \in G$ が $\ell_a(x) = \ell_a(y)$,すなわち $a \cdot x = a \cdot y$ をみたしたとする.このとき,(a) から $x = y$ となる.よって,$\ell_a : G \to G$ は単射である.次に (b) より,任意の $b \in G$ に対して,$a \cdot x = b$ をみたす $x \in G$ が存在する.よって,$\ell_a : G \to G$ は全射でもある.したがって,写像 ℓ_a は全単射である.写像 r_b が全単射であることの証明も同様である. □

例題 2.8 G を群,$x \in G$ とする.このとき,次の**指数法則**が成り立つことを示せ.任意の $n, m \in \mathbb{Z}$ に対して,

$$x^{n+m} = x^n \cdot x^m, \quad (x^n)^m = x^{nm} \tag{2.1}$$

が成り立つ.

解答 ステップ 1:$n \geqq 0$ かつ $m \geqq 0$ のときを考えよう.まず,$n = 0$ または $m = 0$ ならば,定義から $x^0 = e$ なので (2.1) が成り立つことが分かる.以下では,$n \neq 0$ かつ $m \neq 0$ とする.

このときは,

$$x^{n+m} = \overbrace{x \cdots \cdot x}^{n+m \text{ 個}} = \overbrace{x \cdots \cdot x}^{n \text{ 個}} \cdot \overbrace{x \cdots \cdot x}^{m \text{ 個}} = x^n \cdot x^m$$

$$(x^n)^m = \overbrace{x^n \cdots \cdot x^n}^{m \text{ 個}} = \overbrace{x \cdots \cdot x \cdots \cdot x \cdots \cdot x}^{nm \text{ 個}} = x^{nm}$$

となり,やはり (2.1) が成り立つ.

ステップ 2:$n < 0$ かつ $m \geqq 0$ のときを考えよう.このときは,$n + m \geqq 0$ であれば,ステップ 1 より $x^{-n} \cdot x^{n+m} = x^m$ が成り立つので,両辺に左から x^n をかけて,(2.1) の前半を得る.$n + m < 0$ であれば,ステップ 1 より,$x^m \cdot x^{-(n+m)} = x^{-n}$ が成り立つので,両辺に左から x^n を右から x^{n+m} をかけて,(2.1) の前半を得る.

(2.1) の後半については,x の累乗の定義から,$x^n = (x^{-1})^{-n}$,$x^{nm} = (x^{-1})^{-nm}$

2.2 | 群の定義   35

に注意すると，ステップ 1 より $(x^n)^m = \left((x^{-1})^{-n}\right)^m = (x^{-1})^{-nm} = x^{nm}$ となるのでよい．

ステップ 3：「$n \geqq 0$ かつ $m < 0$ のとき」，「$n < 0$ かつ $m < 0$ のとき」も，ステップ 1, 2 と同様の議論をすることによって，(2.1) が成り立つことが分かる． □

定義 2.9　（有限群，無限群，群の位数）　G は群とする．

(a) G が有限集合のとき [5]，G を **有限群** という．このとき，G に属する元の個数 $|G|$ を G の **位数** という．

(b) G が無限集合のとき，G を **無限群** という．このとき，G の位数 $|G|$ は，$|G| = \infty$ と書く [6]．

定義 2.10　（元の位数）　群 G の元 a について，$a^m = e$ となる最小の正の整数 m を，a の **位数** といい，$\mathrm{ord}(a)$ で表す．ただし，$a^m = e$ となる正の整数 m が存在しないときは，$\mathrm{ord}(a) = \infty$ とおく．

注意　(a)　いいかえれば，a の位数が m であるとは，$a^m = e$ であり，任意の $1 \leqq i \leqq m - 1$ については，$a^i \neq e$ となることである．

(b)　群 G の位数 $|G|$ と，群 G の元 a の位数 $\mathrm{ord}(a)$ を混同しないように注意してほしい．

例題 2.11　m は正の整数とし，群 G の元 x は位数が m であるとする．整数 k は $x^k = e$ をみたすとする．このとき，k は m の倍数であることを示せ．

解答　k を m で割って，$k = qm + r$ （q, r は整数で，$0 \leqq r < m$）と表す．このとき，$x^m = e$ と $x^k = e$ であるから，指数法則（例題 2.8 参照）より，

$$x^r = x^{k-qm} = x^k \cdot (x^m)^{-q} = e$$

となる．m は $x^m = e$ をみたす最小の正の整数であるから，$r = 0$ となる．よって，k は m の倍数である． □

5]　定義 2.9 の冒頭の「G は群とする」という文章の G は集合 G と演算 $\cdot$ の組 $(G, \cdot)$ を省略して G と書いている．一方で「G が有限集合のとき」という文章の G は，組 $(G, \cdot)$ に現れる集合 G を指している．

6]　p.2 の脚注 1] を参照してほしい．

36 | 第 2 章 | **群の基礎**

問題 2.1 m, n は互いに素な正の整数とする．群 G の元 x, y は，$x \cdot y = y \cdot x$ をみたし，x の位数は m であり，y の位数は n であるとする．このとき，$x \cdot y$ の位数は mn であることを示せ．

2.3 群の例

2.2 節で群を定義した．ひとたび，群を定義してしまえば，群は今までにいろいろなところで出てきていることに気づくだろう．ここでは，そのような群の例を挙げる．

例を挙げる前に，群の演算の記号について注意しておく．群の定義 2.1 では，群の演算を表す記号として，$\cdot$ を用いた．また，単位元を表す記号として e を，群の元 x の逆元を表す記号として x^{-1} を用いた．さらに，x の累乗を表す記号として，$x^n\ (n \in \mathbb{Z})$ を用いた．

1.2 節でも述べたが，群の演算が交換則（定義 1.8 と定義 2.2 参照）をみたすときは，群の演算を表す記号として，$+$ を用いることがある．このときは，群の演算を**加法**といい，単位元は記号 0 で表して零元とよぶことが多い．また，群の元 x の逆元を表す記号として $-x$ を用いることが多い．さらに，x の累乗 x^n は nx と表すことが多い．

$\cdot$	$+$
e	0
x^{-1}	$-x$
x^n	nx

注意 (a) 群 G の演算の記号として $+$ を用いるとき，結合則，単位元の存在，逆元の存在の条件は以下のようになる．

(i) 任意の $a, b, c \in G$ に対して，$(a + b) + c = a + (b + c)$ が成り立つ．

(ii) G のある元 0 が存在して，任意の $a \in G$ に対して，$0 + a = a + 0 = a$ が成り立つ．

(iii) G の任意の元 a に対して，G の元 b が存在して，$a + b = b + a = 0$ が成り立つ．（この b を $-a$ で表す．）

p.12 の注意でも述べたが，これらは記号を変えただけで，中身は全く同じである．

(b) 群 G の演算の記号として $+$ を用いるとき，交換則は「任意の $a, b \in G$ に対して，$a + b = b + a$ が成り立つ」となる.

2.3.1 自明な群

G は 1 つの元からなる集合とし，その 1 つの元を e と書く．$G = \{e\}$ に演算 $\cdot$ を $e \cdot e = e$ で定義する．このとき，$(G, \cdot)$ は群になる．G の単位元は e であり，G の（ただ 1 つの）元 e の逆元は e である．$(G, \cdot)$ を**自明な群**という．

2.3.2 加法を演算とする群 $\mathbb{Z}, \mathbb{Q}, \mathbb{R}, \mathbb{C}$ など

整数全体の集合 $\mathbb{Z}$ に，通常の加法 $+$ を演算として考える．このとき，$(\mathbb{Z}, +)$ はアーベル群である．実際，

(i)（結合則）任意の $\ell, m, n \in \mathbb{Z}$ に対し，$(\ell + m) + n = \ell + (m + n)$ が成り立つ.

(ii)（単位元の存在）$0 \in \mathbb{Z}$ は，任意の $n \in \mathbb{Z}$ に対し，$n + 0 = 0 + n = n$ をみたすので，単位元 0 が存在する.

(iii)（逆元の存在）任意の $n \in \mathbb{Z}$ に対し，$n + (-n) = (-n) + n = 0$ であるので，$-n$ が n の逆元である.

(iv)（交換則）任意の $n, m \in \mathbb{Z}$ に対し，$n + m = m + n$ が成り立つ.

同様に，$(\mathbb{Q}, +), (\mathbb{R}, +), (\mathbb{C}, +)$ もアーベル群である[7]．ただし，演算としては $\mathbb{Q}, \mathbb{R}, \mathbb{C}$ の通常の加法を考える.

例2.12 m を正の整数とする．$m\mathbb{Z} = \{mn \mid n \in \mathbb{Z}\}$ を m の倍数全体からなる集合とする．$m\mathbb{Z}$ は $\mathbb{Z}$ の通常の加法 $+$ に関して群になる．実際，整数 x, y が m の倍数であれば，$x + y$ も m の倍数であるので，$+$ は $m\mathbb{Z}$ の演算を定める．$(m\mathbb{Z}, +)$ が，結合則，単位元の存在，逆元の存在をみたすことも容易に確かめられる．なお，単位元は 0 である.

7] 一般に，環 A に対して，$(A, +)$ はアーベル群になる．環の定義は 4.1 節で述べるので，そのときに確認してほしい.

2.3.3 乗法群を演算とする群 $\mathbb{Q}^\times, \mathbb{R}^\times, \mathbb{C}^\times$ など

有理数全体の集合 $\mathbb{Q}$ には通常の乗法 $\cdot$ が定まっている．しかし，$(\mathbb{Q}, \cdot)$ は群にはならない．実際，通常の乗法に関する $\mathbb{Q}$ の単位元は 1 であるが，$0 \cdot x = x \cdot 0 = 1$ をみたす有理数 x は存在しないから，0 の逆元が存在しない．

そこで，0 を取り除いて，$\mathbb{Q}^\times = \mathbb{Q} \setminus \{0\}$ とおく．このとき，$\mathbb{Q}^\times$ と乗法 $\cdot$ の組 $(\mathbb{Q}^\times, \cdot)$ はアーベル群である．実際，

(i) （結合則）任意の $a, b, c \in \mathbb{Q}^\times$ に対し，$(a \cdot b) \cdot c = a \cdot (b \cdot c)$ が成り立つ．

(ii) （単位元の存在）$1 \in \mathbb{Q}^\times$ は，任意の $a \in \mathbb{Q}^\times$ に対し，$a \cdot 1 = 1 \cdot a = a$ をみたすので，単位元 1 が存在する．

(iii) （逆元の存在）任意の $a \in \mathbb{Q}^\times$ に対し，$a \cdot \dfrac{1}{a} = \dfrac{1}{a} \cdot a = 1$ であるので，$\dfrac{1}{a}$ が a の逆元である．

(iv) （交換則）任意の $a, b \in \mathbb{Q}^\times$ に対し，$a \cdot b = b \cdot a$ が成り立つ．

同様に，$(\mathbb{R}^\times, \cdot)$ と $(\mathbb{C}^\times, \cdot)$ もアーベル群である．ただし，$\mathbb{R}^\times = \mathbb{R} \setminus \{0\}$，$\mathbb{C}^\times = \mathbb{C} \setminus \{0\}$ であり，演算としては $\mathbb{R}, \mathbb{C}$ の通常の乗法を考える[8]．

問題 2.2 $\mathbb{Z} \setminus \{0\}$ は $\mathbb{Z}$ の通常の乗法によって群にならない．なぜか．

例 2.13 正の実数全体を $\mathbb{R}^\times_{>0}$ とおく．$\mathbb{R}^\times_{>0}$ は，$\mathbb{R}$ の通常の乗法 $\cdot$ に関して群になる．実際，a, b が正の実数であれば，$a \cdot b$ も正の実数であるので，$\cdot$ は $\mathbb{R}^\times_{>0}$ の演算を定める．$(\mathbb{R}^\times_{>0}, \cdot)$ が，結合則，単位元の存在，逆元の存在をみたすことも容易に確かめられる．なお，単位元は 1 である．

例 2.14 (a) 絶対値が 1 である複素数全体を

$$\mu = \{z \in \mathbb{C} \mid |z| = 1\}$$

とおく．μ は $\mathbb{C}$ の通常の乗法 $\cdot$ に関して群になる．実際，$z_1, z_2 \in \mathbb{C}$ が $|z_1| = |z_2| = 1$ をみたせば，$|z_1 \cdot z_2| = 1$ となるから，$\cdot$ は μ の演算を定める．$(\mu, \cdot)$ が，結合則，単位元の存在，逆元の存在をみたすことも容易に確かめられる．なお，単位元は 1 である．

8] 一般に，体 K に対して，$K^\times := K \setminus \{0\}$ は乗法 $\cdot$ に関してアーベル群になる．体の定義は 4.1 節で述べるので，そのときに確認してほしい．

(b) n を正の整数とする．$\zeta_n = \exp(2\pi\sqrt{-1}/n)$ とおく．このとき,

$$\mu_n = \{z \in \mathbb{C} \mid z^n = 1\} = \{\zeta_n^k \mid k = 0, 1, \ldots, n-1\}$$

は，$\mathbb{C}$ の通常の乗法・に関して群になる．このことも容易に確かめられる．

(c) 特に，(b) で $n = 1, 2$ として,

$$\mu_1 = \{1\}, \quad \mu_2 = \{1, -1\}$$

は，通常の乗法に関して群である．

2.3.4 剰余群 $\mathbb{Z}/m\mathbb{Z}$

この例は，2.6 節の剰余群のところで詳しくみるので，ここでは簡単な説明にとどめる．m を正の整数とする．$x, y \in \mathbb{Z}$ に対し，$y - x$ が m の倍数のときに $x \sim y$ とおく．例 1.15，例 1.19 でみたように，$\sim$ は $\mathbb{Z}$ における同値関係である．$x \in \mathbb{Z}$ に対し，x の同値類は

$$[x] = \{y \in \mathbb{Z} \mid y - x \text{ は } m \text{ の倍数}\}$$

であり，商集合 $\mathbb{Z}/\sim$ は m 個の元

$$\{[0], [1], \ldots, [m-1]\}$$

からなる集合である．

商集合 $\mathbb{Z}/\sim$ を $\mathbb{Z}/m\mathbb{Z}$ と書く．商集合の任意の元 $[x], [y] \in \mathbb{Z}/m\mathbb{Z}$ に対して，その和を，

$$[x] + [y] = [x + y]$$

により定義することができ（例 2.48 参照），これによって $\mathbb{Z}/m\mathbb{Z}$ に加法が定まる．このとき，$\mathbb{Z}/m\mathbb{Z}$ はこの加法に関してアーベル群になる．

2.3.5 行列群 $\mathrm{GL}_n(K), \mathrm{SL}_n(K)$ など

$K = \mathbb{R}$ または $\mathbb{C}$ とする[9]．$M_n(K)$ で K の元を成分とする n 次正方行列全体を表す．E_n で n 次単位行列を表す．

9] 一般に，K は体でよい．体の定義は 4.1 節で述べるので，そのときに確認してほしい．

40　第 2 章｜群の基礎

$$\mathrm{GL}_n(K) = \left\{ A \in M_n(K) \,\middle|\, \begin{array}{l} A \text{ は逆行列をもつ，すなわち} \\ X \in M_n(K) \text{ が存在して } AX = XA = E_n \end{array} \right\}$$

$$= \{ A \in M_n(K) \mid \det(A) \neq 0 \}$$

とおく．$\mathrm{GL}_n(K)$ は行列の乗法に関して群をなす．実際，線形代数で習ったように，$A, B \in M_n(K)$ に対して，$\det(AB) = \det(A)\det(B)$ であるから，$\det(A) \neq 0, \det(B) \neq 0$ ならば，$\det(AB) \neq 0$ となる．よって，行列の乗法は，$\mathrm{GL}_n(K)$ の演算を定める．行列の乗法は結合則をみたし，E_n が $\mathrm{GL}_n(K)$ の単位元である．$A \in \mathrm{GL}_n(K)$ の逆元は，A の逆行列 A^{-1} である．$\mathrm{GL}_n(K)$ を**一般線形群**という．

また，

$$\mathrm{SL}_n(K) = \{ A \in \mathrm{GL}_n(K) \mid \det(A) = 1 \}$$

とおく．$\det(A) = 1, \det(B) = 1$ ならば，$\det(AB) = 1$ となるから，行列の乗法は $\mathrm{SL}_n(K)$ の演算を定め，結合則，単位元の存在（単位元は E_n である），逆元の存在の条件も上と同様に確かめられる．$\mathrm{SL}_n(K)$ を**特殊線形群**という．

なお，$n \geqq 2$ のとき，$\mathrm{GL}_n(K)$ も $\mathrm{SL}_n(K)$ もアーベル群でない．実際，例題 1.10 で交換則が成り立たない行列の例として挙げた A, B は，$\mathrm{SL}_n(K)$ の元（したがって，$\mathrm{GL}_n(K)$ の元）である．

問題 2.3　実直交行列全体 $\mathrm{O}(n) = \{ T \in \mathrm{GL}_n(\mathbb{R}) \mid {}^tTT = E_n \}$ は，行列の乗法に関して群であることを示せ．$\mathrm{O}(n)$ を**直交群**という．（ヒント：T が実直交行列のとき，$\det({}^tTT) = \det(E_n) = 1$ より，$(\det(T))^2 = 1$ となるので，T は正則行列である．逆行列 T^{-1} を ${}^tTT = E_n$ の右からかけて，${}^tT = T^{-1}$ となる．特に，$T{}^tT = E_n$ も成り立つ．）

2.3.6　対称群と交代群

線形代数で行列式を定義するときに置換を考えた．ここでは，n 文字の置換全体が群になり，n 文字の偶置換全体も群になることを説明する．

$\{1, 2, \ldots, n\}$ を n 文字からなる集合とし，$\{1, 2, \ldots, n\}$ 上の全単射写像 σ：$\{1, 2, \ldots, n\} \to \{1, 2, \ldots, n\}$ を**置換**とよぶ．置換 σ を

で表す.

例えば, $\sigma = \begin{pmatrix} 1 & 2 & 3 & 4 \\ 2 & 1 & 4 & 3 \end{pmatrix}$ は,

$$1 \mapsto 2, \quad 2 \mapsto 1, \quad 3 \mapsto 4, \quad 4 \mapsto 3,$$

すなわち, $\sigma(1) = 2, \sigma(2) = 1, \sigma(3) = 4, \sigma(4) = 3$ となる置換である.

この表示において, 大切な情報は i の下に $\sigma(i)$ があるということである ($i = 1, 2, \ldots, n$). 横方向の順序は本質的ではなく入れ替えてもよい. また, 動かさない文字は省略してもよい. 例えば,

$$\begin{pmatrix} 1 & 2 & 3 & 4 \\ 2 & 4 & 3 & 1 \end{pmatrix} = \begin{pmatrix} 4 & 3 & 2 & 1 \\ 1 & 3 & 4 & 2 \end{pmatrix} = \begin{pmatrix} 1 & 2 & 4 \\ 2 & 4 & 1 \end{pmatrix} \tag{2.3}$$

である.

$\{1, 2, \ldots, n\}$ 上の置換全体のなす集合を S_n で表す.

$\sigma, \tau \in S_n$ に対して, 積 $\sigma \cdot \tau$ を写像の合成として定義する[10]. すなわち,

$$\sigma \cdot \tau(i) = \sigma(\tau(i)) \quad (i = 1, 2, \ldots, n)$$

と定義する. $\sigma \cdot \tau \in S_n$ である.

例えば, $n = 3$ とし, $\sigma = \begin{pmatrix} 1 & 2 & 3 \\ 2 & 3 & 1 \end{pmatrix}, \tau = \begin{pmatrix} 1 & 2 & 3 \\ 2 & 1 & 3 \end{pmatrix}$ のとき,

$$\sigma \cdot \tau(1) = \sigma(\tau(1)) = \sigma(2) = 3$$

などより, $\sigma \cdot \tau = \begin{pmatrix} 1 & 2 & 3 \\ 3 & 2 & 1 \end{pmatrix}$ となる.

$\rho, \sigma, \tau \in S_n$ とする. (1.6) より, $(\rho \cdot \sigma) \cdot \tau = \rho \cdot (\sigma \cdot \tau)$ が成り立つ. いいかえれば, S_n の乗法は結合則をみたす.

どの文字も動かさない置換 $e = \begin{pmatrix} 1 & 2 & \cdots & n \\ 1 & 2 & \cdots & n \end{pmatrix}$ を**恒等置換**とよぶ. このとき, 任意の置換 $\sigma \in S_n$ に対して,

$$\sigma \cdot e = e \cdot \sigma = \sigma$$

10] 本書の 2 章では, 多くの場合, 群の演算の記号 · を省略せずに書いている. しかし, $\sigma \cdot \tau$ の · を省略して, $\sigma\tau$ と書く方が普通である.

42 | 第 2 章 | 群の基礎

となるから S_n は乗法に関して単位元 e をもつ. また, 置換 $\sigma = \begin{pmatrix} 1 & 2 & \cdots & n \\ i_1 & i_2 & \cdots & i_n \end{pmatrix}$ の逆写像 $\sigma^{-1} = \begin{pmatrix} i_1 & i_2 & \cdots & i_n \\ 1 & 2 & \cdots & n \end{pmatrix}$ を, σ の**逆置換**とよぶ. このとき,

$$\sigma \cdot \sigma^{-1} = \sigma^{-1} \cdot \sigma = e$$

が成り立つ. 以上をまとめて次を得る.

定義 2.15 （対称群） S_n は写像の合成を演算として群になる. S_n を n 次対称群という.

$r \geqq 1$ とする. $i_1, i_2, \ldots, i_r$ を $1, 2, \ldots, n$ の相異なる元とする. $\{1, 2, \ldots, n\}$ 上の置換 σ で, $i_1, i_2, \ldots, i_r$ 以外の残りの $n - r$ 個の文字を動かさず,

$$\sigma(i_1) = i_2, \quad \sigma(i_2) = i_3, \quad \cdots \quad, \sigma(i_{r-1}) = i_r, \quad \sigma(i_r) = i_1$$

をみたすものを, **長さ r の巡回置換**という. σ を $(i_1 \ i_2 \ \cdots \ i_r)$ で表す. 式 (2.2), (2.3) の表し方で書けば,

$$(i_1 \ i_2 \ \cdots \ i_r) = \begin{pmatrix} i_1 & i_2 & \cdots & i_r \\ i_2 & i_3 & \cdots & i_1 \end{pmatrix}$$

である.

長さ 1 の巡回置換は, $\{1, 2, \ldots, n\}$ のどの元も動かさないから, 恒等置換に他ならない. したがって,

$$(1) = (2) = \cdots = (n) = e = \begin{pmatrix} 1 & 2 & \cdots & n \\ 1 & 2 & \cdots & n \end{pmatrix}$$

である.

長さ 2 の巡回置換は, 相異なる 2 文字だけを入れ替える置換であり, **互換**とよばれる. すなわち, 相異なる 2 文字を i, j とするとき, $\{1, 2, \ldots, n\}$ の置換で, i, j を入れ替えて i, j 以外の文字は動かさない置換を互換といい, $(i \ j)$ で表す. 例えば, 式 (2.2), (2.3) の表し方で書けば,

$$(1 \ 2) = \begin{pmatrix} 1 & 2 \\ 2 & 1 \end{pmatrix} = \begin{pmatrix} 1 & 2 & 3 & \cdots & n \\ 2 & 1 & 3 & \cdots & n \end{pmatrix}$$

である.

線形代数の行列式のところで習ったように，任意の置換 $\sigma \in S_n$ は共通する文字を持たない巡回置換の積で表せ，任意の巡回置換は

$$(i_1\ i_2\ \cdots\ i_r) = (i_1\ i_r) \cdot (i_1\ i_{r-1}) \cdot \cdots \cdot (i_1\ i_2)$$

と互換の積で表せる．したがって，S_n の任意の元 σ はいくつかの互換の積で表すことができる．

例 2.16 $\sigma = \begin{pmatrix} 1 & 2 & 3 & 4 & 5 & 6 & 7 & 8 \\ 7 & 8 & 3 & 1 & 6 & 2 & 4 & 5 \end{pmatrix} \in S_8$ を，互いに共通する文字を持たない巡回置換の積で表し，その後に互換の積で表してみよう．

σ によって，1 は 7 に移り，7 は 4 に移り，4 は 1 に移る．また，σ によって，2 は 8 に移り，8 は 5 に移り，5 は 6 に移り，6 は 2 に移る．さらに，σ によって，3 は 3 のままで動かない．

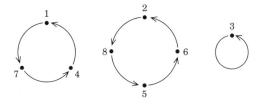

したがって，

$$\sigma = \begin{pmatrix} 1 & 7 & 4 \\ 7 & 4 & 1 \end{pmatrix} \cdot \begin{pmatrix} 2 & 8 & 5 & 6 \\ 8 & 5 & 6 & 2 \end{pmatrix} \cdot \begin{pmatrix} 3 \\ 3 \end{pmatrix}$$
$$= (1\ 7\ 4) \cdot (2\ 8\ 5\ 6) \cdot (3)$$
$$= (1\ 7\ 4) \cdot (2\ 8\ 5\ 6)$$

と，互いに共通する文字を持たない巡回置換の積で表すことができる．

さらに，$(1\ 7\ 4) = (1\ 4) \cdot (1\ 7)$，$(2\ 8\ 5\ 6) = (2\ 6) \cdot (2\ 5) \cdot (2\ 8)$ と互換の積に表されるので，

$$\sigma = (1\ 4) \cdot (1\ 7) \cdot (2\ 6) \cdot (2\ 5) \cdot (2\ 8)$$

と，5 つの互換の積に表すことができる．

なお，σ の互換の積への表示は一通りでないことに注意しておこう．例えば，

$$\sigma = (2\ 4) \cdot (2\ 8) \cdot (1\ 7) \cdot (4\ 8) \cdot (5\ 8) \cdot (5\ 6) \cdot (4\ 7)$$

44 第 2 章 | 群の基礎

と 7 つの互換の積に表すこともできる.

　線形代数の行列式のところで習ったように，σ の互換の積への表示は一意的でないが，表示に現れる互換の数が偶数であるか奇数であるかは σ のみによって決まる[11]. そこで，置換 σ が k 個の互換の積で表されるとき，

$$\mathrm{sgn}(\sigma) = (-1)^k \tag{2.4}$$

とおけば，$\mathrm{sgn}(\sigma)$ は，σ の互換の積への表示の表し方によらず，σ のみから定まる. $\mathrm{sgn}(\sigma)$ を σ の**符号**という.

　符号が 1 である置換を**偶置換**といい，符号が -1 である置換を**奇置換**という. いいかえれば，偶置換は偶数個の互換の積で表せる置換であり，奇置換は奇数個の互換の積で表せる置換である.

　σ, τ を S_n の元とする. σ が k 個の互換の積で τ が ℓ 個の互換の積で表されるとき，$\sigma \cdot \tau$ は $k + \ell$ 個の互換の積で表される. したがって，

$$\mathrm{sgn}(\sigma \cdot \tau) = \mathrm{sgn}(\sigma)\,\mathrm{sgn}(\tau) \tag{2.5}$$

が成り立つ.

　特に，σ, τ が偶置換であれば，$\sigma \cdot \tau$ も偶置換である. 恒等置換 e は 0 個の互換の積で表されるので，e は偶置換である. また，$\sigma = \tau_1 \cdots \tau_n$ （$\tau_1, \ldots, \tau_n$ は互換）のとき，$\sigma^{-1} = \tau_n^{-1} \cdots \tau_1^{-1} = \tau_n \cdots \tau_1$ となる. よって，σ が偶置換ならば，σ^{-1} も偶置換である. 以上をまとめて次を得る.

定義 2.17 （**交代群**）　$A_n = \{\sigma \in S_n \mid \sigma$ は偶置換$\} = \{\sigma \in S_n \mid \mathrm{sgn}(\sigma) = 1\}$ とおく. A_n は写像の合成を演算として群になる. A_n を n **次交代群**という.

例 2.18　$S_3 = \{(1), (1\ 2), (1\ 3), (2\ 3), (1\ 2\ 3), (1\ 3\ 2)\}$ である. 互換 $(1\ 2)$, $(1\ 3), (2\ 3)$ は奇置換である. 一方，$(1\ 2\ 3) = (1\ 3) \cdot (1\ 2)$, $(1\ 3\ 2) = (1\ 2) \cdot$

11] $\sigma \in S_n$ に対して，集合 $\{(i, j) \mid 1 \leqq i < j \leqq n$ で $\sigma(i) > \sigma(j)\}$ が偶数個の元からなるときに $\mathrm{sgn}'(\sigma) = 1$，奇数個の元からなるときに $\mathrm{sgn}'(\sigma) = 1$ とおけば，$\mathrm{sgn}'(\sigma)$ は σ のみから定まる. さらに，互換 τ を σ にかけた元 $\tau \cdot \sigma$ を考えると，$\mathrm{sgn}'(\tau \cdot \sigma) = (-1) \cdot \mathrm{sgn}'(\sigma)$ が成り立つことが容易に確かめられる. このことから，置換 σ が k 個の互換の積で表されるとき，$\mathrm{sgn}'(\sigma) = (-1)^k$ が成り立つ. $\mathrm{sgn}'(\sigma)$ は σ のみによって決まっているので，σ を互換の積に表したときに現れる互換の個数の偶奇は σ のみから定まることが従う. さらに，sgn' と (2.4) の sgn は一致することも分かる.

$(1\ 3)$ であるから，これらは偶置換である．よって，$A_3 = \{(1), (1\ 2\ 3), (1\ 3\ 2)\}$ となる．

n 次対称群 S_n は位数 $n!$ の群である．$n \geqq 2$ のとき，n 次交代群 A_n は位数 $n!/2$ の群である（問題 2.4 参照）．なお，$n = 1$ のときは，$S_1 = A_1 = \{(1)\}$ である．

$(1\ 2) \cdot (1\ 3) = (1\ 3\ 2)$，$(1\ 3) \cdot (1\ 2) = (1\ 2\ 3)$ であって，これらは異なる元である．よって，$n \geqq 3$ のとき S_n はアーベル群でない．$(1\ 2\ 3), (1\ 2\ 4)$ は，$(1\ 2\ 3) = (1\ 3) \cdot (1\ 2)$，$(1\ 2\ 4) = (1\ 4) \cdot (1\ 2)$ といずれも 2 つの互換の積で表されるので，偶置換である．さらに，

$$(1\ 2\ 3) \cdot (1\ 2\ 4) = (1\ 3) \cdot (2\ 4), \qquad (1\ 2\ 4) \cdot (1\ 2\ 3) = (1\ 4) \cdot (2\ 3)$$

は異なる元である．よって，$n \geqq 4$ のとき A_n はアーベル群でない．

問題 2.4 （n 次交代群の位数） $n \geq 2$ とする．$B_n := \{\sigma \in S_n \mid \sigma$ は奇置換$\}$ とおく．$\tau = (1\ 2)$ を互換とする．このとき，$\sigma \in A_n$ ならば，$\tau \cdot \sigma \in B_n$ であることを示せ．さらに，σ に $\tau \cdot \sigma$ を対応させる写像 $A_n \to B_n$ は全単射であることを示せ．これから，$S_n = A_n \amalg B_n$ であることと，$|S_n| = n!$ であることを用いて，$|A_n| = n!/2$ を示せ．

問題 2.5 （クラインの 4 元群） 4 次対称群 S_4 の部分集合 V を

$$V = \{(1),\ (1\ 2) \cdot (3\ 4),\ (1\ 3) \cdot (2\ 4),\ (1\ 4) \cdot (2\ 3)\}$$

とおく．V は，置換の合成を演算として群になることを示せ．V は**クラインの 4 元群**とよばれる．

2.3.7 置換群

集合 $\{1, 2, \ldots, n\}$ の置換全体が，写像の合成に関してなす群が n 次対称群 S_n であった．この項では，集合 $\{1, 2, \ldots, n\}$ を一般の集合 X に変えて，X の置換群を定義する．

X を空でない集合とする．X から X への全単射写像 $\sigma : X \to X$ を X の置

換という. X の置換全体のなす集合を $S(X)$ とおく.

$\sigma, \tau \in S(X)$ に対して, 積 $\sigma \cdot \tau$ を写像の合成として定義する. すなわち,

$$\sigma \cdot \tau(x) = \sigma(\tau(x)) \quad (x \in X)$$

と定義する. $\sigma \cdot \tau \in S(X)$ なので, $\cdot$ は $S(X)$ の演算を定める.

(1.6) より, 演算 $\cdot$ は結合則をみたす. また, 恒等写像 $\mathrm{id}_X : X \to X$ は, $S(X)$ の演算 $\cdot$ に関する単位元である. さらに, $\sigma \in S(X)$ に対して, 逆写像を $\sigma^{-1} \in S(X)$ で表せば, $\sigma \cdot \sigma^{-1} = \sigma^{-1} \cdot \sigma = \mathrm{id}_X$ となる. よって, σ^{-1} は演算 $\cdot$ に関する σ の逆元である. 以上をまとめて次を得る.

定義 2.19 （**置換群**） $S(X)$ は写像の合成を演算として群になる. $S(X)$ を X の**置換群**という.

$X = \{1, 2, \ldots, n\}$ のとき, $S(X)$ は n 次対称群 S_n である.

2.3.8 2面体群

平面上に原点 O 中心の正 3 角形 T を考える. 2.1 節で, 原点中心の回転を考え, その中で T を T それ自身に重ね合わせるもの全体のなす群を考えた. すなわち,

$$H = \{f \mid f : \mathbb{R}^2 \to \mathbb{R}^2 \text{ は原点中心の回転で, } f(T) = T\}$$

とおくと, H は（反時計回りの） 0 回転, $2\pi/3$ 回転, $4\pi/3$ 回転の 3 つの元からなる群であった. これらをそれぞれ e, r_1, r_2 とおこう.

ここでは, 原点中心の回転に加えて, 原点を通る直線に関する対称変換も考えて,

$$D_6 = \left\{ f \ \middle| \ \begin{array}{l} f : \mathbb{R}^2 \to \mathbb{R}^2 \text{ は原点中心の回転, または,} \\ \text{原点を通る直線に関する対称変換で, } f(T) = T \end{array} \right\}$$

とおく. T の頂点を反時計回りに A_1, A_2, A_3 とする. 原点を通る直線に関する対称変換で, T をそれ自身に重ね合わせるものは, 直線 OA_1 に関する対称変換, 直線 OA_2 に関する対称変換, 直線 OA_3 に関する対称変換の3つがある. これらをそれぞれ s_1, s_2, s_3 とおく.

すると,

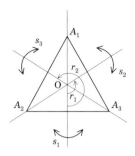

$$D_6 = \{e, r_1, r_2, s_1, s_2, s_3\}$$

となる．さて，D_6 の元は $\mathbb{R}^2$ から $\mathbb{R}^2$ への写像である．そこで，写像の合成 $s_1 \circ r_1$ を考えてみよう．写像 $s_1 \circ r_1$ によって，頂点 A_1, A_2, A_3 はそれぞれ A_3, A_2, A_1 に移る．一方，写像 s_2 によって，頂点 A_1, A_2, A_3 はそれぞれ A_3, A_2, A_1 に移る．よって，$i = 1, 2, 3$ に対して，$(s_1 \circ r_1)(A_i) = s_2(A_i)$ である．平面の任意の点 P に対して，$(s_1 \circ r_1)(P) = s_2(P)$ であることも確かめられ，$s_1 \circ r_1 = s_2$ となる．特に，$s_1 \circ r_1 \in D_6$ である．同様に，D_6 の任意の元 g_1, g_2 に対して，$g_1 \circ g_2 \in D_6$ であることが分かる[12]．いいかえれば，写像の合成で，D_6 には演算が定まっている．

演算の合成は結合則をみたすので（式 (1.6) 参照），D_6 の演算は結合則をみたす．また，恒等写像 e は D_6 の単位元である．また，$i = 1, 2, 3$ に対して，$s_i \circ s_i = e$ となるから s_i の逆元が存在する（$s_i^{-1} = s_i$ である）．e, r_1, r_2 についても逆元が存在することは 2.1 節でみた．以上により，D_6 は写像の合成を演算として群になる．

同様のことを，正 n 角形について考えることができる．

---

[12] 2 次の実正方行列 A に対して，$f_A : \mathbb{R}^2 \to \mathbb{R}^2$ を $f_A(x) = Ax$ によって定める．このとき，写像 $f : \mathbb{R}^2 \to \mathbb{R}^2$ が原点中心の回転または原点を通る直線に関する対称変換であることと，実直交行列 A が存在して $f = f_A$ となることが同値になる（付録 A の補題 A.1 も参照してほしい）．問題 2.3 でみたように，実直交行列全体 O(2) は群になる．よって，写像 f_1, f_2 が原点中心の回転または原点を通る直線に関する対称変換であれば，$f_1 \circ f_2$ もそうなる．このことから，D_6（一般に D_{2n}）に写像の合成で演算が定まることが，写像ごとに 1 つ 1 つ確かめなくても分かる．

定義 2.20（2 面体群） $n \geqq 3$ とする．平面上で原点を中心とする正 n 角形を T_n とおき，

$$D_{2n} = \left\{ f \;\middle|\; \begin{array}{l} f: \mathbb{R}^2 \to \mathbb{R}^2 \text{ は原点中心の回転，または，} \\ \text{原点を通る直線に関する対称変換で，} f(T_n) = T_n \end{array} \right\}$$

とおく．D_{2n} は写像の合成を演算として群になる．下でみるように，D_{2n} は $2n$ 個の元からなる．D_{2n} を **2 面体群** という [13]．

原点 O を中心とする正 n 角形 $A_1A_2\cdots A_n$ を考える．原点中心の回転で正 n 角形 $A_1A_2\cdots A_n$ をそれ自身に重ね合わせるものは $2\pi k/n$ 回転 ($k = 0, 1, \ldots, n-1$) の n 個ある．

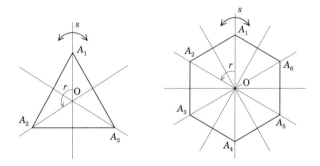

左図が $n = 3$（奇数）の例で，右図が $n = 6$（偶数）の例．

原点を通る直線に関する対称変換で，正 n 角形 $A_1A_2\cdots A_n$ をそれ自身に重ね合わせるものは，n が奇数のときは，直線 OA_k ($k = 0, 1, \ldots, n-1$) に関する対称変換が n 個ある．n が偶数のときは，直線 OA_k ($k = 0, 1, \ldots, n/2$) に関する対称変換が $n/2$ 個と，隣り合う頂点の中点と O を結ぶ直線に関する対称変換が $n/2$ 個のやはり合計 n 個がある．

したがって，D_{2n} は $2n$ 個の元からなる群である．

D_{2n} について，もう少し詳しくみてみよう．以下，D_{2n} の演算の記号を $\circ$ ではなく，$\cdot$ で表すことにする．原点中心の反時計回りの $2\pi/n$ 回転を r とおく．この

13] 教科書によっては，D_{2n} を D_n とも書く．

とき，0 回転は $r^0 = e$，$2\pi/n$ 回転は r，一般に，$2\pi k/n$ 回転は r^k となる．そして，$r^n = e$ である．したがって，原点中心の回転で正 n 角形をそれ自身に重ね合わせるものは $\{e, r, r^2, \ldots, r^{n-1}\}$ の n 個である．直線 OA_1 に関する対称変換を s とおく．対称変換を 2 回繰り返すと元に戻るから $s^2 = e$ である．さらに，$r \cdot s = s \cdot r^{-1}$ も確かめられる．このとき，原点を通る直線に関する対称変換で正 n 角形 $A_1 A_2 \cdots A_n$ をそれ自身に重ね合わせるものは $\{s, s \cdot r, s \cdot r^2, \ldots, s \cdot r^{n-1}\}$ であることが分かる．したがって，

$$D_{2n} = \{e, r, r^2, \ldots, r^{n-1}, s, s \cdot r, s \cdot r^2, \ldots, s \cdot r^{n-1}\}$$

であり，s, r は $r^n = e$，$s^2 = e$，$r \cdot s = s \cdot r^{-1}$ をみたす．

注意　2 面体群は $n = 2$ のときも定義される．平面上の線分 $A_1 A_2$ で中点が原点であるものを考える．この線分を T_2 とおく．そして，2 面体群 D_4 を

$$D_4 = \left\{ f \ \middle| \ \begin{array}{l} f : \mathbb{R}^2 \to \mathbb{R}^2 \ \text{は原点中心の回転，または，} \\ \text{原点を通る直線に関する対称変換で，} f(T_2) = T_2 \end{array} \right\}$$

で定める．原点中心の π 回転を r とおく．また，直線 $A_1 A_2$ に関する対称変換を s とおく．$r^2 = e$，$s^2 = e$ である．このとき，$s \cdot r = r \cdot s$ であり，$s \cdot r$ は，原点を通り直線 $A_1 A_2$ に垂直な直線に関する対称変換になる．$D_4 = \{e, r, s, r \cdot s\}$ である．

2.4　部分群

群 G の演算の記号は，特に断りのないかぎり $\cdot$ を用いる．

2.4.1　部分群の定義

群は単に集合というだけでなく演算という「構造」が入っている．そこで，群の部分集合についても，演算も込めて「部分構造」になっているものを考えたい．

50 | 第 2 章 | 群の基礎

定義 2.21 （部分群） G を群，H を G の空でない部分集合とする．G の演算によって，H が群になっているとき，H を G の**部分群**という．

いいかえると，G の空でない部分集合 H が部分群であるとは，H の任意の元 x, y に対して，$x \cdot y$（ただし，演算は x, y を G の元とみなして G の中で演算を施している）がまた H の元になっていて，$(H, \cdot)$ が群の 3 つの公理

(i) 任意の $x, y, z \in H$ に対して，$(x \cdot y) \cdot z = x \cdot (y \cdot z)$

(ii) H のある元 e_H が存在して，任意の $x \in H$ に対して，$x \cdot e_H = e_H \cdot x = x$ となる

(iii) H の任意の元 x に対して，H のある元 y が存在して，$x \cdot y = y \cdot x = e_H$ となる

をみたすことである．

注意 すぐ下の補題 2.24 でみるように，H が G の部分群のとき，上の定義の (ii) の e_H は G の単位元に他ならず，上の定義の (iii) の y は x の G における逆元 x^{-1} に他ならない．

例 2.22 (a) 演算はすべて通常の加法を考える．$\mathbb{Z}$ は $\mathbb{Q}$ の部分群である．同様に，$\mathbb{Q}$ は $\mathbb{R}$ の部分群であり，$\mathbb{R}$ は $\mathbb{C}$ の部分群である（2.3.2 項参照）．

(b) 演算は通常の加法を考える．m を正の整数とする．$m\mathbb{Z}$ は $\mathbb{Z}$ の部分群である（例 2.12 参照）．

(c) 演算はすべて通常の乗法を考える．$\mathbb{Q}^{\times}$ は $\mathbb{R}^{\times}$ の部分群である．同様に，$\mathbb{R}^{\times}_{>0}$ は $\mathbb{R}^{\times}$ の部分群であり，$\mathbb{R}^{\times}$ は $\mathbb{C}^{\times}$ の部分群である（2.3.3 項参照）．

(d) 演算は通常の乗法を考える．$\mu = \{z \in \mathbb{C} \mid |z| = 1\}$ は $\mathbb{C}^{\times}$ の部分群である．同様に，$\mu_n = \{z \in \mathbb{C} \mid z^n = 1\}$ は μ の部分群であり，$\mathbb{C}^{\times}$ の部分群でもある（2.3.3 項参照）．

(e) $K = \mathbb{R}$ または $\mathbb{C}$ とする[14]．特殊線形群 $\mathrm{SL}_n(K)$ は一般線形群 $\mathrm{GL}_n(K)$ の部分群である（2.3.5 項参照）．

(f) n 次交代群 A_n は n 次対称群 S_n の部分群である（2.3.6 項参照）．

(g) 平面の正 3 角形をそれ自身に重ね合わす回転全体のなす群を H とおく．2.3.8 項の記号で，$H = \{e, r_1, r_2\}$ である．H は 2 面体群 D_6 の部分群である（2.3.8 項参照）．

---

[14] 一般に，K は体でよい．体の定義は 4.1 節で述べるので，そのときに確認してほしい．

2.4 | 部分群 51

例 2.23 G を群とする．このとき，G 自身は G の部分群である．また，単位元だけからなる $\{e\}$ も G の部分群である．G の部分群で G でないものを，G の**真の部分群**という．部分群 $\{e\}$ を，G の**自明な部分群**という．

H が群 G の部分群で，$x, y \in H$ とする．部分群の定義から，$x \cdot y$ は，H における演算の結果とみても，x, y を G の元とみて G における演算の結果とみても同じである．次の補題 2.24 は，単位元や逆元についても，H の中で考えても G の中で考えても変わらないことを述べている．

補題 2.24 G を群，H を G の部分群とする．

(a) H の単位元と G の単位元は一致する．

(b) x を H の任意の元とする．このとき，x の H における逆元と，x を G の元とみなしたときの，x の G における逆元は一致する．

証明 (a) G の単位元を e で表し，H の単位元を e_H で表す．e_H が H の単位元であることから，H において $e_H \cdot e_H = e_H$ が成り立つ．この等式を G における等式とみなす．e は G の単位元より G において $e_H = e_H \cdot e$ なので，$e_H \cdot e_H = e_H \cdot e$ が成り立つ．すると，例題 2.7(a) の簡約則より，$e_H = e$ となり，H の単位元と G の単位元は一致する．

(b) x の H における逆元を x_H^{-1} で表すと，$x \cdot x_H^{-1} = x_H^{-1} \cdot x = e_H$ が成り立つ．(a) より $e_H = e$ であるから，$x \cdot x_H^{-1} = x_H^{-1} \cdot x = e$ となる．これは，x_H^{-1} が x の G における逆元であることを示している． $\square$

次の命題の (ii) ならば (i) が成り立つことは，群の部分集合が部分群であることを確かめるときに便利である．

命題 2.25 G を群，H を G の空でない部分集合とする．このとき，次は同値である．

(i) H は G の部分群である．

(ii) a, b を H の任意の元とするとき，$a \cdot b \in H$，$a^{-1} \in H$ が成り立つ[15]．

15] ここで，a^{-1} は a の G における逆元を表す．

証明 (i) ならば (ii) が成り立つことを確かめよう. $a, b \in H$ に対して, $a \cdot b \in H$ であることは, 部分群の定義の一部である. H は群なので, a の H における逆元が存在するが, 補題 2.24 より, この逆元は a の G における逆元 a^{-1} である. よって, $a^{-1} \in H$ となる.

次に, (ii) ならば (i) が成り立つことを示す. まず, 任意の $a, b \in H$ に対して, 仮定より $a \cdot b \in H$ であるから, (G の演算によって) H に演算が定まっている. 以下, この演算について, H が群の3つの条件をみたすことを確かめる[16].

まず, G は群なので, G は結合則をみたす. $a, b, c \in H$ とすると, a, b, c は G の元でもあるから, $(a \cdot b) \cdot c = a \cdot (b \cdot c)$ が成り立つ. よって, H も結合則をみたす.

次に, H は空集合でないから, H の元 h をとる. 仮定より $h^{-1} \in H$ であり, もう一度仮定を使って, $h^{-1} \cdot h = e \in H$ となる. したがって, H は G の単位元 e を含む. このとき, H の任意の元 a に対して, a は G の元でもあるから, $a \cdot e = e \cdot a = a$ が成り立つ. これは, e が H の単位元であることを示している. したがって, H には単位元が存在する.

最後に, 逆元の存在をいう. 任意の $a \in H$ に対して, 仮定より $a^{-1} \in H$ である (この a^{-1} は a の G での逆元である). $a \cdot a^{-1} = a^{-1} \cdot a = e$ であり, e は H の単位元でもあったら, a^{-1} は a の H での逆元でもある. よって, H の任意の元に対して, その逆元が (H の中に) 存在する. $\square$

本書では, 群 G の空でない部分集合が部分群であることを示すときに, 定義 2.21 に戻ることは少なく, 多くの場合は命題 2.25 の (ii) を確かめることが多い. そこで, 参照に便利なように, 命題 2.25 の (ii) を部分群の別の同値な定義として書いておく.

定義 2.26 (部分群の別の同値な定義) G を群, H を G の空でない部分集合とする. 任意の $a, b \in H$ に対して,

$$a \cdot b \in H, \quad a^{-1} \in H$$

が成り立つとき, H を G の **部分群** という. ただし, $a \cdot b$ は a, b を G の元とみなして G の中で演算を考えたものであり, a^{-1} は a の G における逆元を表す.

---

[16] 群 G の演算 $\cdot : G \times G \to G$ の定義域を $H \times H$ に制限すると, $\cdot : H \times H \to G$ を得る. 仮定より, 任意の $a, b \in H$ に対して $a \cdot b \in H$ なので, H の演算 $\cdot : H \times H \to H$ が定まる. 以下では, H とこの演算 $\cdot : H \times H \to H$ の組 $(H, \cdot)$ が群であることを確かめる.

部分群 H の定義として，定義 2.26 をとるとき，補題 2.24 と 命題 2.25 から次が成り立つ．

命題 2.27 G を群，H を定義 2.26 による G の部分群とする．このとき，H は G の演算によって群であり，H は G の単位元を含む．

部分群の定義としては，演算も込めた「部分構造」という意味で自然なのは定義 2.21 だろうが，便利なのは定義 2.26 である [17]．命題 2.25 より，定義 2.21 と定義 2.26 は同値なので，どちらを部分群の定義としてもよい．

2.4.2 有限個の元で生成される部分群，巡回群

G を群とし，G の元 a をとる．このとき，

$$\langle a \rangle := \{ a^k \mid k \in \mathbb{Z} \}$$

とおく（元の累乗については定義 2.5 参照）．命題 2.6 より，

$$a^k \cdot a^\ell = a^{k+\ell} \in \langle a \rangle, \quad (a^k)^{-1} = a^{-k} \in \langle a \rangle$$

だから，定義 2.26 より $\langle a \rangle$ は G の部分群である．G の部分群 H が a を含むとすると，任意の整数 k に対して，$a^k \in H$ となるから，$\langle a \rangle \subseteq H$ となる．したがって，包含関係について，$\langle a \rangle$ は a を含む G の最小の部分群である．$\langle a \rangle$ を a で生成される部分群という．

次に $n \geqq 1$ とし，G の n 個の元 $a_1, \ldots, a_n$ をとる．このとき，

$$\langle a_1, \ldots, a_n \rangle := \bigcup_{k \geqq 0} \left\{ x_1 \cdot x_2 \cdots x_k \ \middle| \ \begin{array}{l} i = 1, \ldots, k \text{ に対して，} x_i \text{ は} \\ a_1, \ldots, a_n, a_1^{-1}, \ldots, a_n^{-1} \text{ のいずれか} \end{array} \right\}$$

とおく．$e \in \langle a_1, \ldots, a_n \rangle$（$k = 0$ のとき）[18]，$a_3 \cdot a_1^{-2} \cdot a_2 \in \langle a_1, \ldots, a_n \rangle$（$k = 4$, $x_1 = a_3$, $x_2 = a_1^{-1}$, $x_3 = a_1^{-1}$, $x_4 = a_2$ のとき）などである．

$x_1 \cdot x_2 \cdots x_k, x_1' \cdot x_2' \cdots x_{k'}' \in \langle a_1, \ldots, a_n \rangle$ のとき，

$$(x_1 \cdot x_2 \cdots x_k) \cdot (x_1' \cdot x_2' \cdots x_{k'}') \in \langle a_1, \ldots, a_n \rangle$$

---

[17] 実は，p. 30 の注意 (d) のように，群を $(G, \cdot, {}^{-1}, e)$ とみると，定義 2.26（に $e \in H$ という条件も加えたもの）も自然である．

[18] $e = a_1 \cdot a_1^{-1}$ だから，$k = 2$, $x_1 = a_1$, $x_2 = a_1^{-1}$ と考えてもよい．

$$(x_1 \cdot x_2 \cdot \cdots \cdot x_k)^{-1} = x_k^{-1} \cdot \cdots \cdot x_2^{-1} \cdot x_1^{-1} \in \langle a_1, \ldots, a_n \rangle$$

であるから，定義 2.26 より $\langle a_1, \ldots, a_n \rangle$ は G の部分群である．G の部分群 H が $a_1, \ldots, a_n$ を含むとすると，$x_1 \cdot x_2 \cdot \cdots \cdot x_k \in H$（ただし，$k \geqq 0$ で，任意の $i = 1, \ldots, k$ に対して，x_i は $a_1, \ldots, a_n, a_1^{-1}, \ldots, a_n^{-1}$ のいずれか）であるから，$\langle a_1, \ldots, a_n \rangle \subseteq H$ となる．したがって，包含関係について，$\langle a_1, \ldots, a_n \rangle$ は $a_1, \ldots, a_n$ を含む G の最小の部分群である．$\langle a_1, \ldots, a_n \rangle$ を $a_1, \ldots, a_n$ で生成される部分群という．

命題 2.28 G を群，a を G の元とする．このとき，a の位数 $\mathrm{ord}(a)$ は，a で生成される G の部分群 $\langle a \rangle$ の位数 $|\langle a \rangle|$ に等しい．

証明 ステップ 1：a の位数が有限のときを考える．$\mathrm{ord}(a) = n$ とおく．元の位数の定義 2.10 より，n は $a^n = e$ となる最小の正の整数である．

まず，$e, a, a^2, \ldots, a^{n-1}$ は相異なる元であることを示そう．実際，背理法で，$0 \leqq i < j \leqq n-1$ が存在して，$a^i = a^j$ となったとすると，$a^{j-i} = a^j \cdot (a^i)^{-1} = e$ となる．ここで，$1 \leqq j - i \leqq n-1$ なので，n が $a^n = e$ をみたす最小の正の整数であることに矛盾する．

次に，$\langle a \rangle = \{e, a, a^2, \ldots, a^{n-1}\}$ を示す．$\langle a \rangle = \{a^k \mid k \in \mathbb{Z}\}$ であるから，$\langle a \rangle \supseteq \{e, a, a^2, \ldots, a^{n-1}\}$ はよい．逆の包含関係を示すために，任意の整数 k をとり，k を n で割って $k = qn + r$（q, r は整数で $0 \leqq r \leqq n-1$）と表す．このとき，

$$a^k = a^{qn+r} = (a^n)^q \cdot a^r = e^q \cdot a^r = a^r$$

となる．よって，$a^k = a^r \in \{e, a, a^2, \ldots, a^{n-1}\}$ となるので，逆の包含関係が示せた．

以上により，$\langle a \rangle = \{e, a, a^2, \ldots, a^{n-1}\}$ であり，$e, a, a^2, \ldots, a^{n-1}$ は相異なる元なので，$|\langle a \rangle| = n$ となる．したがって，a の位数が有限のときは，$\mathrm{ord}(a) = |\langle a \rangle|$ となる．

ステップ 2：a の位数が ∞ のときを考える．このとき，相異なる整数 i, j に対して，$a^i \neq a^j$ である．実際，$a^i = a^j$ とすれば，$a^{j-i} = e$ となるので，a の位数は有限になってしまうからである．よって，$\langle a \rangle = \{a^k \mid k \in \mathbb{Z}\}$ は無限集合になるので，$|\langle a \rangle| = \infty$ となって，このときも，$\mathrm{ord}(a) = |\langle a \rangle|$ となる． $\square$

定義 2.29　（巡回群）　群 G のある元 a が存在して，$G = \langle a \rangle$ と表せるとき，G を巡回群という．

例 2.30　$\mu_3 = \{z \in \mathbb{C} \mid z^3 = 1\}$ を群とする（例 2.14 参照）．$\zeta = \exp(2\pi\sqrt{-1}/3)$ とおく．このとき，$\mu_3 = \langle \zeta \rangle$ となるから，μ_3 は巡回群である．なお，$\mu_3 = \langle \zeta^2 \rangle = \{\zeta^{2k} \mid k \in \mathbb{Z}\}$ でもある．

問題 2.6　$\mu_n = \{z \in \mathbb{C} \mid z^n = 1\}$ を群とする（例 2.14 参照）．μ_n は巡回群であることを示せ．$\zeta = \exp(2\pi\sqrt{-1}/n)$ とおく．このとき，$\mu_n = \langle \zeta^m \rangle$ となるための m の条件は，m と n が互いに素であることを示せ．

問題 2.7　(a)　巡回群の部分群は巡回群であることを示せ．（ヒント：H を巡回群 $\langle a \rangle$ の部分群とする．$\{e\}$ は巡回群なので，$H \neq \{e\}$ としてよい．m を $a^m \in H$ となる最小の正の整数とおき，$H = \langle a^m \rangle$ をいう．）

(b)　有限群 G は巡回群とする．$d \geqq 1$ を $|G|$ の約数とするとき，$|H| = d$ となる G の部分群 H がただ 1 つ存在することを示せ．

2.5　正規部分群

　この節では，正規部分群について説明する．今の段階では，なぜ正規部分群というものを考えるのか分かりにくいかもしれないが，2.6 節以降で，剰余群や群の準同型定理を考えるとその大切さが分かってくる．

　まず，以下でよく使う記号を述べる．

56 | 第 2 章 | **群の基礎**

定義 2.31 （部分集合の積） G を群とする. G の空でない部分集合 S_1, S_2 に対して,

$$S_1 S_2 = \{ s_1 \cdot s_2 \mid s_1 \in S_1, \ s_2 \in S_2 \} \tag{2.6}$$

とおく. また, G の元 a, b と G の空でない部分集合 S に対して,

$$aS = \{ a \cdot s \mid s \in S \}, \tag{2.7}$$

$$Sb = \{ s \cdot b \mid s \in S \}, \tag{2.8}$$

$$aSb = \{ a \cdot s \cdot b \mid s \in S \} \tag{2.9}$$

とおく.

(2.6) で $S_1 = \{a\}$, $S_2 = S$ とした場合が (2.7) である. また, (2.6) で $S_1 = S$, $S_2 = \{b\}$ とした場合が (2.8) である. (2.9) では, 結合則から $(a \cdot s) \cdot b = a \cdot (s \cdot b)$ が成り立つので, この元を $a \cdot s \cdot b$ と書いている. $a \cdot s \cdot b = (a \cdot s) \cdot b$ であることから, $aSb = (aS)b$ が成り立ち, 同様に $aSb = a(Sb)$ も成り立つ.

補題 2.32 定義 2.31 において, $|aS| = |Sb| = |aSb| = |S|$ が成り立つ.

証明 a を左からかける写像 $\ell_a : G \to G, x \mapsto a \cdot x$ は例題 2.7(c) より全単射である. よって, G の任意の部分集合 S に対して, $|\ell_a(S)| = |S|$ が成り立つ. ここで, $\ell_a(S) = \{ a \cdot s \mid s \in S \} = aS$ であるから, $|aS| = |S|$ となる. 同様に, b を右からかける写像 $r_b : G \to G, x \mapsto x \cdot b$ を考えることで, $|Sb| = |S|$ が成り立つことが分かる. 最後に, $aSb = a(Sb)$ であるから, $|aSb| = |a(Sb)| = |Sb| = |S|$ となる. □

例題 2.33 H が群 G の部分群のとき, $HH = H$ を示せ.

解答 定義 2.31 より, $HH = \{ h_1 \cdot h_2 \mid h_1, h_2 \in H \}$ である. H は部分群なので, 任意の $h_1, h_2 \in H$ に対して, $h_1 \cdot h_2 \in H$ である. よって, $HH \subseteq H$ であることが分かる. 一方, G の単位元 e は H の元なので, H の任意の元 h に対して, $h = h \cdot e \in HH$ である. よって, $H \subseteq HH$ も成り立ち, $HH = H$ を得る. □

正規部分群の定義を述べよう.

2.5 | 正規部分群　　57

定義 2.34　（正規部分群）　G を群，N を G の部分群とする．任意の元 $x \in G$ に対して，$xNx^{-1} = N$ が成り立つとき，N を G の**正規部分群**という[19]．

次の命題の「(iii) ならば (i)」は，部分群が正規部分群であることを確かめるときに便利である．

命題 2.35　G を群，N を G の部分群とする．このとき，次は同値である．

(i)　N は G の正規部分群，つまり，任意の元 $x \in G$ に対して，$xNx^{-1} = N$ が成り立つ．

(ii)　任意の元 $x \in G$ に対して，$xN = Nx$ が成り立つ．

(iii)　任意の元 $x \in G$ に対して，$xNx^{-1} \subseteq N$ が成り立つ．すなわち，任意の $x \in G$ と $n \in N$ に対して，$x \cdot n \cdot x^{-1} \in N$ が成り立つ．

証明　一般に，G の部分集合 S と $a_1, a_2 \in G$ に対して，$(a_1 \cdot a_2)S = a_1(a_2 S)$ が成り立つ．実際，

$$a_1(a_2 S) = \{a_1 \cdot x \mid x \in a_2 S\} = \{a_1 \cdot (a_2 \cdot s) \mid s \in S\}$$
$$= \{(a_1 \cdot a_2) \cdot s \mid s \in S\} = (a_1 \cdot a_2)S$$

である．同様に，$b_1, b_2 \in G$ に対して，$S(b_1 \cdot b_2) = (Sb_1)b_2$ が成り立つ．

まず，(i) ならば (ii) を示す．$xNx^{-1} = N$ のとき，$(xNx^{-1})x = Nx$ である．ここで，左辺は上より $(xNx^{-1})x = xN(x^{-1} \cdot x) = xNe = xN$ となる．よって，$Nx = xN$ が成り立つ．

次に，(ii) ならば (i) を示す．$xN = Nx$ のとき，$(xN)x^{-1} = (Nx)x^{-1}$ である．ここで，左辺は xNx^{-1} であり，右辺は上より $(Nx)x^{-1} = N(x \cdot x^{-1}) = Ne = N$ である．よって，$xNx^{-1} = N$ が成り立つ．

(i) ならば (iii) は明らかである．(iii) ならば (i) を示そう．$x \in G$ に対して，仮定より $xNx^{-1} \subseteq N$ が成り立つ．ここで，x は G の任意の元でよいので，x のかわりに x^{-1} を考えると，$x^{-1}N(x^{-1})^{-1} \subseteq N$ も成り立つ．命題 2.6 でみたように，$(x^{-1})^{-1} = x$ だから $x^{-1}Nx \subseteq N$ である．これから，$x(x^{-1}Nx)x^{-1} \subseteq xNx^{-1}$ となる．ここで，$x(x^{-1}Nx)x^{-1} = (x \cdot x^{-1})N(x \cdot x^{-1}) = eNe = N$ だから，結局，

19]　xNx^{-1} は，(2.9) で $a = x$，$b = x^{-1}$，$S = N$ としたものである．すなわち，$xNx^{-1} = \{x \cdot n \cdot x^{-1} \mid n \in N\}$ である．

$N \subseteq xNx^{-1}$ を得る．これと，$xNx^{-1} \subseteq N$ を合わせて，$xNx^{-1} = N$ が成り立つ． □

例 2.36 G がアーベル群のときは，G のすべての部分群は正規部分群である．実際，G がアーベル群で，N を G の任意の部分群とする．$xNx^{-1} = \{x \cdot n \cdot x^{-1} \mid n \in N\}$ に対して，G はアーベル群なので $x \cdot n \cdot x^{-1} = x \cdot x^{-1} \cdot n = e \cdot n = n$ だから，$xNx^{-1} = N$ となる．よって，N は正規部分群である．

例 2.37 (a) $K = \mathbb{R}$ または $\mathbb{C}$ とする[20]．$\mathrm{SL}_n(K)$ は $\mathrm{GL}_n(K)$ の正規部分群である．実際，任意の $P \in \mathrm{GL}_n(K)$ と $A \in \mathrm{SL}_n(K)$ に対して，$\det(PAP^{-1}) = \det(A) = 1$ となる．よって，$PAP^{-1} \in \mathrm{SL}_n(K)$ となるので，命題 2.35 の「(iii) ならば (i)」を用いて，$\mathrm{SL}_n(K)$ は $\mathrm{GL}_n(K)$ の正規部分群である．

(b) A_n は S_n の正規部分群である．実際，任意の $\tau \in S_n$ と $\sigma \in A_n$ に対して，$\tau \cdot \sigma \cdot \tau^{-1} \in A_n$ となることと，命題 2.35 の「(iii) ならば (i)」から従う．

問題 2.8 (a) では $n \geq 3$，(b) では $n \geq 2$ とする．以下を示せ．

(a) $G = S_n$，$H = \{\sigma \in S_n \mid \sigma(n) = n\}$ とおく．H は G の部分群だが，正規部分群ではない．

(b) $G = \mathrm{GL}_n(\mathbb{R})$，$H = \{P \in \mathrm{GL}_n(\mathbb{R}) \mid P \text{ は上半三角行列}\}$ とおく．H は G の部分群だが，正規部分群ではない．

2.6 剰余類分解，剰余群

この節では，群 G の部分群 H が与えられたときに，2 つの同値関係が定められることをみる．さらに，部分群 H が正規部分群のときには，これら 2 つの同値関係は同じものになる．このとき，G の演算を用いて商集合に群の構造を入れることができ，剰余群が構成できる．剰余群の概念はしっかりと理解してほしい．

---

[20] 一般に，K は体でよい．体の定義は 4.1 節で述べるので，そのときに確認してほしい．

2.6.1 左剰余類分解，ラグランジュの定理

G を群，H を G の部分群とする．G に関係 $\sim$ を，$a, b \in G$ に対して，

$$a \sim b \quad \overset{\text{def}}{\iff} \quad a^{-1} \cdot b \in H \tag{2.10}$$

と定める．このとき，$\sim$ は同値関係である．

証明 いま定義した関係 $\sim$ が，反射律，対称律，推移律をみたすことを確かめればよい．$a, b, c \in G$ を任意の元とする．

H は部分群であるから，単位元 e は H の元である（補題 2.24 参照）．よって，$a^{-1} \cdot a = e \in H$ となるから，$a \sim a$ となって，反射律が成り立つ．

$a \sim b$，すなわち $a^{-1} \cdot b \in H$ とする．H は部分群であるから，$(a^{-1} \cdot b)^{-1} \in H$ である．ここで，$(a^{-1} \cdot b)^{-1} = b^{-1} \cdot a$ なので（命題 2.6 参照），$b \sim a$ となる．よって，$a \sim b$ ならば $b \sim a$ となるので，対称律が成り立つ．

最後に，$a \sim b$ かつ $b \sim c$，すなわち，$a^{-1} \cdot b, b^{-1} \cdot c \in H$ とする．H は部分群であるから，$(a^{-1} \cdot b) \cdot (b^{-1} \cdot c) \in H$ である．ここで，$(a^{-1} \cdot b) \cdot (b^{-1} \cdot c) = a^{-1} \cdot c$ なので，$a \sim c$ となる．よって，$a \sim b$ かつ $b \sim c$ ならば $a \sim c$ となるので，推移律も成り立つ．

以上により，$\sim$ は確かに同値関係である． $\square$

(2.10) の同値関係 $\sim$ に関する $a \in G$ の同値類 $[a]$ を H に関する**左剰余類**という．具体的には，

$$[a] := \{b \in G \mid a \sim b\} = \{b \in G \mid a^{-1} \cdot b \in H\}$$
$$= \{b \in G \mid b \in aH\} = aH$$

と表せる．ここで，定義 2.31 のように，$aH = \{a \cdot h \mid h \in H\}$ である．したがって，H に関する左剰余類は aH の形をした G の部分集合である．

1.3 節の同値関係の一般論から分かるように，H に関する 2 つの左剰余類はまったく同じであるか，または共通部分を持たない．そして，G は H に関する左剰余類の互いに共通部分をもたない和集合で表される．

A を G の H に関する左剰余類とする．左剰余類の定義から，ある $a \in G$ が存在して，$A = aH$ と表せる．この $a \in G$ を左剰余類 A の**代表元**という．

G の H に関する左剰余類全体が有限個のとき，左剰余類全体を $A_1, A_2, \ldots, A_n$（n は正の整数）と表す．さらに，各 A_i の代表元 $a_i \in G$ を選べば，G は

$$G = a_1 H \amalg a_2 H \amalg \cdots \amalg a_n H \tag{2.11}$$

と，互いに共通部分のない H に関する左剰余類の和集合として表される（式 (1.9) と式 (1.11) 参照）．

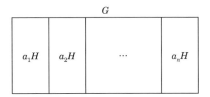

一般には，H に関する左剰余類の個数は全部で無数にあるかもしれない．そこで，Λ を集合とし（Λ は無限集合かもしれない），Λ の各元 λ に，G の H に関する左剰余類 A_λ がちょうど対応しているとする[21]．すなわち，G の H に関する左剰余類全体は，$(A_\lambda)_{\lambda \in \Lambda}$ と表されているとする．各 A_λ は H に関する左剰余類なので，ある $a_\lambda \in G$ が存在して，$A_\lambda = a_\lambda H$ と表せる．このとき，G は互いに共通部分のない H に関する左剰余類 $a_\lambda H$ の和集合として表される（式 (1.10) と式 (1.12) 参照）．

$$G = \coprod_{\lambda \in \Lambda} a_\lambda H \tag{2.12}$$

例えば，G の H に関する左剰余類が全部で n 個（n は正の整数）のときには，$\Lambda = \{1, 2, \ldots, n\}$ とおけばよいから，(2.11) は (2.12) の特別な場合になっている．
　$(a_\lambda)_{\lambda \in \Lambda}$ を G の H に関する**左完全代表系**という．また，(2.12) を G の H に関する**左剰余類分解**という．

---

[21] p.18 の脚注 9] と p.19 の脚注 11] を参照してほしい．

定義 2.38 (左剰余類のなす集合,指数) (a) $\sim$ は (2.10) の同値関係とする. G の (2.10) に関する商集合 $G/\sim$ を, G/H と表す. G/H は, G の H に関する左剰余類全体のなす集合である.

(b) G の H による左剰余類の個数を $[G:H]$ で表し, G の H における**指数**という. ただし, G の H に関する左剰余類の個数が有限でないときは, $[G:H] = \infty$ とおく[22]. $[G:H] = |G/H|$ である.

指数に関しては, 章末問題の問 2.4 も参照してほしい.

例 2.39 $G = S_3, H = \{(1), (1\,2)\}$ とする. このとき, $(1)H = \{(1), (1\,2)\}$, $(1\,3)H = \{(1\,3), (1\,2\,3)\}$, $(2\,3)H = \{(2\,3), (1\,3\,2)\}$ となる. よって,
$$S_3 = \{(1), (1\,2)\} \amalg \{(1\,3), (1\,2\,3)\} \amalg \{(2\,3), (1\,3\,2)\}$$
が, S_3 の H に関する左剰余類分解であり, 特に $[G:H] = 3$ である.

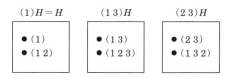

$$S_3 = (1)H \amalg (1\,3)H \amalg (2\,3)H$$

$(1), (1\,3), (2\,3)$ は左完全代表系である. $\{(1), (1\,2)\} = (1\,2)H, \{(1\,3), (1\,2\,3)\} = (1\,2\,3)H, \{(2\,3), (1\,3\,2)\} = (1\,3\,2)H$ でもあるから, 例えば $(1\,2), (1\,2\,3), (1\,3\,2)$ を左完全代表系としてとることもできる.

次の定理はラグランジュの定理とよばれる[23].

定理 2.40 (ラグランジュの定理) G を有限群, H を G の部分群とする. このとき, $|G| = [G:H]\,|H|$ が成り立つ.

---

[22] p.2 の脚注 1] を参照してほしい.

[23] ラグランジュが 1770–71 年頃に示した結果は, 定理 2.40 とはかなり異なる形である. 教科書によっては, 定理 2.40 にラグランジュの名前をつけない. Roth [Roth] によれば, 定理 2.40 をラグランジュの定理とよぶことが定着してきたのには, 1941 年に出版された Birkhoff–MacLane の "A Survey of Modern Algebra" という本の存在が大きいそうである.

証明 $n = [G : H]$ とおく. (2.11) の記号を用いると,

$$|G| = |a_1 H| + |a_2 H| + \cdots + |a_n H|$$

となる. ここで, すべての $i = 1, 2, \ldots, n$ に対して, 補題 2.32 より $|a_i H| = |H|$ が成り立つ. よって, $|G| = n\,|H| = [G : H]\,|H|$ が成り立つ. $\qquad\square$

系 2.41 G を有限群とする.

   (a) G の任意の部分群 H に対して, $|H|$ は $|G|$ の約数である.

   (b) 任意の $a \in G$ に対して, a の位数は $|G|$ の約数である. 特に, $a^{|G|} = e$ となる.

証明 (a) $|G| = [G : H]\,|H|$ で, $|G|, |H|, [G : H]$ はいずれも正の整数であるから, $|H|$ は $|G|$ の約数である.

   (b) a で生成される群 $H = \langle a \rangle$ を考えると, 命題 2.28 より, a の位数は $|H|$ と一致する. よって, (a) より, a の位数は $|G|$ の約数となる.

   a の位数を m とおいて, $|G| = mn$ (n は正の整数) とおくと, $a^{|G|} = (a^m)^n = e^n = e$ となる. $\qquad\square$

例 2.42 （位数が素数の群）p を素数とする. G を $|G| = p$ である群とする. G の構造を決定してみよう. $a \in G$ を $a \neq e$ なる元とし, a で生成される G の部分群 $\langle a \rangle$ を考える. $|\langle a \rangle|$ は上の系より, p の約数である. しかし, p は素数で $a \neq e$ だったから, $|\langle a \rangle| = p$ でなくてはならない. これは, $G = \langle a \rangle$ を示す. したがって, $|G| = p$ である群は巡回群であることが分かった.

例 2.43 （フェルマーの小定理）剰余群をまだ扱っていないので, この例は参考としてあげる. p を素数とする. 2.3.4 項の記号にしたがって,

$$\mathbb{Z}/p\mathbb{Z} = \{[0], [1], \ldots, [p-1]\}$$

とおき, $(\mathbb{Z}/p\mathbb{Z})^\times = (\mathbb{Z}/p\mathbb{Z}) \setminus \{[0]\}$ とおく. このとき, $(\mathbb{Z}/p\mathbb{Z})^\times$ の元 $[i], [j]$ に対して, $[i] \cdot [j] := [ij]$ と定めることで, $(\mathbb{Z}/p\mathbb{Z})^\times$ は演算 $\cdot$ に関して群になる [24].

   24] なお, 4.2.3 項と 4.2.4 項で, $\mathbb{Z}/p\mathbb{Z}$ が体になることをみる. また, K が体のとき, 体の定義から, $K^\times := K \setminus \{0\}$ は乗法に関して群になる.

$\left|(\mathbb{Z}/p\mathbb{Z})^{\times}\right| = p - 1$ だから，系 2.41 より，任意の $[i]$（i は p の倍数でない）に対して，$[i]^{p-1} = [1]$ となる．これは，任意の整数 i に対して，i が p の倍数でなければ，$i^{p-1} \equiv 1 \pmod{p}$ が成り立つこと（フェルマーの小定理）を示している．

問題 2.9　H, K を群 G の有限部分群とする．

(a) $|HK| = \dfrac{|H|\,|K|}{|H \cap K|}$ が成り立つことを示せ．

(b) $H \cap K$ は G の部分群であることを示せ．

(c) $|H|$ と $|K|$ が互いに素ならば，$H \cap K = \{e\}$ であることを示せ．

2.6.2　右剰余類分解

G を群，H を G の部分群とする．G の H に関する左剰余類の代わりに，H に関する右剰余類を考えることができる．すなわち，$a, b \in G$ に対して，

$$a \sim' b \quad \overset{\text{def}}{\Longleftrightarrow} \quad b \cdot a^{-1} \in H$$

で G に関係 $\sim'$ を定めると，(2.10) の場合と同じように，$\sim'$ は同値関係になる（(2.10) の同値関係 $\sim$ と混乱しないように，記号 $\sim'$ を用いている）．

$a \in G$ の同値関係 $\sim'$ に関する同値類を H に関する**右剰余類**という．H に関する左剰余類のときと同様に計算すれば，H に関する右剰余類は $Ha\ (a \in G)$ の形をしていることが分かる．

集合 Λ' の各元 λ' に，G の H に関する右剰余類 $C_{\lambda'}$ がちょうど対応しているとする [25]．このとき，各 $C_{\lambda'}$ は H に関する右剰余類なので，ある $a_{\lambda'} \in G$ が存在して，$C_{\lambda'} = Ha_{\lambda'}$ と表せる．　このとき，G は

$$G = \coprod_{\lambda' \in \Lambda'} Ha_{\lambda'} \tag{2.13}$$

と互いに共通部分のない H に関する右剰余類の和集合として表せる．ここで，$(a_{\lambda'})_{\lambda' \in \Lambda'}$ は G の $\sim'$ に関する完全代表系である．これを H に関する**右完全代表系**という．また，(2.13) を，G の H に関する**右剰余類分解**という．H に関する右剰余類全体のなす集合を $H\backslash G$ と書く．

25] 左剰余類のときと同様に，p.18 の脚注 9] と p.19 の脚注 11] を参照してほしい．

64 | 第 2 章 | **群の基礎**

N が G の正規部分群のとき，任意の $a \in G$ に対して $aN = Na$ だから（命題 2.35 参照），G の N に関する左剰余類と右剰余類は一致し，左剰余類分解と右剰余類分解は同じになる．

例 2.44 $G = S_3$, $H = \{(1), (1\,2)\}$ とする．$H(1) = \{(1), (1\,2)\}$, $H(1\,3) = \{(1\,3), (1\,3\,2)\}$, $H(2\,3) = \{(2\,3), (1\,2\,3)\}$ となる．よって，S_3 の H に関する右剰余類分解は，

$$S_3 = \{(1), (1\,2)\} \amalg \{(1\,3), (1\,3\,2)\} \amalg \{(2\,3), (1\,2\,3)\}$$

である．S_3 の H に関する左剰余類分解（例 2.39）とは異なることに注意しよう．これは，H が S_3 の正規部分群でないことを示している．

なお，H が S_3 の正規部分群でないことを，直接示すのも簡単である（問題 2.8(a) の $n = 3$ のときを参照）．

問題 2.10 $G = S_3$, $A_3 = \{(1), (1\,2\,3), (1\,3\,2)\}$ とする．

(a) S_3 の A_3 に関する左剰余類分解を求めよ．

(b) S_3 の A_3 に関する右剰余類分解を求めよ．

(c) (a) と (b) を比べて何がいえるか．このことは，A_3 が S_3 のどのような部分群であることをいっているか．

2.6.3 剰余群

G を群，H を G の部分群とする．このとき，(2.10) の同値関係によって商集合 G/H を考えることができた．商集合 G/H は，G の H に関する左剰余類全体からなる集合である．この項では，G/H に自然に群の構造が入るかどうかを考える．

A, B を G の空でない部分集合とするときに，(2.6) で

$$AB = \{a \cdot b \in G \mid a \in A, b \in B\}$$

とおいたことを思い出そう．

A, B が H に関する左剰余類のとき，一般には，AB は H に関する左剰余類にならない．例えば，$G = S_3$ で $H = \{(1), (1\,2)\}$ のとき，左剰余類として，$H = $

$(1) H = \{(1), (1\ 2)\}$ と $(1\ 3)H = \{(1\ 3), (1\ 2\ 3)\}$ を考えると,

$$((1)H)\,((1\ 3)H) = \{(1) \cdot (1\ 3),\ (1) \cdot (1\ 2\ 3),\ (1\ 2) \cdot (1\ 3),\ (1\ 2) \cdot (1\ 2\ 3)\}$$
$$= \{(1\ 3),\ (1\ 2\ 3),\ (1\ 3\ 2),\ (2\ 3)\}$$

となり, この部分集合は, H に関する左剰余類 $(1)H, (1\ 3)H, (2\ 3)H$ のいずれとも異なる.

ところが, 次の命題でみるように, H が G の正規部分群であれば, H に関する左剰余類 A, B に対して, AB はまた H に関する左剰余類になるのである.

命題 2.45 G を群, N を G の正規部分群とする. A, B を N に関する任意の左剰余類とすれば, AB は N に関する左剰余類になる.

証明 A は N に関する左剰余類なので, ある元 $a \in G$ が存在して, $A = aN$ と表される. 同様に, B も N に関する左剰余類なので, ある元 $b \in G$ が存在して, $B = bN$ と表される.

N は正規部分群なので $bN = Nb$ であることと, 例題 2.33 から $NN = N$ であることに注意して,

$$AB = (aN)(bN) = (aNb)N = (a(bN))N = (a \cdot b)NN = (a \cdot b)N$$

を得る. よって, AB は $a \cdot b$ を含む N に関する左剰余類である. $\square$

さて, 命題 2.35 でみたように, N が G の正規部分群のとき, $aN = Na$ だから, N に関する左剰余類 aN と N に関する右剰余類 Na は一致する. そこで, 以下では, 左か右かを省略して, $aN = Na$ を単に N に関する剰余類とよぶことにする.

命題 2.45 から, N が G の正規部分群であれば, G の演算 $\cdot$ から, N に関する剰余類の集合 G/N に自然に演算が定義できることが分かる. すなわち, G/N に演算 $\cdot$ を

$$\cdot : G/N \times G/N \to G/N, \quad (A, B) \mapsto AB \tag{2.14}$$

で定めることができる.

N に関する剰余類 A, B の代表元 $a, b \in G$ をそれぞれとって, $A = aN, B = bN$ と表すとき, 命題 2.45 の証明から

$$(aN) \cdot (bN) = A \cdot B = AB = (a \cdot b)N \qquad (2.15)$$

となる.

なお, $a, a', b, b' \in G$ が $aN = a'N$, $bN = b'N$ をみたせば, (2.15) より, $(a \cdot b)N = (a' \cdot b')N$ が成り立つことに注意しよう.

定理 2.46 G を群, N を G の正規部分群とする. このとき, G の N に関する剰余類全体のなす集合 G/N は, (2.14) を演算として群の構造を持つ. G/N の単位元は $eN = N$ である. $aN \in G/N$ $(a \in G)$ の逆元は $a^{-1}N$ である.

定義 2.47 (剰余群 (商群)) 定理 2.46 の G/N を剰余群 (または商群) という.

定理 2.46 の証明 (2.14) の演算に関して, G/N が群の定義の 3 つの条件をみたすことを確かめる.

aN, bN, cN $(a, b, c \in G)$ を G/N の任意の元とすると, (2.14), (2.15) と, G で結合則が成り立つことから,

$$(aN \cdot bN) \cdot cN = ((a \cdot b)N) \cdot cN = ((a \cdot b) \cdot c)N$$
$$= (a \cdot (b \cdot c))N = aN \cdot ((b \cdot c)N) = aN \cdot (bN \cdot cN)$$

となる. よって, G/N においても結合則が成り立つ.

G/N の単位元は $eN = N$ である. 実際, G/N の任意の元 aN $(a \in G)$ に対して, $(aN) \cdot (eN) = (a \cdot e)N = aN$, $(eN) \cdot (aN) = (e \cdot a)N = aN$ が成り立つ.

最後に, G/N の任意の元 aN $(a \in G)$ に対して, その逆元は $a^{-1}N$ で与えられる. 実際, $(aN) \cdot (a^{-1}N) = (a \cdot a^{-1})N = eN = N$ と $(a^{-1}N) \cdot (aN) = (a^{-1} \cdot a)N = eN = N$ となるから, aN の逆元は $a^{-1}N$ である. $\qquad \square$

問題 2.11 G を群, H を G の部分群とする. H に関する任意の左剰余類 A, B に対して, AB がまた H に関する左剰余類になるためには, H は G の正規部分群でなくてはならないことを示せ. (この問題により, G の演算を用いて, H に関する左剰余類の集合 G/H に自然に演算を定義しようとすると, 正規部分群の概念が自然に出てくることが分かる.)

例 2.48 m を正の整数とする．2.3.4 項でも簡単に説明したが，剰余群 $\mathbb{Z}/m\mathbb{Z}$ を詳しくみてみよう．

$m\mathbb{Z} = \{m \text{ の倍数}\}$ とおく．$m\mathbb{Z}$ は加法を演算とする群 $\mathbb{Z}$ の部分群であり，$\mathbb{Z}$ はアーベル群だから，$m\mathbb{Z}$ は $\mathbb{Z}$ の正規部分群である（例 2.12, 例 2.36 参照）．

(2.10) によって，$m\mathbb{Z}$ から定まる $\mathbb{Z}$ の同値関係 $\sim$ は，

$$x \sim y \quad \overset{\text{def}}{\iff} \quad y - x \in m\mathbb{Z}$$

である．この同値関係は，例 1.15, 例 1.19 で扱った同値関係に他ならない．

このとき，$i \in \mathbb{Z}$ の剰余類 $[i]$ は，

$$[i] = \{x \in \mathbb{Z} \mid x - i \text{ は } m \text{ の倍数}\}$$

である．このとき，剰余類の集合 $\mathbb{Z}/m\mathbb{Z}$ は，例 1.19 で扱った同値類の集合に他ならず，

$$\mathbb{Z}/m\mathbb{Z} = \{[0], [1], \ldots, [m-1]\}$$

と m 個の元からなる集合である．

定理 2.46 が述べていることは，$[i], [j] \in \mathbb{Z}/m\mathbb{Z}$ に対して，和

$$[i] + [j] = [i+j] \in \mathbb{Z}/m\mathbb{Z}$$

を定めることができ，これによって $\mathbb{Z}/m\mathbb{Z}$ に加法が定まり，$\mathbb{Z}/m\mathbb{Z}$ が群になるということである．$\mathbb{Z}$ はアーベル群なので $[i] + [j] = [i+j] = [j+i] = [j] + [i]$ となるから，$\mathbb{Z}/m\mathbb{Z}$ はアーベル群である．

注意 剰余群 $\mathbb{Z}/m\mathbb{Z}$ は大切な群である．命題 2.64 でみるように，位数が有限の巡回群は，$\mathbb{Z}/m\mathbb{Z}$ と同型になる．また，正確には 3 章でみるように，位数が有限の任意のアーベル群は，$\mathbb{Z}/m\mathbb{Z}$ を組み合わせて作ることができる．分かりにくいと思ったら，例 2.48 も参考にしながら，時間をかけて，剰余群 $\mathbb{Z}/m\mathbb{Z}$ がどのようなものかを理解してほしい．なお，4 章では，$\mathbb{Z}$ の乗法を用いて，$\mathbb{Z}/m\mathbb{Z}$ に乗法も定義することができ，$\mathbb{Z}/m\mathbb{Z}$ が単位元をもつ可換環になることをみる．

2.7 群の準同型写像，群の同型

群 G から群 G' への写像を考える．G, G' には演算が定まっているので，これらの演算に関してよく振る舞う（「演算を保つ」）写像を考えるのは自然だろう．

定義 2.49（準同型写像）　G, G' を群とする．写像 $f: G \to G'$ が群の準同型写像であるとは，任意の $x, y \in G$ に対して，

$$f(x \cdot y) = f(x) \cdot f(y)$$

が成り立つときにいう．（左辺の $\cdot$ は G の演算，右辺の $\cdot$ は G' の演算である．）

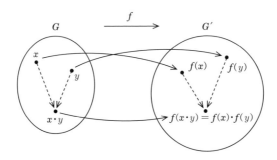

x, y を G の中で演算を施して $x \cdot y$ を得てから，f で移して $f(x \cdot y)$ を得る．また，x, y をそれぞれ f で移して $f(x), f(y)$ を考え，G' の中で演算を施して $f(x) \cdot f(y)$ を得る．f が準同型写像であるとは，$f(x \cdot y)$ と $f(x) \cdot f(y)$ が同じ元であることを主張している．

例 2.50　G を群，N を正規部分群とする．G の元 a に，同値類 $aN \in G/N$ を対応させる写像

$$f: G \to G/N$$

は全射な準同型写像である．実際，G/N の演算の定義（定理 2.46 参照）から，$f(a \cdot b) = (a \cdot b)N = (aN) \cdot (bN) = f(a) \cdot f(b)$ が成り立つ．また，G/N の任意の元は G の元 a を用いて aN と表せ，このとき，$f(a) = aN$ となるから，f は全射である．

2.7 | 群の準同型写像，群の同型   69

例2.51 (a) (2.4) で定義した置換の符号 sgn は，任意の $\sigma, \tau \in S_n$ に対して，
$\operatorname{sgn}(\sigma\tau) = \operatorname{sgn}(\sigma)\operatorname{sgn}(\tau)$ をみたすから（(2.5) 参照），写像 $\operatorname{sgn}: S_n \to \{1, -1\}$, $\sigma \mapsto \operatorname{sgn}(\sigma)$ は群の準同型写像である．ただし，$\{1, -1\}$ は乗法に関する群である（例 2.14 参照）．

(b) $K = \mathbb{R}$ または $\mathbb{C}$ とする[26]．$K^\times = K \backslash \{0\}$ を乗法に関する群とする（2.3.3 項参照）．$A, B \in \mathrm{GL}_n(K)$ に対して，$\det(AB) = \det(A)\det(B)$ が成り立つから，行列式を与える写像 $\det: \mathrm{GL}_n(K) \to K^\times$, $A \mapsto \det(A)$ は群の準同型写像である．

(c) 複素数 z_1, z_2 に対して $|z_1 \cdot z_2| = |z_1| \cdot |z_2|$ が成り立つので，絶対値をとる写像 $|\cdot|: \mathbb{C}^\times \to \mathbb{R}^\times$ は群の準同型写像である．

群の準同型写像は，「演算を保つ」写像として定義された（定義 2.49 参照）．一方，群には単位元が存在し，群の任意の元の逆元が存在する．

次の命題は，群の準同型写像によって，単位元は単位元に移ることを示している．また，群の元の逆元を考えて群の準同型写像で移したものは，群の元を群の準同型写像で移してから逆元を考えたものに等しいことを示している．

命題 2.52 $f: G \to G'$ を群の準同型写像とする．e, e' をそれぞれ G, G' の単位元とする．

(a) $f(e) = e'$ である．すなわち，群の準同型写像によって，G の単位元は G' の単位元に移る．

(b) 任意の $x \in G$ に対し，$f(x^{-1}) = f(x)^{-1}$ である．（左辺の x^{-1} は G における逆元，右辺の $f(x)^{-1}$ は G' における逆元である．）

証明 (a) f は群の準同型写像であるから，$f(e) = f(e \cdot e) = f(e) \cdot f(e)$ が G' の元として成り立つ．e' は G の単位元であるから，$e' \cdot f(e) = f(e)$ であり，$e' \cdot f(e) = f(e) \cdot f(e)$ となる．例題 2.7(a) の簡約則を用いて，$e' = f(e)$ を得る．

(b) f は群の準同型写像であるから，(a) を用いて，$e' = f(e) = f(x \cdot x^{-1}) = f(x) \cdot f(x^{-1})$ となる．例題 2.6(a) を用いて，$f(x)^{-1} = f(x^{-1})$ を得る． □

———————————

26] 一般に，K は体でよい．体の定義は 4.1 節で述べるので，そのときに確認してほしい．

70 第2章 群の基礎

定義 2.53 （同型写像, 同型） (a) 群の準同型写像 $f : G \to G'$ が全単射のとき, f を群の**同型写像**という.

(b) 群 G, G' に対して, 群の同型写像 $f : G \to G'$ が存在するときに, G と G' は群の**同型**であるといい, $G \cong G'$ と表す.

問題 2.12 群の準同型写像 $f : G \to G'$ が同型写像であることと, 群の準同型写像 $g : G' \to G$ が存在して, $f \circ g = \mathrm{id}_{G'}$ かつ $g \circ f = \mathrm{id}_G$ となることが同値であることを示せ. ただし, id_G と $\mathrm{id}_{G'}$ はそれぞれ G, G' 上の恒等写像を表す.

群 G と群 G' が同型であることを, G, G' が有限群のときに, 群の**乗積表**を用いて説明してみよう. G は n 個の元 $a_1, a_2, \ldots, a_n$ からなるとする. G の乗積表とは, $n \times n$ の表で, (i, j) 成分が $a_i \cdot a_j$ で与えられるものである.

G	a_1	a_2	$\cdots$	a_n
a_1	$a_1 \cdot a_1$	$a_1 \cdot a_2$	$\cdots$	$a_1 \cdot a_n$
a_2	$a_2 \cdot a_1$	$a_2 \cdot a_2$	$\cdots$	$a_2 \cdot a_n$
$\vdots$	$\vdots$	$\vdots$	$\ddots$	$\vdots$
a_n	$a_n \cdot a_1$	$a_n \cdot a_2$	$\cdots$	$a_n \cdot a_n$

ここで, 乗積表は $a_1, a_2, \ldots, a_n$ の並び方によっている. 通常は, a_1 として単位元 e を選び, そのとき, 乗積表の 1 行目と 1 列目には, $a_1, a_2, \ldots, a_n$ がそのまま並ぶ.

さて, 群 G と群 G' が群の同型であるとし, $f : G \to G'$ を群の同型写像とする. $b_i = f(a_i) \, (i = 1, 2, \ldots, n)$ とおく. すると, f は全単射写像なので, G' は n 個の元 $b_1, b_2, \ldots, b_n$ からなる. さらに, f は群の準同型写像なので,

$$b_i \cdot b_j = f(a_i) \cdot f(a_j) = f(a_i \cdot a_j)$$

となる. したがって, G の乗積表に現れる元を, f によって対応する G' の元で置き換えていけば, G' の乗積表が得られる.

逆に, $G = \{a_1, \ldots, a_n\}$ と $G' = \{b_1, \ldots, b_n\}$ の乗積表があり, G の乗積表の a_i を b_i に置き換えると, G' の乗積表が得られるとする. このとき, 全単射写像 f :

2.7 | 群の準同型写像，群の同型　71

$G \to G'$ を $f(a_i) = b_i$ $(i = 1, \ldots, n)$ で定める．G の乗積表の (i, j) 成分にある元を a_{ij} とおけば，$a_{ij} = a_i \cdot a_j$ である．また，G' の乗積表の (i, j) 成分にある元を b_{ij} とおけば，$b_{ij} = b_i \cdot b_j$ である．このとき，

$$f(a_i \cdot a_j) = f(a_{ij}) = b_{ij} = b_i \cdot b_j = f(a_i) \cdot f(a_j)$$

が成り立つ（2つ目の等式は，G の乗積表の (i, j) 成分が G' の乗積表の (i, j) 成分に移ることによる）．よって，f は群の同型写像になり，G と G' は群の同型になる．

例 2.54　乗法を演算とする群 $\mu_2 = \{z \in \mathbb{C} \mid z^2 = 1\} = \{1, -1\}$ と加法を演算とする群 $\mathbb{Z}/2\mathbb{Z} = \{[0], [1]\}$ は同型である．実際，μ_2 と $\mathbb{Z}/2\mathbb{Z}$ の乗積表は以下のようになる．

μ_2	1	-1
1	1	-1
-1	-1	1

$\mathbb{Z}/2\mathbb{Z}$	$[0]$	$[1]$
$[0]$	$[0]$	$[1]$
$[1]$	$[1]$	$[0]$

μ_2 の乗積表の $1, -1$ をそれぞれ $[0], [1]$ に置き換えれば，$\mathbb{Z}/2\mathbb{Z}$ の乗積表が得られる．したがって，写像 $f : \mu_2 \to \mathbb{Z}/2\mathbb{Z}$ を $f(1) = [0]$，$f(-1) = [1]$ で定めれば，f は群の同型写像であり，μ_2 と $\mathbb{Z}/2\mathbb{Z}$ は群の同型である．

次は，2つの無限群が同型である例である．

例 2.55　写像

$$f : \mathbb{R}_{>0}^{\times} \to \mathbb{R}, \quad x \mapsto \log(x)$$

を考える．f は全単射である．さらに，$\log(x \cdot y) = \log(x) + \log(y)$ となるから，f は乗法を演算とする群 $\mathbb{R}_{>0}^{\times}$ から加法を演算とする群 $\mathbb{R}$ への群の準同型写像である（2.3.2 項，例 2.13 参照）．したがって，f は群の同型写像で，乗法を演算とする群 $\mathbb{R}_{>0}^{\times}$ と加法を演算とする群 $\mathbb{R}$ は同型である．

例題 2.56　2 面体群 D_6 と 3 次対称群 S_3 は同型であることを示せ．

解答　図のような，原点を中心とする正 3 角形を考える．正 3 角形の頂点の

位置に 1, 2, 3 の番号をつける．原点中心の（反時計回りの）$2\pi/3$ 回転を r とおき，s_1, s_2, s_3 は図のような原点を通る直線に関する対称変換とすると，
$$D_6 = \{e, r, r^2, s_1, s_2, s_3\}$$
であった．

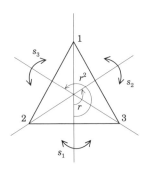

1, 2, 3 の番号は頂点の位置に与え，頂点そのものに番号をつけるのではないとする．すなわち，D_6 の元によって頂点は移動するが，1, 2, 3 の番号はそのままの位置にあるとする．

$f : D_6 \to S_3$ を以下のように定める．$x \in D_6$ とする．i の位置にあった頂点が，x によって j の位置に移るときに，$j = f(x)(i)$ とおく．この対応によって，$f(x) \in S_3$ を
$$f(x) = \begin{pmatrix} 1 & 2 & 3 \\ f(x)(1) & f(x)(2) & f(x)(3) \end{pmatrix}$$
で定めることができる．

例えば，$x = r \in D_6$ としよう．r によって，1, 2, 3 の位置にあった頂点は，それぞれ，2, 3, 1 の位置に移るので，$f(r)(1) = 2$，$f(r)(2) = 3$，$f(r)(3) = 1$ である．よって，$f(r) = \begin{pmatrix} 1 & 2 & 3 \\ 2 & 3 & 1 \end{pmatrix} \in S_3$ となる．

f は群の準同型写像になる．というのも，D_6 の任意の元 x, y に対して，y が位置 i の頂点を位置 j に移し，x が位置 j の頂点を位置 k に移すとき，$x \cdot y$ は位置 i の頂点を位置 k に移す．したがって，$i = 1, 2, 3$ に対して，
$$f(x \cdot y)(i) = k = f(x)(j) = f(x)(f(y)(i)) = (f(x) \cdot f(y))(i)$$

2.7 | 群の準同型写像，群の同型　　73

が成り立つので，$f(x \cdot y) = f(x) \cdot f(y)$ が成り立つからである[27].

このㅤf は全単射であることも確かめられる．したがって，f は群の同型写像で，群 D_6 と群 S_3 は同型である．　　　　　　　　　　　　　　　　　$\square$

群の同型写像 $f : G \to G'$ で，どういう性質が保たれるかを考えてみよう．

命題 2.57　群 G と群 G' が同型とし，群の同型写像 $f : G \to G'$ をとる．このとき，次が成り立つ．

(a) $|G| = |G'|$ である．

(b) G がアーベル群であれば，G' もアーベル群である．

(c) $x \in G$ が位数 n の元とすると，$f(x)$ は G' の位数 n の元である．

証明　(a)　G と G' の間には全単射写像 f が存在するので，$|G| = |G'|$ となる．

(b)　G' の任意の元 x', y' をとり，$x, y \in G$ を $f(x) = x', f(y) = y'$ となる元とする．G はアーベル群なので，

$$x' \cdot y' = f(x) \cdot f(y) = f(x \cdot y) = f(y \cdot x) = f(y) \cdot f(x) = y' \cdot x'$$

となる．よって，G' もアーベル群である．

(c)　G' の単位元を e' で表す．$x' = f(x)$ とおく．$(x')^n = f(x)^n = f(x^n) = f(e) = e'$ である（命題 2.52 参照）．また，$1 \leqq i \leqq n-1$ については，$x^i \neq e$ であるから，$f(x^i) \neq f(e)$ となる．よって，$(x')^i \neq e'$ である．以上により，x' の位数は n である．　　　　　　　　　　　　　　　　　　　　　　　　　$\square$

大雑把にいえば，集合と群の演算を用いて表すことができる性質は，群の同型写像で保たれる．命題 2.57 であげた性質以外にも，どのような性質が保たれるかを考えてみてほしい．

なお，命題 2.57 は，2 つの群が同型でないことを示すときに使える．例えば，$n \geqq 4$ のとき，$|D_{2n}| = 2n$，$|S_n| = n!$ だから，D_{2n} と S_n は群の同型ではない．$\mathbb{Z}/6\mathbb{Z}$ はアーベル群であるが，S_3 はアーベル群でないので，$\mathbb{Z}/6\mathbb{Z}$ と S_3 は群の同型ではない．$\mathbb{Z}/4\mathbb{Z}$ には位数 4 の元 $[1]$ が存在するが，クラインの 4 元群 V（問題 2.5 参照）には位数 4 の元が存在しないので，$\mathbb{Z}/4\mathbb{Z}$ と V は群の同型ではない，などである．

27] D_6 の演算も記号・を用いている．

74 第2章 群の基礎

例題 2.58 H, H', H'' を群とする. このとき, 以下が成り立つことを示せ.

(a) $H \cong H$ である.

(b) $H \cong H'$ ならば, $H' \cong H$ である.

(c) $H \cong H'$ かつ $H' \cong H''$ ならば, $H \cong H''$ である.

解答 (a) 恒等写像 $\mathrm{id}_H : H \to H$ は全単射で群の準同型写像である. よって, $H \cong H$ である.

(b) 仮定より, 群の同型写像 $f : H \to H'$ が存在する. f の逆写像を $g : H' \to H$ とおく. g は全単射である. さらに, H' の任意の元 h_1', h_2' に対して, $f(h_1) = h_1'$, $f(h_2) = h_2'$ となる $h_1, h_2 \in H$ をとれば, $g(h_1') = h_1$, $g(h_2') = h_2$ であり,

$$g(h_1' \cdot h_2') = g(f(h_1) \cdot f(h_2)) = g(f(h_1 \cdot h_2)) = h_1 \cdot h_2 = g(h_1') \cdot g(h_2')$$

となる. よって, g は群の準同型写像であるから, g は群の同型写像になる. よって, $H' \cong H$ である.

(c) 仮定より, 群の同型写像 $f : H \to H'$, $f' : H' \to H''$ が存在する. このとき, 合成写像 $f' \circ f : H \to H''$ は群の同型写像であることが確かめられ, 群の同型 $H \cong H''$ を与える. □

2.8 群の準同型定理

いよいよ, この章の目標であった群の準同型定理を証明しよう.

定義 2.59 (核と像) $f : G \to G'$ を群の準同型写像とする. e, e' をそれぞれ G, G' の単位元とする.

(a) f の核を, $\mathrm{Ker}\, f := \{x \in G \mid f(x) = e'\}$ で定める.

(b) f の像を, $\mathrm{Im}\, f := \{f(x) \mid x \in G\}$ で定める.

ここで, Ker は「核」の英語 kernel の最初の 3 文字をとったものであり, Im は「像」の英語 image の最初の 2 文字をとったものである.

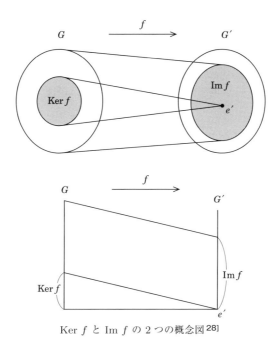

Ker f と Im f の 2 つの概念図[28]

命題 2.60 $f : G \to G'$ を群の準同型写像とする．e, e' をそれぞれ G, G' の単位元とする．

(a) Ker f は G の正規部分群である．
(b) Im f は G' の部分群である．
(c) f が単射であることと，Ker $f = \{e\}$ は同値である．

証明 (a) まず，Ker f が G の部分群であることをいう．命題 2.52(a) から $f(e) = e'$ であるから，$e \in$ Ker f となり Ker f は空集合ではない．そこで，定義 2.26 から，(1) $x, y \in$ Ker f ならば $x \cdot y \in$ Ker f と，(2) $x \in$ Ker f ならば $x^{-1} \in$ Ker f を確かめればよい．

(1) について，$x, y \in$ Ker f とする．このとき，$f(x) = e'$, $f(y) = e'$ である．f は準同型写像であるから，$f(x \cdot y) = f(x) \cdot f(y) = e' \cdot e' = e'$ となる．よって，$x \cdot$

---

[28] あくまでも概念図である．例えば，命題 2.60 より Im f は G' の部分群である．したがって，G' が有限群のときは，$|\text{Im } f|$ は $|G'|$ の約数であるが，上の図では Im f が大きく描かれている．

$y \in \operatorname{Ker} f$ である.

(2) について，$x \in \operatorname{Ker} f$ とする．このとき，$f(x) = e'$ である．命題 2.52 を用いて，$f(x^{-1}) = f(x)^{-1} = (e')^{-1} = e'$ になる．よって，$x^{-1} \in \operatorname{Ker} f$ である．

次に，$\operatorname{Ker} f$ が G の正規部分群であることをいう．命題 2.35 から，$g \in G$, $x \in \operatorname{Ker} f$ に対して，$g \cdot x \cdot g^{-1} \in \operatorname{Ker} f$ を確かめればよい．実際，$f(g \cdot x \cdot g^{-1}) = f(g) \cdot f(x) \cdot f(g^{-1}) = f(g) \cdot e' \cdot f(g^{-1}) = f(g) \cdot f(g^{-1}) = f(g) \cdot f(g)^{-1} = e'$ となるから，$g \cdot x \cdot g^{-1} \in \operatorname{Ker} f$ となる．

以上より，$\operatorname{Ker} f$ は G の正規部分群である．

(b) 定義 2.26 から，(3) $x', y' \in \operatorname{Im} f$ ならば $x' \cdot y' \in \operatorname{Im} f$ と，(4) $x' \in \operatorname{Im} f$ ならば $x'^{-1} \in \operatorname{Im} f$ を確かめればよい．

(3) について $x', y' \in \operatorname{Im} f$ とする．$x' = f(x)$, $y' = f(y)$ となる $x, y \in G$ が存在する．このとき，$x' \cdot y' = f(x) \cdot f(y) = f(x \cdot y)$ だから，$x' \cdot y' \in \operatorname{Im} f$ になる．

(4) について $x' \in \operatorname{Im} f$ とする．$x' = f(x)$ となる $x \in G$ が存在する．このとき，命題 2.52 より，$x'^{-1} = f(x)^{-1} = f(x^{-1})$ だから，$x'^{-1} \in \operatorname{Im} f$ である．

(c) まず，f が単射とする．$x \in \operatorname{Ker} f$ とすると，$f(x) = e'$ である．一方，命題 2.52 より $f(e) = e'$ である．よって，$f(x) = f(e)$ となるが，f が単射より，$x = e$ となる．これは，$\operatorname{Ker} f = \{e\}$ を示している．

次に $\operatorname{Ker} f = \{e\}$ とする．$x, y \in G$ とし，$f(x) = f(y)$ とする．このとき，命題 2.52 を用いて，$e' = f(x) \cdot f(y)^{-1} = f(x) \cdot f(y^{-1}) = f(x \cdot y^{-1})$ となって，$x \cdot y^{-1} \in \operatorname{Ker} f$ となる．$\operatorname{Ker} f = \{e\}$ を仮定しているので，$x \cdot y^{-1} = e$ になり $x = y$ を得る．よって，f は単射になる． $\square$

例 2.61／ 例 2.51 の記号を用いる.

(a) $n \geqq 2$ とする．$\operatorname{sgn} : S_n \to \{1, -1\}$ について，$\operatorname{Im}(\operatorname{sgn}) = \{1, -1\}$（全射），$\operatorname{Ker}(\operatorname{sgn}) = A_n$ である．命題 2.60(a) より，A_n は S_n の正規部分群である（例 2.37 でもすでにみている）.

(b) $K = \mathbb{R}$ または $\mathbb{C}$ とする[29]．$\det : \operatorname{GL}_n(K) \to K^\times$ について，$\operatorname{Im}(\det) = K^\times$（全射），$\operatorname{Ker}(\det) = \operatorname{SL}_n(K)$ である．命題 2.60(a) より，$\operatorname{SL}_n(K)$ は $\operatorname{GL}_n(K)$ の正規部分群である（例 2.37 でもすでにみている）.

---

[29] 一般に，K は体でよい．体の定義は 4.1 節で述べるので，そのときに確認してほしい.

(c) 絶対値をとる写像 $|\cdot|: \mathbb{C}^\times \to \mathbb{R}^\times$ について,$\mathrm{Im}(|\cdot|) = \mathbb{R}^\times_{>0}$ である,ただし,$\mathbb{R}^\times_{>0}$ は正の実数全体のなす乗法を演算とする群である.$\mathrm{Ker}(|\cdot|) = \mu := \{z \in \mathbb{C} \mid |z| = 1\}$ である.

定理 2.62(**準同型定理**) $f: G \to G'$ を群の準同型写像とする.このとき,$\mathrm{Ker} f$ に関する剰余類 $x\,\mathrm{Ker} f\ (x \in G)$ に G' の元 $f(x)$ を対応させることで,群の同型写像

$$\overline{f}: G/\mathrm{Ker} f \longrightarrow \mathrm{Im} f$$

が得られる.

証明 まず,$\overline{f}$ が矛盾なく定義される(well–defined)ことを確かめる作業をする.本書で,矛盾なく定義されることを確かめる作業をするのは初めてなので,この作業をする必要性も含めて丁寧に述べよう.

$G/\mathrm{Ker} f$ の任意の元 A をとる.A は G の $\mathrm{Ker} f$ に関する剰余類である.したがって,A の代表元 $x \in G$ をとれば,$A = x\,\mathrm{Ker} f$ と表される.準同型定理の主張によれば,$x\,\mathrm{Ker} f$ に $f(x)$ を対応させるので,$\overline{f}$ は $A \in G/\mathrm{Ker} f$ を $f(x) \in G'$ に移すことになる.ところで,剰余類 A の任意の元 y は A の代表元なので,$A = y\,\mathrm{Ker} f$ とも表せる.準同型定理の主張によれば,$y\,\mathrm{Ker} f$ に $f(y)$ を対応させるので,$\overline{f}$ は $A \in G/\mathrm{Ker} f$ を $f(y) \in G'$ に移すことになる.もし,$f(x) \neq f(y)$ であったとすると,A の $\overline{f}$ による像がただ 1 つに決まらないので,$\overline{f}$ は写像ではなくなってしまう.

そこで,$\overline{f}$ が確かに写像であるためには,$x\,\mathrm{Ker} f = y\,\mathrm{Ker} f\ (x, y \in G)$ であれば,$f(x) = f(y)$ となることを確かめる必要がある.逆に,このことが確かめられれば,$\overline{f}$ は確かに $G/\mathrm{Ker} f$ から G' への写像を与える.

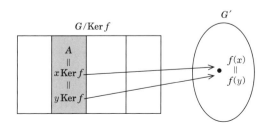

このことを確かめよう．e' で G' の単位元を表す．$x \operatorname{Ker} f = y \operatorname{Ker} f$ とすると，$x = y \cdot k \, (k \in \operatorname{Ker} f)$ と表せる．このとき，f は準同型写像であるから，$f(x) = f(y \cdot k) = f(y) \cdot f(k) = f(y) \cdot e' = f(y)$ になる．よって，$\overline{f}$ が矛盾なく定義されていることが分かった．

次に，$\overline{f}$ が準同型写像であることをみよう．$x \operatorname{Ker} f, \, y \operatorname{Ker} f \, (x, y \in G)$ を $G/\operatorname{Ker} f$ の任意の元とする．剰余群 $G/\operatorname{Ker} f$ の演算の定義から $(x \operatorname{Ker} f) \cdot (y \operatorname{Ker} f) = (x \cdot y) \operatorname{Ker} f$ であること，f が準同型写像であること，そして，$\overline{f}$ の定義を用いると，

$$
\begin{aligned}
\overline{f}\left((x \operatorname{Ker} f) \cdot (y \operatorname{Ker} f)\right) &= \overline{f}\left((x \cdot y) \operatorname{Ker} f\right) \\
&= f(x \cdot y) = f(x) \cdot f(y) = \overline{f}(x \operatorname{Ker} f) \cdot \overline{f}(y \operatorname{Ker} f)
\end{aligned}
$$

となる．よって，$\overline{f}$ は準同型写像である．

最後に，$\overline{f} : G/\operatorname{Ker} f \to \operatorname{Im} f$ が全単射であることをみよう．$x \operatorname{Ker} f \, (x \in G)$ に対して，$\overline{f}(x \operatorname{Ker} f) = e'$ とすると，$f(x) = e'$ であるから，$x \in \operatorname{Ker} f$ となる．よって，$x \operatorname{Ker} f = \operatorname{Ker} f = e \operatorname{Ker} f$ となるから，剰余類 $x \operatorname{Ker} f$ は剰余群 $G/\operatorname{Ker} f$ の単位元である．よって，$\overline{f}$ は単射である（命題 2.60(c) 参照）．また，$\operatorname{Im} f$ の任意の元 x' は，$x' = f(x) \, (x \in G)$ と表せ，$x' = \overline{f}(x \operatorname{Ker} f)$ となるから，$\overline{f}$ は全射である．

以上により，準同型定理が証明できた． $\square$

注意 定理 2.62 の設定で，A を剰余群 $G/\operatorname{Ker} f$ の元とする．A は G の $\operatorname{Ker} f$ に関する剰余類であるから，A は G の部分集合である．A の f による像 $f(A) = \{f(a) \mid a \in A\}$ を考えてみよう．剰余類 A の代表元 x をとると，$A = x \cdot \operatorname{Ker} f$ なので，A の任意の元 a は $a = x \cdot k$ $(k \in \operatorname{Ker} f)$ と表される．このとき，$f(a) = f(x \cdot k) = f(x) \cdot f(k) = f(x) \cdot e' = f(x)$ である．したがって，$f(A)$ は 1 つの元からなる集合 $\{f(x)\}$ であり，$f(A)$ は G' の元とみなせる．定理 2.62 の $\overline{f} : G/\operatorname{Ker} f \to \operatorname{Im} f$ は，$G/\operatorname{Ker} f$ の元 A に G' の元 $f(A)$ を対応させる写像に他ならない．このように考えると，$\overline{f}$ が矛盾なく定義されることを確かめる作業をすることなく，定理 2.62 を証明することも可能である．

例 2.63 例 2.61 で調べたことと準同型定理を用いると，次が分かる．

(a) $n \geqq 2$ とする．$\operatorname{sgn} : S_n \to \{1, -1\}$ は，群の同型 $S_n/A_n \cong \{1, -1\}$ を導く．

(b) $K = \mathbb{R}$ または $\mathbb{C}$ とする[30]. $\det : \mathrm{GL}_n(K) \to K^\times$ は，群の同型 $\mathrm{GL}_n(K)/\mathrm{SL}_n(K) \cong K^\times$ を導く．

(c) $|\cdot| : \mathbb{C}^\times \to \mathbb{R}^\times$ は，群の同型 $\mathbb{C}^\times/\mu \cong \mathbb{R}^\times_{>0}$ を導く．

この節の最後に，準同型定理を用いて，有限巡回群が剰余群 $\mathbb{Z}/n\mathbb{Z}$ と同型であることを示してみよう．

命題 2.64 G を位数が n の巡回群とする．このとき，G は剰余群 $\mathbb{Z}/n\mathbb{Z}$ と同型である．

証明 $G = \langle a \rangle$ とおく．a の位数は n である（命題 2.28 参照）．加法を演算とする群 $\mathbb{Z}$ から G への写像 f を，

$$f : \mathbb{Z} \to G, \quad k \mapsto a^k$$

で定める．f は全射である．

また，$k, \ell \in \mathbb{Z}$ に対し，指数法則から，$f(k+\ell) = a^{k+\ell} = a^k \cdot a^\ell = f(k) \cdot f(\ell)$ が成り立つので f は群の準同型写像である．

$\mathrm{Ker}\, f$ を求めよう．$k \in \mathbb{Z}$ が $f(k) = e$ をみたしたとすると，$a^k = e$ となる．例題 2.11 から，k は n の倍数になる．逆に，k が n の倍数のとき，$k = mn\,(m \in \mathbb{Z})$ とおくと，$a^k = (a^n)^m = e$ となるから，$k \in \mathrm{Ker}\, f$ である．よって，$\mathrm{Ker}\, f = n\mathbb{Z}$ がわかった．

f に準同型定理を適用して，群の同型 $\mathbb{Z}/n\mathbb{Z} \cong G$ を得る． $\square$

2.9 この先にあること

前節で，本書の最初の目標であった群の準同型定理を証明した．この節では，抽象的な群論の起源を簡単に述べた後に，この先にあることを述べよう．この節は，前節までとは異なり，証明などはなく，また定義していない用語も使うので，おはなしを聞く感じで軽く読んでほしい．

---

[30] 一般に，K は体でよい．体の定義は 4.1 節で述べるので，そのときに確認してほしい．

80 | 第2章 | **群の基礎**

2.9.1 歴史的なこと

2.1 節でも述べたように，1770–71 年のメモワールで，ラグランジュは代数方程式の解の置換を考えた．ここに群の概念の芽生えをみることができるそうである[31]．ラグランジュの分解式の考え方を用いて，ルフィニ，アーベルは 5 次方程式の根号による解の公式がないことを示した．さらに，1830 年頃にガロアは，代数方程式の根号による解の公式が存在することと，代数方程式の解の置換のなす群が特別な性質をもっていること[32]が同値であることを示した．「群」（"la groupe"）という言葉を数学用語として初めて使ったのもガロアである．

Wussing [Wu] によれば，抽象的な群論の起源として，上の「代数方程式」だけでなく，「数論」と「幾何」も重要である．「数論」に関しては，1801 年の "Disquisitiones Arithmeticae" で，ガウスは当時までに知られていた数論をまとめて統一的に扱い，さらに推し進めた．群という言葉は出てこないものの，実質的には，加法のなす剰余群 $\mathbb{Z}/m\mathbb{Z}$ や，乗法のなす群 $(\mathbb{Z}/m\mathbb{Z})^{\times} := \{[a] \in \mathbb{Z}/m\mathbb{Z} \mid \mathrm{GCD}(a, m) = 1\}$，1 の n 乗根全体のなす群 μ_n，2 変数 2 次形式の同値類のなす群などのアーベル群が現れている．

「幾何」に関しては，19 世紀にはさまざまな幾何学が大きく発展し，19 世紀中頃にはこれらの幾何学の間の関係が問題となっていた．1872 年にエルランゲン大学の教授就任に際して発表した論文で，クラインは，さまざまな変換群の不変量を調べることで幾何を分類することを提唱した．これは，エルランゲン・プログラムとよばれ，その後の群論と幾何学に大きな影響を与えた．

2.9.2 群の準同型定理の後に

さて，大学の学部で習う群論では，群の準同型定理の後には，どのようなことを学ぶだろうか．次のような話題が扱われることが多いと思う．

同型定理

剰余群と正規部分群と準同型写像の間の関係を与える準同型定理（定理 2.62）は，第 1 同型定理ともよばれ，ネーターによって定式化された．ネーターは，こ

---

[31] (I)t is remarkable to see in Lagrange's work the germ, in admittedly rudimentary form, of the group concept ([Wu, II.1.3]).

[32] すなわち，ガロア群が可解群であること．

れ以外に第 2 同型定理と第 3 同型定理とよばれる 2 つの同型定理を定式化した. これら 3 つの同型定理は非常に基本的で, 群だけでなく, 環や環上の加群など多くの代数系で類似の定理が存在する.

例えば, 線形代数で次のような定理を習ったことだろう. $f : V \to W$ を有限次元ベクトル空間の間の線形写像とするとき, $\dim V - \dim \operatorname{Ker} f = \dim \operatorname{Im} f$ が成り立つ. また, W_1, W_2 を有限次元ベクトル空間 V の部分ベクトル空間とするとき, $\dim(W_1 + W_2) - \dim W_1 = \dim W_2 - \dim(W_1 \cap W_2)$ が成り立つ. これらは, それぞれ, ベクトル空間における準同型定理 (第 1 同型定理) と第 2 同型定理から導かれることなのである.

群における第 2 同型定理と第 3 同型定理については, 章末問題 2.9 と 2.10 を参照してほしい.

有限アーベル群の基本定理

例 2.48 でみたように, $\mathbb{Z}/m\mathbb{Z}$ は有限アーベル群である. 逆に, 任意の有限アーベル群は $\mathbb{Z}/m\mathbb{Z}$ を組み合わせて作ることができるという定理が, 有限アーベル群の基本定理である. 正確は主張は, 定理 3.9 と系 3.10 を参照してほしい.「演算が可換な有限群」と抽象的に定義されたものの構造が分かるという少しびっくりするような (?) 定理である.

本書では群論の範囲での証明を与える. 一方, 大学の講義, 教科書によっては, 環 $\mathbb{Z}$ 上の (一般に, 単項イデアル整域上の) 有限生成加群の一般論を展開して, 有限生成 $\mathbb{Z}$ 加群の構造定理の系として, 有限アーベル群の基本定理を導くこともある.

群の集合への作用

「歴史的なこと」の項でも述べたように, 群論の起源として,「幾何」における変換群としての空間への作用が重要であった.

群の作用は基本的な概念である. 作用の正確な定義は 3.3 節で述べるが, 例えば, n 次対称群 S_n は $\{1, 2, \ldots, n\}$ に作用し, 一般線形群 $\mathrm{GL}_n(\mathbb{R})$ は $\mathbb{R}^n$ に作用し, 2 面体群 D_{2n} は正 n 角形に作用する.

群 G が集合 X に作用しているとしよう. このとき, 集合 X に注目すると, 群の作用があるということから, 非常に大雑把にいって, X は何らかの対称性を備

えているということになる．このことから，X の情報を得られることがある．本書では，3.3 節で，群の作用の数え上げ問題への応用を簡単にみる．

ふたたび，群 G が集合 X に作用しているとしよう．今度は，群 G に注目すると，G が集合 X に作用しているということから，G の情報が得られることがある．すなわち，群 G が与えられたときに，集合 X を「上手に」選び，G を X に「上手に」作用させることで，G の情報が得られることがある．本書では，3.4 節で，群 G の G 自身への共役としての作用を扱う．例えば，有限群 G の位数が素数 p で割り切れるときに，G に位数 p の元が存在するというコーシーの定理を証明し，有限群 G の構造を簡単な場合に調べる．有限群 G の構造に関して基本的なシローの定理についても，（証明はしないが）どのようなものかを述べる．

可解群，べき零群，自由群

アーベル群に「近い」群はどのようなものがあるだろうか．G をアーベル群とし，x, y を G の元とするとき，$x \cdot y \cdot x^{-1} \cdot y^{-1} = e$ である．そこで，一般の群 G とその元 x, y について，$[x, y] := x \cdot y \cdot x^{-1} \cdot y^{-1}$ とおき，$[x, y]\,(x, y \in G)$ で生成される G の部分群を $G^{(1)}$ とおく．G がアーベル群であれば，$G^{(1)} = \{e\}$ である．正確ないい方ではないが，可解群，べき零群は $G^{(1)}$ が「小さい」群であり [33]，その意味でアーベル群に「近い」群といってもいいかもしれない．

それでは，アーベル群から「遠い」群はどのようなものがあるだろうか．G がアーベル群のときは，G の任意の元 x, y に対して，x と y が可換であるという関係式 $x \cdot y = y \cdot x$ が成り立つ．そこで，$r \geqq 2$ を正の整数とし，群 G は r 個の元 $a_1, a_2, \ldots, a_r$ で生成されるが，$a_1, a_2, \ldots, a_r$ の間には自明でない関係式はないとする [34]．この群 G を階数 r の自由群という．自由群はアーベル群から「遠い」群といってもいいかもしれない．

一般線形群の有限生成な（無限）部分群については，非常に大雑把にいって，アーベル群に「近い」か「遠い」かのどちらかであるということが知られている．

---

[33] 正確には，可解群とは，$G^{(2)}$ を $[x, y]\,(x, y \in G^{(1)})$ で生成される G の部分群とし，この操作を繰り返すとき，$n \geqq 1$ が存在して $G^{(n)} = \{e\}$ となる群である．$\Gamma^{(1)} := G^{(1)}$ とおく．べき零群とは，$\Gamma^{(2)}$ を $[x, y]\,(x \in \Gamma^{(1)}, y \in G)$ で生成される G の部分群とし，この操作を繰り返すとき，$n \geqq 1$ が存在して $\Gamma^{(n)} = \{e\}$ となる群である．

[34] 非常に大雑把に述べている．例えば $a_1 \cdot a_1^{-1} = e$ が自明な関係式であるが，自明な関係式の定義は述べない．

定理 2.65 (Tits alternative)　G は $\mathrm{GL}_n(\mathbb{C})$ の有限個の元で生成された部分群とする．このとき，G の部分群 H で $[G:H]$ が有限かつ H が可解群であるものが存在するか，G の部分群で階数 2 の自由群と同型なものが存在する．

本書では，紙面の都合もあり，可解群，べき零群，自由群については述べない．興味をもった読者は，本書の後に，もっとたくさん書かれた群論の本をぜひ紐解いてほしい．

群の表現論

大学の学部で最初に習う群論ではあまり扱われないかもしれないが，非常に大雑把にいって，体 K 上の一般線形群への群の準同型写像 $G \to \mathrm{GL}_n(K)$ を調べる理論を群の表現論という．表現論は，代数，幾何，解析のいずれとも結びついていて，また物理とも結びついている大きな研究分野である．

問 2.1　$G = \{x \in \mathbb{R} \mid x > 0,\ x \neq 1\}$ とおく．$x, y \in G$ に対し，$x \circ y := x^{\log y}$ とおく．このとき，$x \circ y \in G$ を示せ．したがって，$\circ$ は G の演算を定める．さらに，G は $\circ$ を演算としてアーベル群になることを示せ．

問 2.2　群 G の任意の元 a に対して $a^2 = e$ が成り立つとする．このとき，G はアーベル群であることを示せ．

問 2.3　$n \geq 2$ とし，S_n を n 次対称群とする．$i = 1, \ldots, n-1$ に対して，$\sigma_i := (i\ i+1) \in S_n$ とおく．例えば，$\sigma_1 = (1\ 2)$ である．$\sigma_1, \ldots, \sigma_{n-1}$ は**隣接互換**とよばれる．

(a)　S_n は $\sigma_1, \ldots, \sigma_{n-1}$ で生成されること，すなわち，
$$S_n = \langle \sigma_1, \ldots, \sigma_{n-1} \rangle$$
が成り立つことを示せ．

(b)　隣接互換 σ_i は以下の関係式をみたすことを示せ．ただし，e は S_n の単位元（恒等置換）を表す．

$$\begin{cases} \sigma_i^2 = e & (1 \leqq i \leqq n-1), \\ \sigma_i \cdot \sigma_j = \sigma_j \cdot \sigma_i & (1 \leqq i < j \leqq n-1,\ j-i \geqq 2), \\ (\sigma_i \cdot \sigma_{i+1})^3 = e & (1 \leqq i \leqq n-1). \end{cases}$$

問 2.4 G は群とし，H は G の部分群とする．G/H を G の H に関する左剰余類全体のなす集合，$H \backslash G$ を G の H に関する右剰余類全体のなす集合とする．

(a) 左剰余類 $aH\ (a \in G)$ に，右剰余類 Ha^{-1} を対応させる写像 $\phi: G/H \to H \backslash G$ が矛盾なく定義できることを示せ．すなわち，$a,b \in G$ が $aH = bH$ をみたせば，$Ha^{-1} = Hb^{-1}$ が成り立つことを示せ．

(b) (a) で定義した写像 $\phi: G/H \to H \backslash G$ は全単射であることを示せ．したがって，特に，$|G/H| = |H \backslash G|$ が成り立つ．

注意 この問により，G の H における指数 $[G:H]$（定義 2.38）は，G の H による右剰余類の個数とも等しい．

問 2.5 G は群とし，H は G の指数 2 の部分群とする（すなわち，$[G:H] = 2$ である部分群とする）．

(a) $a \in G$ を H に含まれない元とする．このとき，$G = H \amalg aH$ を示せ．

(b) 章末問題 2.4 より，G の H に関する右剰余類の個数も 2 である．このことに注意して，$a \in G$ が H に含まれない元のとき，$G = H \amalg Ha$ を示せ

(c) H は G の正規部分群であることを示せ．

問 2.6 S_3 の部分群をすべて求めよ．その中で正規部分群は何か．

問 2.7 $\mathbb{R}$ を加法を演算とする群，$\mathbb{C}^\times$ を乗法を演算とする群とする（2.3.2 項，2.3.3 項参照）．

(a) $f: \mathbb{R} \to \mathbb{C}^\times$ を，$x \in \mathbb{R}$ に $e^{2\pi \sqrt{-1} x} \in \mathbb{C}^\times$ を対応させる写像とする．このとき，f は群の準同型写像であることを示せ．

(b) $\mathrm{Im}\, f$ を μ とおく．μ はどのような群か．

(c) f に準同型定理を用いると，どのような群の同型が得られるかを答えよ．

問 2.8 $G' = \{ f(X) = pX + q \mid p, q \in \mathbb{R},\ p \neq 0 \}$ を $\mathbb{R}$ 上の 1 次関数全体の集合とする．

$$G = \left\{ \begin{pmatrix} a & b \\ 0 & c \end{pmatrix} \ \middle|\ a, b, c \in \mathbb{R},\ ac \neq 0 \right\}, \quad H = \left\{ \begin{pmatrix} a & b \\ 0 & c \end{pmatrix} \in G \ \middle|\ ac = 1 \right\}$$

とおく．また，写像 φ を
$$\varphi : G \to G', \quad \begin{pmatrix} a & b \\ 0 & c \end{pmatrix} \mapsto \frac{a}{c}X + \frac{b}{c}$$
で定め，写像 $\psi : H \to G'$ を φ の定義域を H に制限した写像とする．

(a) G' は写像の合成に関して群になることを示せ．

(b) G は行列の乗法に関して群になることを示せ．また，H は G の正規部分群であることを示せ．

(c) φ は群の準同型写像であることを示せ．また，$\mathrm{Im}\,\varphi, \mathrm{Ker}\,\varphi$ を求めよ．さらに，φ に準同型定理を用いると，どのような群の同型が得られるかを答えよ．

(d) ψ は群の準同型写像であることを示せ．また，$\mathrm{Im}\,\psi, \mathrm{Ker}\,\psi$ を求めよ．さらに，ψ に準同型定理を用いると，どのような群の同型が得られるかを答えよ．

問 2.9 （第 2 同型定理）G を群，H を G の部分群，N を G の正規部分群とする．

(a) HN は G の部分群であることを示せ．また，$HN = NH$ を示せ．

(b) N は HN の正規部分群であり，$H \cap N$ は H の正規部分群であることを示せ．

(c) 群の同型
$$HN/N \cong H/(H \cap N)$$
が存在することを示せ．

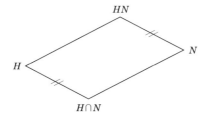

問 2.10 （第 3 同型定理）G を群，N を G の正規部分群，M を G の正規部分群で $M \subseteq N$ をみたすものとする．このとき，M は N の正規部分群，N/M は

86　第 2 章 | 群の基礎

G/M の正規部分群となり，群の同型

$$(G/M)/(N/M) \cong G/N$$

が成り立つことを示せ.

問 2.11　（部分群の対応）G, G' を群とし，$f : G \to G'$ を全射な準同型写像とする.

(a)　H が G の部分群のとき，$f(H) := \{f(h) \mid h \in H\}$ は G' の部分群であることを示せ. また，N が G の正規部分群のとき，$f(N) := \{f(n) \mid n \in N\}$ は G' の正規部分群であることを示せ.

(b)　H' が G' の部分群のとき，$f^{-1}(H') := \{x \in G \mid f(x) \in H'\}$ は G の部分群であり，$\operatorname{Ker} f \subseteq f^{-1}(H')$ となることを示せ. また，N' が G' の正規部分群のとき，$f^{-1}(N') := \{x \in G \mid f(x) \in N'\}$ は G の正規部分群であり，$\operatorname{Ker} f \subseteq f^{-1}(N')$ となることを示せ.

(c)　$\mathcal{S}$ を G の部分群で $\operatorname{Ker} f$ を含むもの全体のなす集合とし，$\mathcal{S}'$ を G' の部分群全体のなす集合とする. また，$\mathcal{T}$ を G の正規部分群で $\operatorname{Ker} f$ を含むもの全体のなす集合とし，$\mathcal{T}'$ を G' の正規部分群全体のなす集合とする. このとき，

$$\varphi : \mathcal{S} \to \mathcal{S}', \quad H \mapsto f(H),$$
$$\psi : \mathcal{T} \to \mathcal{T}', \quad N \mapsto f(N)$$

は，いずれも全単射写像であることを示せ. また，φ の逆写像は $H' \in \mathcal{S}'$ に $f^{-1}(H') \in \mathcal{S}$ を対応させる写像であり，ψ の逆写像は $N' \in \mathcal{T}'$ に $f^{-1}(N') \in \mathcal{T}$ を対応させる写像であることを示せ.

注意　$f : G \to G'$ が全射でないときは，G の正規部分群 N に対して，$f(N)$ は G' の正規部分群には一般にはならない. 例えば，H を G の正規部分群でない部分群とし，$\iota : H \to G$ を H の元をそのまま G の元に移す単射な準同型写像とすれば，$\iota(H)$ は G の正規部分群ではない.

第3章

群の基礎（続き）

　　前章では，群の定義から始めて群の準同型定理を証明した．この章で
は前章に引き続いて，群の基礎的な事項を説明する．主に，有限アーベ
ル群の基本定理と群の集合への作用を扱う．この章を読み終えると，群
の準同型定理が基本的であることと群論の広がりが感じられるのではな
いかと思う．

　　一方で，まずは群，環，体といった代数系がどのようなものかを概観
したい読者は，この章をとばして第 4 章の環論に進んでもよいだろう．

記法

　この章では，原則として，群 G の演算 $\cdot$ は略して書く．つまり，群 G の元 x, y
の積を xy と書く．群の単位元は，e の代わりに，1 または 1_G と書く．

3.1　群の直積，中国剰余定理

　H, K を群とする．H と K の集合としての直積は，

$$H \times K = \{(h, k) \mid h \in H, k \in K\}$$

である．H と K にそれぞれ定まっている演算を用いて，$H \times K$ に演算を自然に
定めよう．$H \times K$ の 2 つの元 $(h, k), (h', k')$ に対して，

$$(h, k)(h', k') := (hh', kk') \tag{3.1}$$

とおく．ここで，左辺が新しく定義した演算であり $((h, k) \cdot (h', k')$ の $\cdot$ を略して
書いている），右辺の hh' は H の演算であり，右辺の kk' は K の演算である．

定理 3.1 H, K を群とする. $H \times K$ は演算 (3.1) に関して，群になる.

証明 H, K の演算がそれぞれ結合則をみたすので，演算 (3.1) も結合則をみたす. H, K の単位元をそれぞれ $1_H, 1_K$ とおけば，$H \times K$ の単位元は $(1_H, 1_K)$ である. また，$(h, k) \in H \times K$ の逆元は $(h^{-1}, k^{-1}) \in H \times K$ である. 以上により，$H \times K$ は演算 (3.1) に関して，群になる. □

この群 $H \times K$ を群 H と群 K の**直積**という.

H は $H \times K$ の部分集合ではない. しかし，

$$H' := H \times \{1_K\} = \{(h, 1_K) \mid h \in H\}$$

とおけば，H' は $H \times K$ の部分集合である. 同様に，K は $H \times K$ の部分集合ではないが，

$$K' := \{1_H\} \times K = \{(1_H, k) \mid k \in K\}$$

とおけば，K' は $H \times K$ の部分集合である. 次の補題の (a) でみるように，H' と K' はそれぞれ H と K のいわば「分身」であり，(b)(c)(d) に挙げた性質をもつ.

補題 3.2 $G = H \times K$ とおく. G の単位元を 1 で表す.

(a) H' は G の部分群であり，H と H' は群の同型である. 同様に，K' は G の部分群であり，K と K' は群の同型である.

(b) $G = H'K'$ である [1].

(c) H' と K' はいずれも G の正規部分群である.

(d) $H' \cap K' = \{1\}$ である.

証明 (a) ほとんど明らかであろうが，証明するには次のようにすればよい. $f : H \to G$ を $h \in H$ に $(h, 1_K) \in G$ を対応させる写像とすれば，f は群の準同型写像である. よって，命題 2.60 より，$\operatorname{Im} f = H'$ は G の部分群である. f は単射なので，f は H から $\operatorname{Im} f = H'$ への群の同型写像を導き，$H \cong H'$ となる. K' についても同様である.

(b) G の任意の元 g は $g = (h, k)$ $(h \in H,\ k \in K)$ と表され，

1] G の部分集合 S, T に対し，$ST := \{st \mid s \in S,\ t \in T\}$ とおいたことを思い出そう. したがって，$H'K' = \{h'k' \mid h' \in H',\ k' \in K'\}$ である.

$$g = (h, k) = (h, 1_K)(1_H, k) \in H'K'$$

となる．よって，$G = H'K'$ である．

(c) H' が G の部分群であることは (a) でみているので，H' が G の正規部分群であることをみる．G の任意の元 g は $g = (h, k)$ $(h \in H, k \in K)$ と表され，H' の任意の元は $(h', 1_K)$ $(h' \in H)$ と表される．このとき，

$$g(h', 1_K)g^{-1} = (h, k)(h', 1_K)(h^{-1}, k^{-1}) = (hh'h^{-1}, 1_K) \in H'$$

となるから，命題 2.35 より，H' は G の正規部分群である．同様に，K' は G の正規部分群である．

(d) $H' \cap K' = \{(1_H, 1_K)\}$ であり，$1 = (1_H, 1_K)$ だからよい．　　　　□

以上では，群 H, K が与えられたときに，新しい群 $H \times K$ を構成した．今度は逆に，群 G が与えられたときに，G がいつ群の直積に同型になるかを考えよう．次の命題は，大雑把にいって，補題 3.2 の逆が成り立つことを示している．

命題 3.3 G を群とし，H, K を G の部分群とする．次の 3 つの条件を仮定する．

(i) $G = HK$ である．

(ii) H, K はいずれも G の正規部分群である．

(iii) $H \cap K = \{1\}$ である．

このとき，$G \cong H \times K$ となる．

証明 まず，h を H の任意の元，k を K の任意の元とするとき，$hk = kh$ となることをみる．元

$$h^{-1}k^{-1}hk$$

を考える．この元を $(h^{-1}k^{-1}h)k$ とみれば，K が G の正規部分群であることから，$h^{-1}k^{-1}h \in K$ なので $(h^{-1}k^{-1}h)k \in K$ となる．この元を $h^{-1}(k^{-1}hk)$ とみれば，H が G の正規部分群であることから，$k^{-1}hk \in H$ なので $h^{-1}(k^{-1}hk) \in H$ となる．よって，$h^{-1}k^{-1}hk \in H \cap K$ となる．条件 (iii) より，$h^{-1}k^{-1}hk = 1$ となるので，$hk = kh$ を得る．

次に，H の元 h と K の元 k が，$hk = 1$ をみたせば，$h = 1, k = 1$ となることをみる．$hk = 1$ のとき，

$$h^{-1} = k$$

である.左辺の表示からこの元は H の元であり,右辺の表示からこの元は K の元である.よって,この元は $H \cap K$ の元であり,条件 (iii) から,$h^{-1} = k = 1$ となる.よって,$h = 1$,$k = 1$ が成り立つ.

そこで,写像

$$f : H \times K \to G, \quad (h, k) \mapsto hk$$

を考える.$(h_1, k_1), (h_2, k_2) \in H \times K$ に対して,

$$f((h_1, k_1)(h_2, k_2)) = f((h_1 h_2, k_1 k_2)) = (h_1 h_2)(k_1 k_2)$$
$$= (h_1 k_1)(h_2 k_2) = f((h_1, k_1)) f((h_2, k_2))$$

となるので,f は群の準同型写像である.条件 (i) より,f は全射である.また,$hk = 1$ とすると,$(h, k) = (1, 1)$ となるから,f は単射である(命題 2.60 参照).したがって,f は群の同型写像であり,$G \cong H \times K$ となる.□

群の準同型定理の使い方を兼ねて,次の中国剰余定理を証明する.例 2.48 でみたように,m を正の整数とするとき,$\mathbb{Z}$ の通常の加法 + を用いて,$\mathbb{Z}/m\mathbb{Z}$ はアーベル群の構造を持つ.$0 + m\mathbb{Z}$ が単位元(零元)である.

定理 3.4(**中国剰余定理**) m, n を互いに素な正の整数とする.このとき,

$$\mathbb{Z}/mn\mathbb{Z} \cong \mathbb{Z}/m\mathbb{Z} \times \mathbb{Z}/n\mathbb{Z}$$

となる.ただし,$\mathbb{Z}/mn\mathbb{Z}, \mathbb{Z}/m\mathbb{Z}, \mathbb{Z}/n\mathbb{Z}$ はいずれも加法 + に関する群である.

証明 写像 f を

$$f : \mathbb{Z} \to \mathbb{Z}/m\mathbb{Z} \times \mathbb{Z}/n\mathbb{Z}, \quad x \mapsto (x + m\mathbb{Z}, x + n\mathbb{Z})$$

と定める [2].$x, y \in \mathbb{Z}$ に対して,

$$f(x + y) = (x + y + m\mathbb{Z}, x + y + n\mathbb{Z})$$
$$= (x + m\mathbb{Z}, x + n\mathbb{Z}) + (y + m\mathbb{Z}, y + n\mathbb{Z}) = f(x) + f(y)$$

となるので,f は群の準同型写像である.

2] ここでは,同値類を表す記号 $[x]$ は使わないことにする.$m\mathbb{Z}$ に関する同値類 $x + m\mathbb{Z}$ か $n\mathbb{Z}$ に関する同値類 $x + n\mathbb{Z}$ のどちらを表すか紛らわしいからである.

$\operatorname{Ker} f$ を求めよう．$\mathbb{Z}/m\mathbb{Z} \times \mathbb{Z}/n\mathbb{Z}$ の単位元は $(0+m\mathbb{Z}, 0+n\mathbb{Z})$ である．$x \in \mathbb{Z}$ が $f(x) = (0+m\mathbb{Z}, 0+n\mathbb{Z})$ をみたしたとすると，$x \in m\mathbb{Z}$ かつ $x \in n\mathbb{Z}$ となる．m と n は互いに素なので，$x \in mn\mathbb{Z}$ である．これから，$\operatorname{Ker} f = mn\mathbb{Z}$ であることが分かる．

f に準同型定理を適用すると，群の同型

$$\mathbb{Z}/mn\mathbb{Z} \cong \operatorname{Im} f$$

を得る．$\operatorname{Im} f$ は $\mathbb{Z}/mn\mathbb{Z}$ と同型なので，mn 個の元からなる．一方，$\operatorname{Im} f$ は $\mathbb{Z}/m\mathbb{Z} \times \mathbb{Z}/n\mathbb{Z}$ の部分群であり，$\mathbb{Z}/m\mathbb{Z} \times \mathbb{Z}/n\mathbb{Z}$ は mn 個の元からなる．よって，$\operatorname{Im} f = \mathbb{Z}/m\mathbb{Z} \times \mathbb{Z}/n\mathbb{Z}$ であり，群の同型

$$\mathbb{Z}/mn\mathbb{Z} \cong \mathbb{Z}/m\mathbb{Z} \times \mathbb{Z}/n\mathbb{Z}$$

を得る． $\square$

注意 ここでは，$\mathbb{Z}/mn\mathbb{Z}$ と $\mathbb{Z}/m\mathbb{Z} \times \mathbb{Z}/n\mathbb{Z}$ が加法に関して群の同型になることをみた．4 章で，$\mathbb{Z}/m\mathbb{Z}$ には乗法も定義され環になることをみる．そして，$\mathbb{Z}/mn\mathbb{Z}$ と $\mathbb{Z}/m\mathbb{Z} \times \mathbb{Z}/n\mathbb{Z}$ は環として同型になる（5.4 節参照）．中国剰余定理の名前の由来も 5.4 節を参照してほしい．

今までは，2 つの群の直積を述べてきたが，r 個 $(r \geq 3)$ の群の直積も同様に定義できる．すなわち，$H_1, \ldots, H_r$ を群とするとき，

$$H_1 \times \cdots \times H_r = \{(h_1, \ldots, h_r) \mid h_1 \in H_1, \ldots, h_r \in H_r\}$$

とおく．$H_1, \ldots, H_r$ にそれぞれ定まっている演算を用いて，$H_1 \times \cdots \times H_r$ に演算を，$(h_1, \ldots, h_r), (h_1', \ldots, h_r') \in H_1 \times \cdots \times H_r$ に対して，

$$(h_1, \ldots, h_r)(h_1', \ldots, h_r') = (h_1 h_1', \ldots, h_r h_r')$$

で定める．この演算に関して，$H_1 \times \cdots \times H_r$ は群になる．証明は定理 3.1 と同様である．

この節の最後に，群の同型と直積について，簡単なことをまとめておく．

92 | 第 3 章 | **群の基礎（続き）**

補題 3.5 $H_1, \ldots, H_r, H_1', \ldots, H_r'$ を群とする.

(a) $H_1 \cong H_1', \ldots, H_r \cong H_r'$ ならば, $H_1 \times \cdots \times H_r \cong H_1' \times \cdots \times H_r'$ である.

(b) $H_1 \times H_2 \times \cdots \times H_r \cong H_1 \times (H_2 \times \cdots \times H_r)$ である.

(c) $\sigma \in S_r$ とする. このとき, $H_1 \times H_2 \times \cdots \times H_r \cong H_{\sigma(1)} \times H_{\sigma(2)} \times \cdots \times H_{\sigma(r)}$ である. 特に, $H_1 \times H_2 \cong H_2 \times H_1$ である.

証明 ほとんど明らかであろうが, 次のように証明すればよい.

(a) $H_i \cong H_i'$ なので, 群の同型写像 $f_i : H_i \to H_i'$ が存在する. このとき, $(h_1, \ldots, h_r) \in H_1 \times \cdots \times H_r$ に $(f_1(h_1), \ldots, f_r(h_r)) \in H_1' \times \cdots \times H_r'$ を対応させる写像 $H_1 \times \cdots \times H_r \to H_1' \times \cdots \times H_r'$ は, 群の同型写像になる. よって, 結論を得る.

(b) $(h_1, h_2, \ldots, h_r)$ に $(h_1, (h_2, \ldots, h_r))$ を対応させる群の同型写像によって, $H_1 \times H_2 \times \cdots \times H_r \to H_1 \times (H_2 \times \cdots \times H_r)$ は群の同型になる.

(c) $(h_1, h_2, \ldots, h_r)$ に $(h_{\sigma(1)}, h_{\sigma(2)}, \ldots, h_{\sigma(r)})$ を対応させる群の同型写像によって, $H_1 \times H_2 \times \cdots \times H_r$ と $H_{\sigma(1)} \times H_{\sigma(2)} \times \cdots \times H_{\sigma(r)}$ は群の同型になる. 後半は, $\sigma = (1\,2) \in S_2$ を考えればよい. □

系 3.6 （中国剰余定理（r 個の場合）） $r \geqq 2$ とし, $m_1, \ldots, m_r$ を互いに素な正の整数とする. $m = m_1 \cdots m_r$ とおく. このとき,

$$\mathbb{Z}/m\mathbb{Z} \cong \mathbb{Z}/m_1\mathbb{Z} \times \cdots \times \mathbb{Z}/m_r\mathbb{Z} \tag{3.2}$$

となる. ただし, $\mathbb{Z}/m\mathbb{Z}, \mathbb{Z}/m_1\mathbb{Z}, \ldots, \mathbb{Z}/m_r\mathbb{Z}$ は加法 $+$ に関する群である.

証明 m_1 と $m_2 \cdots m_r$ は互いに素なので, 2 個の場合の中国剰余定理より $\mathbb{Z}/m\mathbb{Z} \cong \mathbb{Z}/m_1\mathbb{Z} \times \mathbb{Z}/m_2 \cdots m_r\mathbb{Z}$ となる. r に関する帰納法によって,

$$\mathbb{Z}/m_2 \cdots m_r\mathbb{Z} \cong \mathbb{Z}/m_2\mathbb{Z} \times \cdots \times \mathbb{Z}/m_r\mathbb{Z}$$

である. よって, 補題 3.5 を用いて, (3.2) を得る. □

3.2 有限アーベル群の基本定理

$m_1, \ldots, m_n$ を正の整数とすれば, 剰余群 $\mathbb{Z}/m_i\mathbb{Z}$ の直積

$$\mathbb{Z}/m_1\mathbb{Z} \times \cdots \times \mathbb{Z}/m_n\mathbb{Z} \tag{3.3}$$

は有限アーベル群である.

この節では,逆に,有限アーベル群は (3.3) という形のものしかないという定理を証明する(正確な主張は,定理 3.9 と系 3.10 を参照).

本節では,以下,有限アーベル群 G の演算の記号として $\cdot$ のかわりに $+$ を用いる.さらに,以下の表の下欄のような記号を用いる.ただし,$x \in G, a \in \mathbb{Z}$ であり,H, K は G の部分群とする.

$\cdot$	1	x^{-1}	x^a	xH	HK
$+$	0	$-x$	ax	$x+H$	$H+K$

この記号のもとで,$x_1, \ldots, x_n \in G$ のとき,$x_1, \ldots, x_n$ で生成される G の部分群 $\langle x_1, \ldots, x_n \rangle$ は,

$$\langle x_1, \ldots, x_n \rangle = \left\{ \sum_{i=1}^{n} a_i x_i = a_1 x_1 + \cdots + a_n x_n \,\middle|\, a_1, \ldots, a_n \in \mathbb{Z} \right\}$$

と表せることに注意しよう(2.4.2 項参照).

定理 3.9 の証明のために,整数を成分とする行列についての補題を 1 つ証明する.記号(p.vii 参照)にあるように,整数 $a_1, \ldots, a_n$ の最大公約数を $\mathrm{GCD}(a_1, \ldots, a_n)$ で表す.

補題 3.7 n は正の整数,整数 $a_1, \ldots, a_n$ は $\mathrm{GCD}(a_1, \ldots, a_n) = 1$ をみたすとする.このとき,整数を成分とする n 次正方行列 A で $\det(A) = \pm 1$ であり[3],A の第 1 列が $^t(a_1, \ldots, a_n)$ となるものが存在する[4].

証明 n に関する帰納法で証明する.まず,$n = 1$ の場合を考える.$\mathrm{GCD}(a_1) = 1$ ということは,$a_1 = 1$ または $a_1 = -1$ である.よって,$A = (a_1)$ が適する.

以下,$n \geqq 2$ とする.$d = \mathrm{GCD}(a_2, \ldots, a_n)$ とし,$a_i = db_i$ $(i = 2, \ldots, n)$ とおく.このとき,帰納法の $n - 1$ の場合から,整数を成分とする $(n-1)$ 次正方行列 B で $\det(B) = \pm 1$ であり,B の第 1 列が $^t(b_2, \ldots, b_n)$ となるものが存在する.

3] $\det(A) = \pm 1$ は,「$\det(A) = 1$ または $\det(A) = -1$」を意味する.$n \geqq 2$ のときは,$\det(A) = 1$ ととってくることもできる.

4] p.vii の記法にあるように,^{t} は転置を表す.つまり,$^t(a_1, \ldots, a_n)$ は $a_1, \ldots, a_n$ が縦に並ぶ.

B から第 1 列を取り除いた $(n-1)$ 行 $(n-2)$ 列の行列を C とおく.

$\mathrm{GCD}(a_1,\ldots,a_n) = 1$ であるから,a_1 と d は互いに素である.したがって,ユークリッドの互除法より,$sa_1 + td = 1$ となる整数 s,t が存在する[5].整数成分の n 次正方行列 A を

$$A = \begin{pmatrix} a_1 & -t & 0 & \cdots & 0 \\ db_2 & sb_2 & & & \\ db_3 & sb_3 & & & \\ \vdots & \vdots & & C & \\ db_n & sb_n & & & \end{pmatrix}$$

で定める.A の第 1 列は ${}^t(a_1,\ldots,a_n)$ である.A の行列式を第 1 行に関して余因子展開して,

$$\det(A) = a_1 s \det(B) + td \det(B) = (sa_1 + td)\det(B) = \pm 1$$

を得る.よって,この A が求めるものである. $\square$

補題 3.8 n は正の整数,G は有限アーベル群で,$G = \langle x_1,\ldots,x_n \rangle$ とする.$a_1,\ldots,a_n \in \mathbb{Z}$ は $\mathrm{GCD}(a_1,\ldots,a_n) = 1$ をみたすとする.このとき,$G = \langle y_1,\ldots,y_n \rangle$ となる $y_1,\ldots,y_n \in G$ で,$y_1 = \sum_{i=1}^{n} a_i x_i$ であるものが存在する.

証明 成分が整数の n 次正方行列 A を,補題 3.7 のようにとる.$(y_1 \ldots y_n) := (x_1 \ldots x_n)A$ とおけば[6],$y_1 = \sum_{i=1}^{n} a_i x_i$ である.$\langle y_1,\ldots,y_n \rangle \subseteq \langle x_1,\ldots,x_n \rangle$ は明らかである.A は整数成分の行列で,$\det(A) = \pm 1$ であるから,A^{-1} も整数成分の行列である.このとき,$(x_1 \ldots x_n) = (y_1 \ldots y_n)A^{-1}$ となるから,$\langle x_1,\ldots,x_n \rangle \subseteq \langle y_1,\ldots,y_n \rangle$ となって,$G = \langle y_1,\ldots,y_n \rangle$ が成り立つ. $\square$

---

[5] 4.4 節でも,ユークリッドの互除法を説明する.

[6] A の (i,j) 成分を a_{ij} で表す.$(y_1 \ldots y_n) = (x_1 \ldots x_n)A$ は,正確に述べると,$j = 1,\ldots,n$ に対して,$y_j := \sum_{i=1}^{n} a_{ij} x_i$ と定めるという意味である.A^{-1} の (i,j) 成分を b_{ij} で表せば,$j = 1,\ldots,n$ に対して,

$$\sum_{\ell=1}^{n} b_{\ell j} y_\ell = \sum_{\ell=1}^{n} b_{\ell j} \left(\sum_{k=1}^{n} a_{k\ell} x_k \right) = \sum_{k=1}^{n} \left(\sum_{\ell=1}^{n} a_{k\ell} b_{\ell j} \right) x_k = x_j$$

となる.このことを省略して,以下では $(x_1 \ldots x_n) = (y_1 \ldots y_n)A^{-1}$ と書いている.

定理 3.9　（**有限アーベル群の基本定理**[7]）　有限アーベル群は，いくつかの巡回群の直積と同型である.

証明　G を有限アーベル群とする. G が $\{0\}$ のときは，G は零元 0 で生成される巡回群であるからよい. そこで，以下では $G \neq \{0\}$ とする. 正の整数 n を，G は n 個の元で生成されるが，どんな $n-1$ 個の元でも G は生成されないようにとる. すなわち，$G = \langle x_1, \ldots, x_n \rangle$ となる $x_1, \ldots, x_n \in G$ は存在するが，どんな $z_1, \ldots, z_{n-1} \in G$ に対しても，$G \neq \langle z_1, \ldots, z_{n-1} \rangle$ とする. さらに，$G = \langle x_1, \ldots, x_n \rangle$ をみたす $x_1, \ldots, x_n \in G$ のうち，x_1 の位数が最小になるものをとる. すなわち，$G = \langle x_1', \ldots, x_n' \rangle$ となる任意の $x_1', \ldots, x_n' \in G$ に対して，$\mathrm{ord}(x_1) \leq \mathrm{ord}(x_1')$ が成り立つように $x_1, \ldots, x_n \in G$ をとる.

$n = 1$ のときは，G は巡回群である. そこで，以下では $n \geq 2$ とする. $H = \langle x_2, \ldots, x_n \rangle$ とおく. n の取り方から，$H \neq G$ である. n に関する帰納法より，H はいくつかの巡回群の直積である.

$G \cong \langle x_1 \rangle \times H$ を示す. G はアーベル群なので，任意の部分群は正規部分群であることに注意すると（例 2.36 参照），命題 3.3 から，$\langle x_1 \rangle \cap H = \{0\}$ と $G = \langle x_1 \rangle + H$ を示せばよい.

$G = \langle x_1, \ldots, x_n \rangle$ と $H = \langle x_2, \ldots, x_n \rangle$ から，$G = \langle x_1 \rangle + H$ が成り立つのはよい. そこで，$\langle x_1 \rangle \cap H = \{0\}$ を示そう. $z \in \langle x_1 \rangle \cap H$ とする. このとき $z = b_1 x_1 = \sum_{i=2}^{n} b_i x_i$ となる $b_1, b_2, \ldots, b_n \in \mathbb{Z}$ がとれる.

背理法で示すために，$z \neq 0$ と仮定しよう. x_1 の位数を m とおく. b_1 を m で割った余りを b_1 と取り替えて，$0 \leq b_1 < m$ をみたすと仮定してもよい. $z \neq 0$ を仮定しているので，$b_1 \neq 0$ より $1 \leq b_1 < m$ となる. $d = \mathrm{GCD}(b_1, b_2, \ldots, b_n)$ とし，$a_i = b_i/d \, (i = 1, \ldots, n)$ とおく. $a_1, \ldots, a_n \in \mathbb{Z}$ であり，$\mathrm{GCD}(a_1, a_2, \ldots, a_n) = 1$ となる. このとき，$\mathrm{GCD}(a_1, -a_2, \ldots, -a_n) = 1$ である.

補題 3.8 から，$G = \langle y_1, \ldots, y_n \rangle$ となる $y_1, \ldots, y_n \in G$ で，$y_1 = a_1 x_1 - \sum_{i=2}^{n} a_i x_i$

---

　[7]　有限アーベル群の基本定理というと，通常は「有限アーベル群は，いくつかの素数べきの巡回群の直積と同型であり，直積の表示の一意性も成り立つ」（系 3.10 と p.97 注意 (a) 参照）という詳細な主張を指す. 本書では，「有限アーベル群は，いくつかの巡回群の直積と同型である」という主張を有限アーベル群の基本定理とよんでいる.

となるものが存在する. このとき, $dy_1 = b_1 x_1 - \sum_{i=2}^{n} b_i x_i = z - z = 0$ であり, $1 \leqq d \leqq b_1 < m$ である. したがって, G は n 個の元 $y_1, \ldots, y_n$ で生成されて, しかも y_1 の位数は x_1 の位数よりも小さい. これは, x_1 の位数の最小性に矛盾する. したがって, $z = 0$ であり, $\langle x_1 \rangle \cap H = \{0\}$ となる.

以上により, $G \cong \langle x_1 \rangle \times H$ であり, H はいくつかの巡回群の直積と同型である. したがって, G もいくつかの巡回群の直積と同型になる. $\qquad\square$

系 3.10 G を有限アーベル群とする. このとき, 素数 $p_1, p_2, \ldots, p_r$ (相異なるとは限らない) と正の整数 $e_1, e_2, \ldots, e_r$ が存在して,

$$G \cong (\mathbb{Z}/p_1^{e_1}\mathbb{Z}) \times (\mathbb{Z}/p_2^{e_2}\mathbb{Z}) \times \cdots \times (\mathbb{Z}/p_r^{e_r}\mathbb{Z}) \tag{3.4}$$

が成り立つ. ただし, $G = \{0\}$ のときは, $r = 0$ とみなす.

証明 定理 3.9 より, $x_1, \ldots, x_n \in G$ が存在して,

$$G \cong \langle x_1 \rangle \times \langle x_2 \rangle \times \cdots \times \langle x_n \rangle$$

となる. x_i の位数を m_i とおけば, 命題 2.64 より, $\langle x_i \rangle \cong \mathbb{Z}/m_i\mathbb{Z}$ である. よって, 例題 2.58 と補題 3.5 を用いて,

$$G \cong (\mathbb{Z}/m_1\mathbb{Z}) \times (\mathbb{Z}/m_2\mathbb{Z}) \times \cdots \times (\mathbb{Z}/m_n\mathbb{Z}) \tag{3.5}$$

となる. m_i を素因数分解して, $m_i = p_{i_1}^{e_{i_1}} \cdots p_{i_{r_i}}^{e_{i_{r_i}}}$ ($p_{i_1}, \ldots, p_{i_{r_i}}$ は相異なる素数で, $e_{i_1}, \ldots, e_{i_{r_i}}$ は正の整数) と表す. このとき, 中国剰余定理 (系 3.6) より

$$\mathbb{Z}/m_i\mathbb{Z} \cong (\mathbb{Z}/p_{i_1}^{e_{i_1}}\mathbb{Z}) \times (\mathbb{Z}/p_{i_2}^{e_{i_2}}\mathbb{Z}) \times \cdots \times (\mathbb{Z}/p_{i_r}^{e_{i_{r_i}}}\mathbb{Z}) \tag{3.6}$$

である. (3.6) を (3.5) に代入して, 系を得る. $\qquad\square$

例 3.11 G を位数が 8 のアーベル群とする. (3.4) において, $p_1^{e_1} \cdots p_r^{e_r} = 8$ となるような $r \geqq 1$ と素数 $p_1, p_2, \ldots, p_r$ と正の整数 $e_1, e_2, \ldots, e_r$ の組を考えると, 位数が 8 のアーベル群は,

$$\mathbb{Z}/8\mathbb{Z}, \quad \mathbb{Z}/2\mathbb{Z} \times \mathbb{Z}/4\mathbb{Z}, \quad \mathbb{Z}/2\mathbb{Z} \times \mathbb{Z}/2\mathbb{Z} \times \mathbb{Z}/2\mathbb{Z} \tag{3.7}$$

のいずれかと同型であることが分かる.

ところで，$\mathbb{Z}/8\mathbb{Z}$ には位数 8 の元が存在するが，他の 2 つの群には位数 8 の元は存在しない．$\mathbb{Z}/2\mathbb{Z} \times \mathbb{Z}/4\mathbb{Z}$ には位数 4 の元が存在するが，$\mathbb{Z}/2\mathbb{Z} \times \mathbb{Z}/2\mathbb{Z}$ には位数 4 の元は存在しない．したがって，命題 2.57(c) より，(3.7) の 3 つの群は互いに同型ではないことが分かる．

以上をまとめると，位数が 8 のアーベル群は，同型なものは同じとみなすと，ちょうど 3 つあり (3.7) で与えられる．

注意 (a) $p_1, \ldots, p_r, q_1, \ldots, q_s$ は素数，$e_1, \ldots, e_r, f_1, \ldots, f_s$ は正の整数とする．このとき，アーベル群 $(\mathbb{Z}/p_1^{e_1}\mathbb{Z}) \times \cdots \times (\mathbb{Z}/p_r^{e_r}\mathbb{Z})$ と $(\mathbb{Z}/q_1^{f_1}\mathbb{Z}) \times \cdots \times (\mathbb{Z}/q_s^{f_s}\mathbb{Z})$ が群の同型であれば，$r = s$ であり，$p_1^{e_1}, \ldots, p_r^{e_r}$ を並び替えると $q_1^{f_1}, \ldots, q_s^{f_s}$ になる．いいかえれば，順番の並び替えの違いを除いて，(3.4) の表示は一意的である．本書ではこのことを証明しないが，例 3.11 で (3.7) の 3 つの群は互いに同型でないことを示したのと同様の考え方で証明することができる．

(b) G を有限アーベル群とする．G を (3.4) と表示する以外に，もう 1 つよく使われる表示がある．例えば，

$$G = \mathbb{Z}/2\mathbb{Z} \times \mathbb{Z}/2\mathbb{Z} \times \mathbb{Z}/2^2\mathbb{Z} \times \mathbb{Z}/3^2\mathbb{Z} \times \mathbb{Z}/3^2\mathbb{Z} \times \mathbb{Z}/5\mathbb{Z}$$

を (3.4) の表示とする．$\mathbb{Z}/2^2\mathbb{Z} \times \mathbb{Z}/3^2\mathbb{Z} \times \mathbb{Z}/5\mathbb{Z} \cong \mathbb{Z}/2^2 \cdot 3^2 \cdot 5\mathbb{Z}$ に注意して，

$$G \cong (\mathbb{Z}/2\mathbb{Z} \times \mathbb{Z}/2\mathbb{Z} \times \mathbb{Z}/3^2\mathbb{Z}) \times (\mathbb{Z}/2^2 \cdot 3^2 \cdot 5\mathbb{Z})$$

と表す．次に $\mathbb{Z}/2\mathbb{Z} \times \mathbb{Z}/3^2\mathbb{Z} \cong \mathbb{Z}/2 \cdot 3^2\mathbb{Z}$ に注意して，

$$G \cong \mathbb{Z}/2\mathbb{Z} \times (\mathbb{Z}/2 \cdot 3^2\mathbb{Z}) \times (\mathbb{Z}/2^2 \cdot 3^2 \cdot 5\mathbb{Z})$$

と表す．ここで，$n_1 = 2, n_2 = 2 \cdot 3^2, n_3 = 2^2 \cdot 3^2 \cdot 5$ とおけば，$G \cong \mathbb{Z}/n_1\mathbb{Z} \times \mathbb{Z}/n_2\mathbb{Z} \times \mathbb{Z}/n_3\mathbb{Z}$ で，$n_1 \mid n_2$ かつ $n_2 \mid n_3$ という表示を得る．同様に考えると，有限アーベル群 G に対して，2 以上の整数 $n_1, n_2, \ldots, n_s$ で，$n_i \mid n_{i+1}$ $(i = 1, \ldots, s-1)$ となるものが存在して，$G \cong \mathbb{Z}/n_1\mathbb{Z} \times \mathbb{Z}/n_2\mathbb{Z} \times \cdots \times \mathbb{Z}/n_s\mathbb{Z}$ という表示があることが分かる（ただし，$G = \{0\}$ のときは $s = 0$ とみなす）．このような $n_1, \ldots, n_s$ も G から一意的に定まる（例えば，(a) で述べたように，(3.4) の表示が一意的であることから従う）．

3.3 群の集合への作用

本節では，群の集合への作用の定義をして，その基本的な性質をみる．さらに，応用として，ある種の数え上げ問題を考える．次節では，群 G を G 自身に共役

98 | 第 3 章 | **群の基礎（続き）**

として作用させることで，G の性質を調べられることをみる．

3.3.1 群の作用の定義

作用の定義からはじめよう．

定義 3.12（作用） G を群，X を空でない集合とする．G の任意の元 g と X の任意の元 x に対して X の元 y が（g と x に応じて）定まっているとする．この y を $g \cdot x$ で表すことにする．いいかえると，$G \times X$ から X への写像

$$G \times X \to X, \quad (g,x) \mapsto g \cdot x$$

が与えられているとする．次の 2 つの条件をみたすとき，G は X に**作用する**という．

  (i) G の任意の元 g, h と X の任意の元 x に対して，$(gh) \cdot x = g \cdot (h \cdot x)$ が成り立つ．

  (ii) 任意の $x \in X$ に対して，$1 \cdot x = x$ が成り立つ．

注意 定義 3.12 は，正確には群 G の集合 X への左からの作用である．写像 $X \times G \to X$ $((x, g) \mapsto x \cdot g)$ が定まっていて，条件 (i) を $x \cdot (gh) = x \cdot (g \cdot h)$ に，条件 (ii) を $x \cdot 1 = x$ に変えたものが成り立つとき，G は X に**右から作用する**という．本書では，左からの作用しか考えないので，左からの作用を単に作用とよんでいる．

例 3.13 n 次対称群 S_n は n 文字からなる集合 $\{1, 2, \ldots, n\}$ に作用することをみる．$\sigma \in S_n$ と $k \in \{1, 2, \ldots, n\}$ に対し，

$$\sigma \cdot k := \sigma(k) \tag{3.8}$$

とおく．$\sigma, \tau \in S_n$ に対し，$(\sigma\tau)(k) = \sigma(\tau(k))$ であるから，$(\sigma\tau) \cdot k = \sigma \cdot (\tau \cdot k)$ が成り立つ．また，恒等置換 e が S_n の単位元であり，$e(k) = k$ であるから，$e \cdot k = k$ が成り立つ．よって，(3.8) によって，S_n は $\{1, 2, \ldots, n\}$ に作用する．

例 3.14 $K = \mathbb{R}$ または $\mathbb{C}$ とする[8]．一般線形群 $\mathrm{GL}_n(K)$ が数ベクトル空間 K^n に作用することをみる．$P \in \mathrm{GL}_n(K)$ と $v \in K^n$ に対し，

8] 一般に，K は体でよい．体の定義は 4.1 節で述べるので，そのときに確認してほしい．

$$P \cdot v := Pv \tag{3.9}$$

とおく（右辺は，通常の行列の積である）．$P, Q \in \mathrm{GL}_n(K)$ に対し，$(PQ)v = P(Qv)$ であるから，$(P \cdot Q) \cdot v = P \cdot (Q \cdot v)$ が成り立つ．また，単位行列 E_n が $\mathrm{GL}_n(K)$ の単位元であり，$E_n v = v$ であるから，$E_n \cdot v = v$ が成り立つ．よって，(3.9) によって，$\mathrm{GL}_n(K)$ は K^n に作用する．

3.3.2 軌道，固定部分群（安定部分群，等方部分群）

群 G が集合 X に作用しているとする．このとき，X の元 x に G のさまざま元を作用させると X のどのような部分集合ができるか，また，x を動かさないような G の元がどのくらいあるかは基本的な問いだろう．

定義 3.15（G 軌道） $x \in X$ の**軌道**，G **軌道**（G–orbit）を
$$O(x) := \{g \cdot x \mid g \in G\}$$
で定義する．

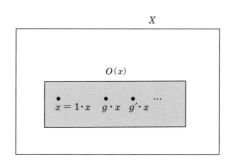

補題 3.16 群 G が空でない集合 X に作用しているとする．
(a) X 上の関係 $\sim$ を，$x, y \in X$ に対して，
$$x \sim y \quad \overset{\mathrm{def}}{\Longleftrightarrow} \quad y \in O(x)$$
として定める．このとき，$\sim$ は同値関係になる．
(b) (a) の同値関係 $\sim$ に関する x の同値類は，G 軌道 $O(x)$ である．
(c) $y \in O(x)$ ならば，$O(x) = O(y)$ である．

証明 (a) 関係 ～ が，反射律，対称律，推移律をみたすことを確かめればよい．

まず $1 \cdot x = x$ なので $x \in O(x)$ である．よって，$x \sim x$ となり，反射律が成り立つ．

次に，$x \sim y$ とすると，$y \in O(x)$ だから $y = g \cdot x$ となる $g \in G$ が存在する．この両辺に g^{-1} を作用させると，作用の定義から，

$$g^{-1} \cdot y = g^{-1} \cdot (g \cdot x) = (g^{-1}g) \cdot x = 1 \cdot x = x$$

となる．したがって，$x = g^{-1} \cdot y$ となるから，$x \in O(y)$ となる．すなわち，$y \sim x$ となるので対称律が成り立つ．

最後に，$x \sim y$ かつ $y \sim z$ とすると，$y \in O(x), z \in O(y)$ であるから，$y = g \cdot x$，$z = h \cdot y$ となる $g, h \in G$ が存在する．このとき，

$$z = h \cdot y = h \cdot (g \cdot x) = (hg) \cdot x$$

となるから，$z \in O(x)$ となる．よって，$x \sim z$ となるので，推移律も成り立つ．

以上により，関係 ～ は同値関係になる．

(b) $x \in X$ の同値類 $[x]$ は，定義から $[x] = \{y \in X \mid x \sim y\}$ であり，これは x の G 軌道 $O(x)$ に他ならない．

(c) 1.3 節の同値関係でみたように，2 つの同値類はまったく同じであるか，または共通部分をもたない．よって，G 軌道 $O(x)$ と $O(y)$ は一致するか $O(x) \cap O(y) = \varnothing$ である．いま仮定より，$y \in O(x)$ なので，$O(x)$ と $O(y)$ は共通の元 y をもつ．よって，$O(x) = O(y)$ が成り立つ．□

補題 3.16 の証明ででてきた

$$y = g \cdot x \text{ ならば，} x = g^{-1} \cdot y \tag{3.10}$$

は以下でもよく用いる．

1.3 節の同値関係のところでみたように，集合 S 上の同値関係 ～ が与えられると，S は互いに共通部分をもたない同値類の和集合として表される．したがって，群 G が集合 X に作用しているとき，X は互いに共通部分をもたない G 軌道の和集合として表される．

G 軌道が有限個のときを考える．G 軌道全体を $O_1, \ldots, O_N$ （N は正の整数）とおく．各 O_i は G 軌道であるから，X の元 x_i が存在して，$O_i = O(x_i)$ と表さ

れる．このとき，
$$X = O(x_1) \amalg O(x_2) \amalg \cdots \amalg O(x_N) \tag{3.11}$$
と，互いに共通部分のない G 軌道の和集合として表される（式 (1.9) と式 (1.11) 参照）．

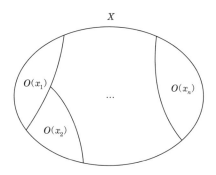

一般には，G 軌道の個数は全部で無数にあるかもしれない．このときは，集合 Λ を（Λ は無限集合かもしれない），Λ の各元 λ に，X の G 軌道 O_λ がちょうど対応しているようにとる[9]．すなわち，G 軌道全体は $(O_\lambda)_{\lambda \in \Lambda}$ と表されているとする．各 O_λ は G 軌道であるから，X の元 x_λ が存在して，$O_\lambda = O(x_\lambda)$ と表される．このとき，
$$X = \coprod_{\lambda \in \Lambda} O(x_\lambda) \tag{3.12}$$
となる（式 (1.10) と式 (1.12) 参照）．

例えば，G 軌道の個数が N 個（N は正の整数）のときには，$\Lambda = \{1, \ldots, N\}$ とおけばよいから，(3.11) は (3.12) の特別な場合である．(3.12) を，G の作用に関する X の**軌道分解**という．

定義 3.17（作用が推移的） 群 G が空でない集合 X に作用しているとする．G の作用に関する X の軌道分解がただ 1 つであるとき，G は X に**推移的**に作用するという．いいかえれば，G の X への作用が推移的であるとは，任意の $x, y \in X$ に対して，$y = g \cdot x$ となる $g \in G$ が存在することである（補題 3.16 参照）．

9] p.18 の脚注 9] と p.19 の脚注 11] を参照してほしい．

102　第 3 章｜**群の基礎（続き）**

例 3.18　例 3.13 の記号を用いる．S_n の作用に関する $X = \{1, 2, \ldots, n\}$ の軌道分解を考えよう．任意の $2 \leqq i \leqq n$ に対して，互換 $\sigma = (1\ i)$ を考えると，$\sigma \cdot 1 := \sigma(1) = i$ となる．よって，任意の $2 \leqq i \leqq n$ は 1 の S_n 軌道 $O(1)$ に含まれる．また，$1 \in O(1)$ である．よって，S_n の作用に関する X の軌道は，ただ 1 つ $O(1)$ であり，$X = O(1)$ が軌道分解になる．なお，任意の $2 \leqq i \leqq n$ に対して，$O(1) = O(i)$ である．S_n の X への作用は推移的である．

例 3.19　例 3.14 の記号を用いる．$\mathrm{GL}_n(K)$ の作用に関する K^n の軌道分解を考えよう．$e_1 = {}^t(1, 0, \ldots, 0) \in K^n$ を基本ベクトルとする．

$0 \in K^n$ は，任意の $P \in \mathrm{GL}_n(K)$ に対して，$P \cdot 0 := P0 = 0$ であるから，0 の $\mathrm{GL}_n(K)$ 軌道 $O(0)$ は $\{0\}$ である．

一方，$v \in K^n$ を 0 でない任意の元とすると，$v_2, \ldots, v_n \in K^n$ が存在して，$v, v_2, \ldots, v_n$ が K^n の基底になるようにできる．このとき，$v, v_2, \ldots, v_n$ を列ベクトルとする n 次正方行列 P を考えると，$P \in \mathrm{GL}_n(K)$ であり，$P \cdot e_1 := Pe_1 = v$ となる．よって，0 でない K^n の任意の元は e_1 の $\mathrm{GL}_n(K)$ 軌道 $O(e_1)$ に含まれる．よって，$O(e_1) = K^n \setminus \{0\}$ となる．

したがって，$K^n = O(e_1) \amalg O(0)$ が軌道分解になる．ここで，$O(e_1) = K^n \setminus \{0\}$ であり，0 でない任意の $v \in K^n$ に対して，$O(v) = O(e_1)$ である．軌道が 2 つあるので，$\mathrm{GL}_n(K)$ の K^n への作用は推移的ではない．

定義 3.20（**固定部分群（安定部分群，等方部分群）**）　群 G が空でない集合 X に作用しているとき，$x \in X$ の固定部分群（安定部分群，等方部分群ともいう）を

$$G_x = \{g \in G \mid g \cdot x = x\}$$

で定義する．

補題 3.21　(a) G_x は（固定部分群という名前の通り）G の部分群である．

(b) $x, y \in X,\ h \in G$ とする．このとき，$y = h \cdot x$ ならば，$G_y = hG_xh^{-1}$ が成り立つ．特に，$|G_y| = |G_x|$ となる．

証明　(a) 作用の定義から $1 \cdot x = x$ だから，$1 \in G_x$ である．よって，G_x は空集合ではない．$g, g' \in G_x$ とすると，$g \cdot x = x$，$g' \cdot x = x$ だから，作用の定義から，

$$(gg') \cdot x = g \cdot (g' \cdot x) = g \cdot x = x$$

となる．よって，$gg' \in G_x$ である．さらに，(3.10) より，$x = g \cdot x$ ならば $g^{-1} \cdot x = x$ であるから，$g^{-1} \in G_x$ である．したがって，定義 2.26 より，G_x は G の部分群である．

(b) (3.10) より，$y = h \cdot x$ のとき，$h^{-1} \cdot y = x$ である．$g \in G_x$ とすれば，作用の定義より，

$$(hgh^{-1}) \cdot y = (hg) \cdot (h^{-1} \cdot y) = (hg) \cdot x = h \cdot (g \cdot x) = h \cdot x = y$$

となる．よって，$hgh^{-1} \in G_y$ となるので，$hG_xh^{-1} \subseteq G_y$ である．

$x = h^{-1} \cdot y$ なので，x と y の役割を入れ替え，h を h^{-1} に変えて，上と同じ議論をすると，$h^{-1}G_y(h^{-1})^{-1} \subseteq G_x$ を得る．すなわち，$h^{-1}G_yh \subseteq G_x$ である．h を左から h^{-1} を右からかけて，$G_y \subseteq hG_xh^{-1}$ を得る．よって，$G_y = hG_xh^{-1}$ が成立する．特に，補題 2.32 から $|G_y| = |G_x|$ である． □

例 3.22 例 3.13，例 3.18 の記号を用いる．$G = S_n$ の $X = \{1, 2, \ldots, n\}$ への作用について，文字 1 の固定部分群 G_1 は

$$G_1 = \{\sigma \in S_n \mid \sigma(1) = 1\}$$

である．G_1 は $(n-1)$ 文字の集合 $\{2, \ldots, n\}$ のなす置換全体のなす群なので，$(n-1)$ 次対称群 S_{n-1} に同型である．なお，1 の G 軌道 $O(1)$ は X であり，$|O(1)| = n$，$[G : G_1] = |G|/|G_1| = n!/(n-1)! = n$ なので，

$$|O(1)| = [G : G_1]$$

が成り立つ．この等式は，命題 3.24 でみるように，一般的な状況で成り立つ．

例 3.23 例 3.14，例 3.19 の記号を用いる．$G = \mathrm{GL}_n(K)$ の K^n への作用について，基本ベクトル $e_1 = {}^t(1, 0, \ldots, 0)$ の固定部分群は

$$G_{e_1} = \{P \in \mathrm{GL}_n(K) \mid Pe_1 = e_1\}$$

である．すなわち，G_{e_1} は第 1 列が e_1 である正則行列全体のなす G の部分群である．

104　第 3 章｜群の基礎（続き）

　群 G が集合 X に作用するとき，G 軌道 $O(x)$ と，固定部分群 G_x という 2 つ
の基本的な概念を導入した．次の命題はこれらの間の関係を与える．

命題 3.24　（軌道と固定部分群の関係）群 G が空でない集合 X に作用している
とき，任意の $x \in X$ に対して，

$$|O(x)| = [G : G_x]$$

が成り立つ（ここで，$[G : G_x] = |G/G_x|$ は，定義 2.38 で定めた G の G_x におけ
る指数である）．特に G が有限群のときは，$|O(x)|$ は G の位数 $|G|$ の約数であ
り，$|G| = |O(x)| \, |G_x|$ が成り立つ．

証明　$x \in X$ を任意に与えられた元とし，以下 x を固定する．写像

$$\psi : G \to O(x), \quad g \mapsto g \cdot x$$

を考える．ψ は全射である．

　左剰余類 G/G_x の任意の元 A を考える．A は G の G_x に関する左剰余類なの
で，G の部分集合である．A の ψ による像 $\psi(A) = \{\psi(a) \mid a \in A\}$ を考えよう．
左剰余類 A の代表元 $g \in G$ をとれば，$A = gG_x$ となる．また，A の任意の元 a
は $a = gh \, (h \in G_x)$ と表せる．すると，

$$\psi(a) = \psi(gh) = (gh) \cdot x = g \cdot (h \cdot x) = g \cdot x = \psi(g)$$

なので，$\psi(A)$ は 1 つの元からなる集合 $\{\psi(g)\}$ である．

　したがって，G/G_x の元 $A = gG_x$ に，$\psi(A)$ が定める元 $\psi(g) \in O(x)$ を対応さ
せることで，写像

$$\overline{\psi} : G/G_x \to O(x)$$

を得る．ψ は全射であるから，$\overline{\psi}$ も全射である．

　$\overline{\psi}$ が単射であることを示そう．G/G_x の元 A_1, A_2 が $\overline{\psi}(A_1) = \overline{\psi}(A_2)$ をみたすと
する．左剰余類 A_1, A_2 の代表元 $g_1, g_2 \in G$ をそれぞれとれば，$A_1 = g_1 G_x$, $A_2 = g_2 G_x$ であり，$\overline{\psi}$ の定義から $\psi(g_1) = \psi(g_2)$ となる．したがって，$g_1 \cdot x = g_2 \cdot x$ で
ある．このとき，$h = g_2^{-1} g_1$ とおけば，

$$h \cdot x = (g_2^{-1} g_1) \cdot x = g_2^{-1} \cdot (g_1 \cdot x) = g_2^{-1} \cdot (g_2 \cdot x) = (g_2^{-1} g_2) \cdot x = 1 \cdot x = x$$

となるので, $h \in G_x$ が分かる. よって, $g_1 = g_2 h$ となるので, $A_1 = g_1 G_x = g_2 G_x = A_2$ を得る. 以上により, $\overline{\psi}$ は単射である.

したがって, 集合 G/G_x と $O(x)$ との間に全単射 $\overline{\psi}$ が存在するので, $|O(x)| = [G : G_x]$ となる.

G が有限群のときには, ラグランジュの定理(定理 2.40)より, $|G| = |G_x|\,[G : G_x]$ であるから, $|G| = |O(x)||G_x|$ となる. $|O(x)|$ も $|G_x|$ も正の整数なので, $|O(x)|$ は $|G|$ の約数である. $\qquad\square$

$\boxed{\text{問題 3.1}}$ p を素数とし, 位数 p の群 G が空でない有限集合 X に作用しているとする. $|X|$ が p の倍数でないとき, $x \in X$ で $|O(x)| = 1$(すなわち, 任意の $g \in G$ に対して, $g \cdot x = x$)となるものが存在することを示せ.

3.3.3 バーンサイドの補題(コーシー–フロベニウスの補題)と数え上げ

定理 3.25 (バーンサイドの補題, コーシー–フロベニウスの補題[10]) G は有限群, X は空でない有限集合とし, G が X に作用しているとする. G 軌道の個数を N とおくとき,

$$N = \frac{1}{|G|} \sum_{g \in G} |\mathrm{Fix}(g)|$$

が成り立つ. ここで, $\mathrm{Fix}(g) = \{x \in X \mid g \cdot x = x\}$ は g で固定される X の元全体のなす集合である.

証明 直積集合 $G \times X$ の元 (g, x) で $g \cdot x = x$ をみたすもの全体

$$S = \{(g, x) \in G \times X \mid g \cdot x = x\}$$

を考え, $|S|$ を 2 通りに計算する.

1 つ目の計算では, $g \in G$ を固定したときの $|\{x \in X \mid g \cdot x = x\}|$ を数え, それから, g を G の中で動かして和をとる. $|\{x \in X \mid g \cdot x = x\}|$ は g で固定される

10] バーンサイドの補題は, バーンサイドの本 "The Theory of Groups of Finite Order" の第 1 版(1897 年)に "The formula just obtained is the first of a series of similar formulae, due to Herr Frobenius, which are capable of many useful applications." と書いてあるように, フロベニウス(1887 年)によって証明された. その特別な場合はコーシーによって証明されている. バーンサイドの補題は, コーシー–フロベニウスの補題ともよばれる.

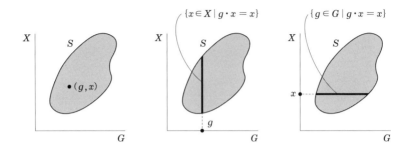

X の元の個数であるから $|\mathrm{Fix}(g)|$ に他ならない．よって，

$$|S| = \sum_{g \in G} |\mathrm{Fix}(g)| \tag{3.13}$$

となる．

2つ目の計算では，$x \in X$ を固定したときの $|\{g \in G \mid g \cdot x = x\}|$ を数え，それから，x を X の中で動かして和をとる．$\{g \in G \mid g \cdot x = x\} = G_x$ であるから，

$$|S| = \sum_{x \in X} |G_x| \tag{3.14}$$

となる．

G 軌道が全部で N 個あるので，それらは適当な $x_1, \ldots, x_N \in X$ を用いて，$O(x_1), \ldots, O(x_N)$ と表される．このとき，$X = O(x_1) \amalg \cdots \amalg O(x_N)$ となり，$x \in O(x_i)$ ならば $|G_x| = |G_{x_i}|$ である（補題 3.21 参照）．したがって，

$$\begin{aligned}\sum_{x \in X} |G_x| &= \sum_{i=1}^{N} \sum_{x \in O(x_i)} |G_x| = \sum_{i=1}^{N} \sum_{x \in O(x_i)} |G_{x_i}| \\ &= \sum_{i=1}^{N} |O(x_i)| |G_{x_i}| = \sum_{i=1}^{N} |G| = N|G|\end{aligned} \tag{3.15}$$

を得る．ここで，最後から 2 つ目の等式では，命題 3.24 の等式 $|O(x_i)||G_{x_i}| = |G|$ を用いた．

(3.13), (3.14), (3.15) を合わせて，

$$\sum_{g \in G} |\mathrm{Fix}(g)| = |S| = \sum_{x \in X} |G_x| = N|G|$$

となるから，定理を得る． □

バーンサイドの補題（コーシー–フロベニウスの補題）を使って，数え上げ問題を解こう．

例 3.26 赤，白，黄など k 色のペンキがある．下図のような $1 \times n$ マスの正方形の盤がある．各マスにペンキを塗るとき，何通りの塗り方があるか．ただし，各マスには同色のペンキを塗るとする（つまり，1つのマスを2つに分割して赤と白を塗るようなことはしない）．また，盤を $180°$ 回転させて一致するものは同じ塗り方とする．

この問題に，群とその群が作用する集合を上手に設定して，バーンサイドの補題を使おう．まず，$g = \begin{pmatrix} 1 & 2 & \cdots & n-1 & n \\ n & n-1 & \cdots & 2 & 1 \end{pmatrix} \in S_n$ とおいて，群 $G = \{e, g\}$ を考える．ここで $e \in S_n$ は恒等置換である．$g^2 = e$ だから，G は確かに群になっている．

次に，赤に 1，白に 2 などを対応させて，$C = \{1, 2, \ldots, k\}$ をペンキ k 色のなす集合と同一視する．そして，集合 X を
$$X := C^n = \{(c_1, c_2, \ldots, c_n) \mid c_1, c_2, \ldots, c_n \in C\}$$
とおく．X の元 $x = (c_1, c_2, \ldots, c_n)$ は，$1 \times n$ マスの盤に左から $c_1, c_2 \ldots, c_n$ の色を塗った状態を表している．

G の X への作用を，$e \cdot (c_1, c_2, \ldots, c_{n-1}, c_n) = (c_1, c_2, \ldots, c_{n-1}, c_n)$，$g \cdot (c_1, c_2, \ldots, c_{n-1}, c_n) = (c_n, c_{n-1}, \ldots, c_2, c_1)$ で定める．x と $g \cdot x$ は同じ塗り方と数えることに注意すると，異なる塗り方の総数 N は，G 軌道の個数に等しい．

定理 3.25 を用いて，G 軌道の個数 N を求めよう．X の任意の元 x に対して，$e \cdot x = x$ であるから，$|\mathrm{Fix}(e)| = |X| = k^n$ である．一方，$g \cdot x = x$ となるような $x = (c_1, c_2, \ldots, c_{n-1}, c_n)$ は $c_1 = c_n$，$c_2 = c_{n-1}$，$\ldots$ をみたすものであるから，n が偶数のときは，$|\mathrm{Fix}(g)| = k^{n/2}$ であり，n が奇数のときは，$|\mathrm{Fix}(g)| = k^{(n+1)/2}$ である．したがって，

$$N = \begin{cases} \dfrac{1}{2}\left(k^n + k^{n/2}\right) & (n \text{ が偶数のとき}) \\ \dfrac{1}{2}\left(k^n + k^{(n+1)/2}\right) & (n \text{ が奇数のとき}) \end{cases}$$

を得る．

例 3.26 であれば，バーンサイドの補題（コーシー–フロベニウスの補題）を用いなくても簡単に数え上げられる．次の例題になると，素朴に数え上げる方法ではかなり大変になると思う．

例題 3.27　エメラルド，ルビー，サファイアなど k 種類の宝石がある．下図のようなネックレスを考える．6 つの小さい丸の部分に宝石を付けるとき，何通りの付け方があるか．ただし，それぞれの種類の宝石はたくさんあるとし，同じ種類の宝石は区別しないとする．また，回転して一致するものとひっくり返して回転して一致するものは同じ宝石の付け方とする．

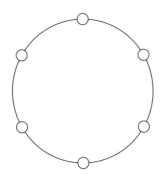

解答　作用させる群としては，2 面体群 D_{12} を考える．原点を中心とする正 6 角形 $A_1A_2A_3A_4A_5A_6$ を考え，正 6 角形の頂点にネックレスの小さい丸の部分を重ね合わせる．

エメラルドに 1，ルビーに 2 などを対応させて，$C = \{1, 2, \ldots, k\}$ を k 種類の宝石の集合と同一視する．そして，集合 X を

$$X := C^6 = \{(c_1, c_2, \ldots, c_6) \mid c_1, c_2, \ldots, c_6 \in C\}$$

とおく．X の元 $x = (c_1, c_2, \ldots, c_6)$ は，頂点 $A_1, A_2, \ldots, A_6$ にある部分にそれぞれ $c_1, c_2, \ldots, c_6$ の宝石を付けた配置を表している．

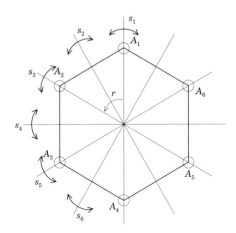

原点中心の（反時計回りの）$2\pi/6$ 回転を r とおく．また，図のように，原点を通る直線に関する対称変換を $s_1, s_2, \ldots, s_6$ とおく．このとき，

$$D_{12} = \{e, r, \ldots, r^5, s_1, s_2, \ldots, s_6\}$$

である．ここで，$e = r^0$ は 0 回転である．

g を D_{12} の元，$x = (c_1, c_2, \ldots, c_6)$ を X の元とする．$g \cdot x \in X$ を次のように定める．g が正 6 角形の頂点 A_i を A_j の位置に移すとき，$g \cdot x$ の第 j 成分の元は c_i とする．例えば，$2\pi/6$ 回転 r は A_1 を A_2 の位置に移すので，$r \cdot x$ の第 2 成分は c_1 であり，他の成分も同様に考えると，$r \cdot x = (c_6, c_1, \ldots, c_5)$ である．このとき，G は X に作用し，求める宝石の付け方の個数 N は G 軌道の個数に等しい．

定理 3.25 を用いて，G 軌道の個数 N を求めよう．X の任意の元 x に対して，$e \cdot x = x$ であるから，$|\mathrm{Fix}(e)| = |X| = k^6$ である．一方，$r \cdot x = x$ となるような $x = (c_1, c_2, \ldots, c_6) \in X$ は $c_1 = c_2 = \cdots = c_6$ をみたすものであるから，$|\mathrm{Fix}(r)| = k$ である．また $r^2 \cdot x = x$ となるような $x \in X$ は $c_1 = c_3 = c_5$ かつ $c_2 = c_4 = c_6$ をみたすものであるから，$|\mathrm{Fix}(r^2)| = k^2$ である．同様に考えて，

$$|\mathrm{Fix}(r^3)| = k^3, \quad |\mathrm{Fix}(r^4)| = k^2, \quad |\mathrm{Fix}(r^5)| = k$$

となる．

次に，$s_1 \cdot x = (c_1, c_6, c_5, c_4, c_3, c_2)$ なので，$s_1 \cdot x = x$ となるような $x \in X$ は，$c_2 = c_6$ かつ $c_3 = c_5$ をみたすものである．よって，$|\mathrm{Fix}(s_1)| = k^4$ になる．また，

110 | 第 3 章 | **群の基礎（続き）**

$s_2 \cdot x = (c_2, c_1, c_6, c_5, c_4, c_3)$ なので，$s_2 \cdot x = x$ となるような $x \in X$ は，$c_1 = c_2$ かつ $c_3 = c_6$ かつ $c_4 = c_5$ をみたすものである．よって，$|\mathrm{Fix}(s_1)| = k^3$ になる．同様に考えて，

$$|\mathrm{Fix}(s_3)| = |\mathrm{Fix}(s_5)| = k^4, \quad |\mathrm{Fix}(s_4)| = |\mathrm{Fix}(s_6)| = k^3$$

となる．以上により，

$$N = \frac{1}{12}\left(k^6 + 3k^4 + 4k^3 + 2k^2 + 2k\right)$$

である． □

問題 3.2 例題 3.27 と同じネックレスを考える．今度は，エメラルドが 2 つ，ルビーが 2 つ，サファイアが 2 つあり，これらの宝石を小さい丸の部分につける．このとき，何通りの宝石の付け方があるか．ただし，付け方の数え方は例題 3.27 と同じとする．

3.4 群 G の G 自身への共役としての作用

群 G の性質を調べるときの非常に有効な方法の 1 つに，群 G が作用するような集合 X を上手に選んで，その作用を調べることで G の性質を導くというものがある．この節では，群 G を G 自身に共役として作用させることで，群 G のさまざまな性質を導びこう．

3.4.1 共役

G を群とする．群 G の G 自身への作用として，写像

$$\alpha : G \times G \to G, \quad (g, x) \mapsto gxg^{-1} \tag{3.16}$$

を考える．3.3 節では，群の作用を表す記号として（中置記法の）$\cdot$ を用いたが，群の演算の記号と混同することをさけるために，群の作用を表す記号として（前置記法の）α を用いることにする[11]．したがって，$\alpha(g, x) = gxg^{-1}$ である．

(3.16) が G の G 自身への作用を定めていることを確かめよう．G の任意の元

11] すなわち，3.3 節の $g \cdot x$ の代わりに，$\alpha(g, x)$ を用いる．

g, h と G の任意の元 x に対して,

$$\alpha(gh, x) = (gh)x(gh)^{-1} = g(hxh^{-1})g^{-1} = \alpha(g, hxh^{-1}) = \alpha(g, \alpha(h, x))$$

が成り立つ. また, G の単位元 1 と G の任意の元 x に対して,

$$\alpha(1, x) = 1x1^{-1} = x$$

が成り立つ [12]. よって, α は作用の定義の条件をみたすので, (3.16) が G の G 自身への作用を定めている. この作用を 共役作用という.

$x \in G$ の G 軌道は,

$$O(x) = \{\alpha(g, x) \mid g \in G\} = \{gxg^{-1} \mid g \in G\}$$

である. $y \in O(x)$ のとき, すなわち, $g \in G$ が存在して $y = gxg^{-1}$ となるとき, y は x に共役であるという.

x の固定部分群は,

$$\begin{aligned} G_x &= \{g \in G \mid \alpha(g, x) = x\} \\ &= \{g \in G \mid gxg^{-1} = x\} = \{g \in G \mid gx = xg\} \end{aligned}$$

である. すなわち, x の固定部分群は, x と可換な G の元全体からなる部分群である.

共役作用に関する G 軌道と固定部分群には, 以下の定義のように共役類と中心化群という特別な名前がついている.

定義 3.28 (共役類, x の中心化群) G を群とする.

(a) $x \in G$ に対して, $O(x) = \{gxg^{-1} \mid g \in G\}$ を x の**共役類**という. いいかえれば, x の共役類は, x と共役な元全体からなる集合である.

(b) $x \in G$ に対して, x と可換な G の元全体からなる G の部分群を x の**中心化群**といい, $C_G(x)$ で表す.

$$C_G(x) = \{g \in G \mid gx = xg\}$$

である.

すぐ後で使う, 群 G の中心も定義しておく.

---

[12] 3.3 節の記号では, $(gh) \cdot x = g \cdot (h \cdot x)$ と $1 \cdot x = x$ を確かめている.

112 | 第 3 章 | **群の基礎（続き）**

定義 3.29 （群の中心）　群 G に対して，G の中心を

$$Z(G) = \{g \in G \mid 任意の h \in G に対して，gh = hg\}$$

とおく．

群の中心について簡単に分かることをまとめておく．

補題 3.30　$Z(G)$ を群 G の中心とする．

(a) $Z(G)$ は G の正規部分群である．

(b) $x \in G$ に対して，$x \in Z(G)$ であることと，x と共役な元が x のみであること（すなわち，$|O(x)| = 1$ であること）は同値である．

(c) G がアーベル群でないとき，剰余群 $G/Z(G)$ は巡回群ではない．

証明　(a) $Z(G)$ が G の部分群であることを示す．$1 \in Z(G)$ だから，$Z(G)$ は空集合ではない．$g_1, g_2 \in Z(G)$ とすると，任意の $h \in G$ に対して，

$$(g_1 g_2)h = g_1(g_2 h) = g_1(h g_2) = (g_1 h)g_2 = (h g_1)g_2 = h(g_1 g_2)$$

となるから，$g_1 g_2 \in Z(G)$ である．また，$g \in Z(G)$ とすると，任意の $h \in G$ に対して $gh = hg$ である．この両辺に左から g^{-1} を，右から g^{-1} をかけると，$hg^{-1} = g^{-1}h$ となるから，$g^{-1} \in Z(G)$ である．したがって，定義 2.26 より，$Z(G)$ は G の部分群である．

さらに，任意の $g \in Z(G)$ と $h \in G$ に対して，$hgh^{-1} = hh^{-1}g = g$ となるから，$hgh^{-1} = g \in Z(G)$ である．したがって，命題 2.35 より，$Z(G)$ は G の正規部分群である．

(b) x の共役類は $O(x) = \{gxg^{-1} \mid g \in G\}$ である．x と共役な元が x のみであるということは，任意の $g \in G$ に対して $gxg^{-1} = x$ が成り立つということであり，これは $x \in Z(G)$ であることと同値である．x の共役類には x が含まれるから，このことは $|O(x)| = 1$ とも同値である．

(c) 対偶を示す．剰余群 $G/Z(G)$ が巡回群と仮定し，$G/Z(G)$ の生成元 $aZ(G)$ $(a \in G)$ をとる．このとき，G の任意の元は $a^n x$ $(n \in \mathbb{Z}, x \in Z(G))$ と表される．すると，G の任意の元 $a^n x, a^m y$ $(n, m \in \mathbb{Z}, x, y \in Z(G))$ に対して，x, y は G の任意の元と可換なので，

$$(a^n x)(a^m y) = a^{n+m} xy = a^{m+n} yx = (a^m y)(a^n x)$$

となる．よって，G はアーベル群になる．（なお，このとき，$G/Z(G) \cong \{1\}$ となる．）　　　　　　　　　　　　　　　　　　　　　　　　　　　　　　$\square$

前節で，群が集合に作用するときに成り立っていたことを，共役の作用の場合にいいかえてみよう．

命題 3.31　群 G の元 x に対して，x の共役類の個数は，x の中心化群の指数に等しい．すなわち，
$$|O(x)| = [G : C_G(x)].$$
が成立する．とくに G が有限群のときは，x の共役類の個数は $|G|$ の約数である．

証明　命題 3.24 で得られた等式 $|O(x)| = [G : G_x]$ において，今の場合は，$O(x)$ が x の共役類であり，$G_x = C_G(x)$ であることに注意すればよい．　　　$\square$

命題 3.32　（類等式）　G を有限群とする．G には共役類が全部で N 個あるとし，それらを $O(x_1), \ldots, O(x_N)$ とおく．さらに，共役類の順番を並び替えて，$i = 1, \ldots, r$ については $|O(x_i)| = 1$ であり，$i = r+1, \ldots, N$ については $|O(x_i)| \geqq 2$ とする．このとき，
$$|G| = |Z(G)| + \sum_{i=r+1}^{N} [G : C_G(x_i)]. \tag{3.17}$$
が成り立つ．

証明　軌道分解より，
$$G = O(x_1) \amalg \cdots \amalg O(x_N)$$
なので，$|G| = \sum_{i=1}^{N} |O(x_i)|$ である．補題 3.30 より $|O(x)| = 1$ であることと $x \in Z(G)$ であることが同値であったので，
$$Z(G) = \{x_1, \ldots, x_r\}$$
であることが分かり，$|Z(G)| = r = \sum_{i=1}^{r} |O(x_i)|$ となる．また，命題 3.31 より $|O(x_i)| = [G : C_G(x_i)]$ であるから，

114 | 第 3 章 **群の基礎（続き）**

$$|G| = \sum_{i=1}^{r} |O(x_i)| + \sum_{i=r+1}^{N} |O(x_i)| = |Z(G)| + \sum_{i=r+1}^{N} [G : C_G(x_i)].$$

を得る. □

3.4.2 S_n の共役類

対称群 S_n に対して，S_n の S_n 自身への共役作用による共役類などを具体的にみてみよう．

置換 $\sigma \in S_n$ を互いに共通する文字を持たない巡回置換の積

$$\sigma = (長さ \ r_1 \ の巡回置換)(長さ \ r_2 \ の巡回置換) \cdots (長さ \ r_k \ の巡回置換)$$

で表す．ここで，長さ 1 の巡回置換 (i) は単位置換 e であるが省略せずに書き，上の表示では，1 から n のすべての元が現れるようにする．すなわち，

$$r_1 + r_2 + \cdots + r_k = n$$

である．また，順番を入れ替えて，$r_1 \geqq r_2 \geqq \cdots \geqq r_k \geqq 1$ とする．このとき，$(r_1, r_2, \ldots, r_k)$ を σ の**巡回分解型**という．

例 3.33 (a) 例 2.16 でみたように，$\sigma = \begin{pmatrix} 1 & 2 & 3 & 4 & 5 & 6 & 7 & 8 \\ 7 & 8 & 3 & 1 & 6 & 2 & 4 & 5 \end{pmatrix} \in S_8$ を，互いに共通する文字を持たない巡回置換の積で表したものは，

$$\sigma = (1 \ 7 \ 4)(2 \ 8 \ 5 \ 6)(3) = (2 \ 8 \ 5 \ 6)(1 \ 7 \ 4)(3) \tag{3.18}$$

であった．よって，σ の巡回分解型は $(4, 3, 1)$ である．

(b) $\rho = \begin{pmatrix} 1 & 2 & 3 & 4 & 5 & 6 & 7 & 8 \\ 2 & 3 & 4 & 5 & 6 & 7 & 8 & 1 \end{pmatrix} = (1 \ 2 \ 3 \ 4 \ 5 \ 6 \ 7 \ 8) \in S_8$ とおく．このとき，$\rho \sigma \rho^{-1} \in S_8$ は，$i = 1, 2, \ldots, 8$ に対して，文字 $\rho(i)$ を文字 $\rho(\sigma(i))$ に移す．というのも，

$$(\rho \sigma \rho^{-1})(\rho(i)) = (\rho \sigma)(i) = \rho(\sigma(i))$$

となるからである．よって，$\tau = \rho \sigma \rho^{-1}$ とおくと，

$$\tau = \rho \sigma \rho^{-1} = (\rho(2) \ \rho(8) \ \rho(5) \ \rho(6))(\rho(1) \ \rho(7) \ \rho(4))(\rho(3))$$
$$= (3 \ 1 \ 6 \ 7)(2 \ 8 \ 5)(4)$$

となる．特に，τ の巡回分解型は σ と同じで，$(4, 3, 1)$ である．

(c) $\widetilde{\tau} = (5\ 6\ 7\ 8)(1\ 2\ 3)(4) \in S_8$ とする. τ の巡回分解型は σ と同じ $(4, 3, 1)$ である. このとき, (3.18) と $\widetilde{\tau}$ を比べて,

$$\widetilde{\rho} = \begin{pmatrix} 2 & 8 & 5 & 6 & 1 & 7 & 4 & 3 \\ 5 & 6 & 7 & 8 & 1 & 2 & 3 & 4 \end{pmatrix} = \begin{pmatrix} 1 & 2 & 3 & 4 & 5 & 6 & 7 & 8 \\ 1 & 5 & 4 & 3 & 7 & 8 & 2 & 6 \end{pmatrix} \in S_8$$

とおく. このとき, (b) のように考えれば, $\widetilde{\tau} = \widetilde{\rho}\sigma\widetilde{\rho}^{-1}$ である.

例 3.33 は次のように一般化される.

定理 3.34 $\sigma, \tau \in S_n$ とする. σ と τ が共役であることと, σ と τ の巡回分解型が一致することは同値である.

証明 σ と τ が共役のとき, $\rho \in S_n$ が存在して, $\rho\sigma\rho^{-1} = \tau$ になる. σ の巡回分解型を $(r_1, r_2, \ldots, r_k)$ とし, σ を互いに共通する文字を持たない巡回置換の積として, $\sigma = (i_1\ \ldots\ i_{r_1})(j_1\ \ldots\ j_{r_2})\cdots(\ell_1\ \ldots\ \ell_{r_k})$ と表す. このとき,

$$\rho\sigma\rho^{-1} = (\rho(i_1)\ \ldots\ \rho(i_{r_1}))(\rho(j_1)\ \ldots\ \rho(j_{r_2}))\cdots(\rho(\ell_1)\ \ldots\ \rho(\ell_{r_k}))$$

になる (例 3.33(b) 参照). よって, $\tau = \rho\sigma\rho^{-1}$ の巡回分解型も $(r_1, r_2, \cdots, r_k)$ となる.

逆に, σ と τ の巡回分解型がともに $(r_1, r_2, \ldots, r_k)$ であるとする. このとき, σ と τ をそれぞれ互いに共通する文字を持たない巡回置換の積として,

$$\sigma = (i_1\ \ldots\ i_{r_1})(j_1\ \ldots\ j_{r_2})\cdots(\ell_1\ \ldots\ \ell_{r_k})$$
$$\tau = (i'_1\ \ldots\ i'_{r_1})(j'_1\ \ldots\ j'_{r_2})\cdots(\ell'_1\ \ldots\ \ell'_{r_k})$$

と表す. このとき,

$$\rho = \begin{pmatrix} i_1 & \cdots & i_{r_1} & j_1 & \cdots & j_{r_2} & \cdots & \ell_1 & \cdots & \ell_{r_k} \\ i'_1 & \cdots & i'_{r_1} & j'_1 & \cdots & j'_{r_2} & \cdots & \ell'_1 & \cdots & \ell'_{r_k} \end{pmatrix} \in S_n$$

とおけば, $\tau = \rho\sigma\rho^{-1}$ となる (例 3.33(c) 参照). $\qquad\square$

例 3.35 S_4 の共役類を求めよう. S_4 の元の巡回分解型は正の整数の組 $(r_1, r_2, \ldots, r_k)$ で $r_1 \geqq r_2 \geqq \cdots \geqq r_k$ をみたし, $r_1 + r_2 + \cdots + r_k = 4$ となるものであるから,

$$(1, 1, 1, 1), \quad (2, 1, 1), \quad (2, 2), \quad (3, 1), \quad (4) \tag{3.19}$$

の 5 つある.

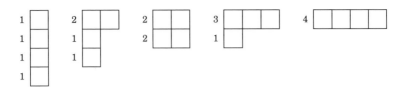

S_4 の巡回分解型（一般に，S_n の巡回分解型）は，上のような図形で表すことができる．このような図形を**ヤング図形**という．

巡回分解型が $(r_1, r_2, \ldots, r_k)$ である S_4 の共役類を，(3.19) の左から，$C_1, C_2, \ldots, C_5$ で表すと，以下のような表を得る．

共役類 C_i	巡回分解型	元	$|C_i|$
C_1	$(1,1,1,1)$	(1)	1
C_2	$(2,1,1)$	$(1\,2), (1\,3), (1\,4)$ $(2\,3), (2\,4), (3\,4)$	6
C_3	$(2,2)$	$(1\,2)(3\,4), (1\,3)(2\,4), (1\,4)(2\,3)$	3
C_4	$(3,1)$	$(1\,2\,3), (1\,3\,2), (1\,2\,4), (1\,4\,2)$ $(1\,3\,4), (1\,4\,3), (2\,3\,4), (2\,4\,3)$	8
C_5	(4)	$(1\,2\,3\,4), (1\,2\,4\,3), (1\,3\,2\,4)$ $(1\,3\,4\,2), (1\,4\,2\,3), (1\,4\,3\,2)$	6

$S_4 = C_1 \amalg C_2 \amalg C_3 \amalg C_4 \amalg C_5$ である．実際，$24 = |S_4| = 1+6+3+8+6$ になっている．

例題 3.36 S_4 の正規部分群をすべて求めよ．

解答 N を S_4 の正規部分群とする．ラグランジュの定理から，N の位数は $|S_4| = 24$ の約数である．また，$\sigma \in N$ であれば，N は σ の共役類をすべて含むので，N は例 3.35 に現れる共役類のいくつかの共通部分をもたない和集合となる．また，$1 \in N$ だから，$C_1 \subseteq N$ である．

24 の約数は 1, 2, 3, 4, 6, 8, 12, 24 がある．$|N| = 1$ ならば $N = \{1\}$ であり，$|N| = 24$ ならば $N = S_4$ である．

$|N| = 4$ となるのは，例 3.35 の表から，$4 = 1 + 3$，つまり $N = C_1 \amalg C_3$ の可能性がある．この左辺はクラインの 4 元群 V である．クラインの 4 元群が部分群であることは，問題 2.5 で確かめている．また，V は共役類 C_1 と C_3 の和集

合であるから，任意の $\tau \in S_4$ に対して，$\tau V \tau^{-1} = V$ となる．よって，V は S_4 の正規部分群である．

$|N| = 12$ となるのは，例 3.35 の表から，$12 = 1 + 3 + 8$，つまり $N = C_1 \amalg C_3 \amalg C_4$ の可能性がある．この左辺は偶置換全体 A_4 であるから，$N = A_4$ であり，これは S_4 の正規部分群である．

$C_1 \subseteq N$ に注意すると，$|N| = 2, 3, 6, 8$ の正規部分群は存在しえない．

以上により，S_4 の正規部分群は，$\{1\}, V, A_4, S_4$ の 4 つがある． $\square$

3.4.3 コーシーの定理

一般の群に戻る．群の共役類に関する類等式を用いて，有限群の構造を調べよう．

定理 3.37（コーシー）　G が有限群で，$|G|$ が素数 p で割り切れるとき，G には位数が p の元が存在する．

証明　ステップ 1：G がアーベル群のときを考える．アーベル群の基本定理より，正の整数 r と素数 $p_1, \ldots, p_r$ と正の整数 $e_1, \ldots, e_r$ が存在して，

$$G \cong \mathbb{Z}/p_1^{e_1}\mathbb{Z} \times \mathbb{Z}/p_2^{e_2}\mathbb{Z} \times \cdots \times \mathbb{Z}/p_r^{e_r}\mathbb{Z} \tag{3.20}$$

と表せる．このとき，$|G| = p_1^{e_1} p_2^{e_2} \cdots p_r^{e_r}$ である．仮定より，$|G|$ は素数 p で割り切れるので，$p_1, p_2, \ldots, p_r$ の少なくとも 1 つは p と一致する．必要ならば $p_1, p_2, \ldots, p_r$ の順番を並び替えて，$p = p_1$ としてよい．このとき，

$$x = (p^{e_1-1}, 0, \ldots, 0) \in \mathbb{Z}/p_1^{e_1}\mathbb{Z} \times \mathbb{Z}/p_2^{e_2}\mathbb{Z} \times \cdots \times \mathbb{Z}/p_r^{e_r}\mathbb{Z}$$

という元を考えると，$x \neq 0$ であり，$px = 0$ となるから x の位数は p である．したがって，G には位数 p の元が存在する．

ステップ 2：G が一般の有限群のときを考える．$|G|$ についての帰納法で証明する．$|G|$ は p で割り切れるので，$|G| \geqq p$ である．$|G| = p$ のときは，例 2.42 でみたように G は巡回群である．よって，G の生成元を x とおけば，x は G の位数 p の元である．

以下，$|G| > p$ とする．G の中心 $Z(G)$ を考える．

118 | 第 3 章 | 群の基礎（続き）

場合 1：$|Z(G)|$ が p で割り切れるときを考える。$Z(G)$ はアーベル群なので，ステップ 1 によって，$Z(G)$ の元 x で x の位数が p であるものが存在する。x はもちろん G の元でもあるから，G には位数 p の元が存在する。

場合 2：$|Z(G)|$ が p で割り切れないときを考える。類等式 (3.17)

$$|G| = |Z(G)| + \sum_{i=r+1}^{N} [G : C_G(x_i)]$$

において，$|G|$ は p の倍数で，$|Z(G)|$ は p の倍数ではないので，ある $i\,(r+1 \leqq i \leqq N)$ で，$[G : C_G(x_i)]$ が p の倍数ではないものが存在する。$[G : C_G(x_i)]$ は x_i の共役類（共役による作用に関する G 軌道）の元の個数であり，$[G : C_G(x_i)] > 1$ である。ラグランジュの定理（定理 2.40）より，

$$|G| = [G : C_G(x_i)]\,|C_G(x_i)|$$

が成り立つ。$|G|$ は p の倍数で，$[G : C_G(x_i)]$ が p の倍数ではないから，$|C_G(x_i)|$ は p の倍数である。また，$|C_G(x_i)| = |G|/[G : C_G(x_i)] < |G|$ である。よって，帰納法の仮定から，x_i の中心化群 $C_G(x_i)$ の元 x で x の位数が p であるものが存在する。x はもちろん G の元でもあるから，この場合にも，G には位数 p の元が存在することがわかった。 □

次の例題も類等式を用いる。

例題 3.38 p を素数，n を正の整数とし，G を位数 p^n の群とする。このとき，$Z(G) \neq \{1\}$ を示せ。

解答 類等式 $|G| = |Z(G)| + \sum_{i=r+1}^{N} [G : C_G(x_i)]$ において，$|G|$ は p の倍数である。また，$r+1 \leqq i \leqq N$ については，$[G : C_G(x_i)] > 1$ で，$[G : C_G(x_i)]$ は $|G|$ の約数であるから，$[G : C_G(x_i)]$ も p の倍数である。よって，$|Z(G)|$ も p の倍数であり，$Z(G) \neq \{1\}$ である。 □

例題 3.39 p を素数とし，G を位数 p^2 の群とする。G はアーベル群であることを示せ。したがって，G は $\mathbb{Z}/p^2\mathbb{Z}$ または $\mathbb{Z}/p\mathbb{Z} \times \mathbb{Z}/p\mathbb{Z}$ と同型であることを示せ。

> **解答** G がアーベル群でないとして矛盾を導こう. G がアーベル群でないとき, $Z(G) \neq G$ である. $|Z(G)|$ は $|G|$ の約数であり, 例題 3.38 から $|Z(G)| \neq 1$ であるから, $|Z(G)| = p$ となる.

補題 3.30 より, $Z(G)$ は G の正規部分群であるから, 剰余群 $G/Z(G)$ が考えられ, $|G/Z(G)| = p$ となるので, $G/Z(G)$ は巡回群である (例 2.42 参照). G がアーベル群でないと仮定していたので, これは, 補題 3.30(c) に矛盾する.

よって, G はアーベル群である. 有限アーベル群の基本定理より, $G \cong \mathbb{Z}/p^2\mathbb{Z}$ または $G \cong \mathbb{Z}/p\mathbb{Z} \times \mathbb{Z}/p\mathbb{Z}$ となる. $\qquad\square$

次の命題 3.41 では, 位数 $2p$ (p は素数) の群を分類する. 命題の証明に取り掛かる前に, 2 面体群の特徴付けを与える.

> **補題 3.40** n を 2 以上の整数とする. 群 G が 2 つの元 a, b で生成され, a, b は関係式
>
> $$a^n = 1, \quad b^2 = 1, \quad ab = ba^{n-1} \tag{3.21}$$
>
> をみたすとする. さらに, G の位数は $2n$ であると仮定する. このとき, G は 2 面体群 D_{2n} と同型である.

証明   仮定より $G = \langle a, b \rangle$ であるから, G の任意の元は, $x_1 x_2 \cdots x_k$ ($k \geqq 0$ で各 x_i は a, a^{-1}, b, b^{-1} のいずれか) と表される (2.3.8 項参照). 関係式 (3.21) を用いると, G の任意の元は $b^i a^j$ ($i = 0, 1$, $j = 0, 1, \ldots, n-1$) と表されることが分かる. 実際, $ab = ba^{n-1}$ を用いて, b を左側にもっていき, $b^2 = 1$, $a^n = 1$ を使えばよい. 例えば, $ba^2ba \in G$ は

$$ba^2ba = ba(ab)a = ba(ba^{n-1})a = b(ab) = b(ba^{n-1}) = a^{n-1}$$

のように変形すればよい. したがって,

$$G = \{1, a, \ldots, a^{n-1}, b, ba, \ldots, ba^{n-1}\}$$

となり, $|G| = 2n$ であるから, これらの元は相異なる. さらに, $0 \leqq j \leqq n-1$, $0 \leqq k \leqq n-1$ に対して,

$$a^j a^k = a^{j+k}, \quad a^j(ba^k) = ba^{k-j} \tag{3.22}$$

120 第3章 | 群の基礎（続き）

$$(ba^j)a^k = ba^{j+k}, \quad (ba^j)(ba^k) = a^{k-j} \tag{3.23}$$

が成り立つ.

一方, 2面体群 D_{2n} の元 r, s を 2.3.8 項のようにとれば,

$$D_{2n} = \{1, r, \ldots, r^{n-1}, s, sr, \ldots, sr^{n-1}\}$$

で, r, s は a, b と同じ関係式 $r^n = 1$, $s^2 = 1$, $rs = sr^{n-1}$ をみたすので, 同じ式変形で, (3.22), (3.23) の a, b をそれぞれ r, s に変えた等式が成り立つ.

したがって, G の乗積表で a, b をそれぞれ r, s に変えると, D_{2n} の乗積表が得られる (2.7 節参照). これは, $\varphi(b^i a^j) = s^i r^j$ ($i = 0, 1$, $j = 0, 1, \ldots, n-1$) で与えられる写像 $\varphi : G \to D_{2n}$ が群の同型写像であることを示しているので, G は D_{2n} と群の同型である. □

> **命題 3.41** p を奇素数とする. 位数 $2p$ の群は, 2面体群 D_{2p} か $\mathbb{Z}/2p\mathbb{Z}$ と同型である.

証明 G を位数 $2p$ の群とする. コーシーの定理より, G には位数 p の元 a と, 位数が 2 の元 b が存在する.

まず, $b = a^k$ ($k \in \mathbb{Z}$) とはならないことに注意しよう. 実際, $b = a^k$ とすると, $1 = b^2 = a^{2k}$ となり, a の位数が p だから $2k$ は p で割り切れる. p は奇素数なので, k が p で割り切れ, $b = a^k = 1$ となる. これは $b \neq 1$ に矛盾する.

さて, G は $1, a, \ldots, a^{p-1}$ を含みこれらは相異なる. また, G は $b, ba, \ldots, ba^{p-1}$ を含み, これらは相異なる. $b \notin \langle a \rangle$ なので, $1, a, \ldots, a^{p-1}, b, ba, \ldots, ba^{p-1}$ は相異なる元であり, $|G| = 2p$ と合わせて

$$G = \{1, a, \ldots, a^{p-1}, b, ba, \ldots, ba^{p-1}\}$$

となることがわかる.

a と b の関係を調べるために, ab が何になるかを調べよう. $b \notin \langle a \rangle$ より, $ab \in \{b, ba, \ldots, ba^{p-1}\}$ である. よって,

$$ab = ba^\ell$$

となる $1 \leqq \ell \leqq p-1$ が存在する. このとき,

$$a = ab^2 = (ab)b = (ba^\ell)b = (ba^{\ell-1})(ab) = ba^{\ell-1}ba^\ell = \cdots = b^2 a^{\ell^2} = a^{\ell^2}$$

となる．よって，$a^{\ell^2-1} = 1$ となるので，$\ell^2 - 1 = (\ell+1)(\ell-1)$ は p で割り切れる．p は素数であるから，$\ell+1$ または $\ell-1$ が p で割り切れる．前者のときは，$\ell = p - 1$ となり，$ab = ba^{p-1}$ となる．このときは，補題 3.40 より，G は 2 面体群 D_{2p} と同型になる．後者のときは，$\ell = 1$ となり，$ab = ba$ となる．このときは，G はアーベル群になり，G は $\mathbb{Z}/2p\mathbb{Z}$ と同型になる． $\square$

注意 コーシーの定理より，有限群 G の位数が p で割り切れるとき，G は位数 p の部分群をもつ（x を位数 p の元とするとき，$\langle x \rangle$ を考えればよい）．次のシローの定理は，コーシーの定理より強い定理で，有限群についての基本的な定理である．本書では証明はしないが，コーシーの定理を理解した読者にとっては，証明はそれほど難しくない．

G を有限群とし，p を素数とする．$|G| = p^a m$（$a \geqq 0$ で m は p と互いに素）と表す．G の部分群 H で位数が p^b（$b \geqq 0$）のものを p 部分群という．ラグランジュの定理より，$0 \leqq b \leqq a$ である．G の部分群で位数が p^a であるものを，シロー p 部分群という．

定理 （シローの定理） p を素数とする．G を有限群とし，$|G| = p^a m$（$a \geqq 0$ で m は p と互いに素）と表す．

(a) G の任意の p 部分群に対して，それを含むシロー p 部分群が存在する．とくに，$\{1\}$ は p 部分群なので，シロー p 部分群は常に存在する．

(b) シロー p 部分群の個数を n_p とする．このとき，n_p は $|G|$ の約数であり，$n_p \equiv 1 \pmod{p}$ が成り立つ．

(c) シロー p 部分群は互いに共役である．すなわち，P_1, P_2 をシロー p 部分群とすると，$P_2 = gP_1g^{-1}$ となる $g \in G$ が存在する．

例 位数 15 の群 G が巡回群であることをシローの定理を使って示してみよう．シローの定理（またはコーシーの定理より），G には位数 3 の群 H と位数 5 の群 K が存在する．H はシロー 3 部分群，K はシロー 5 部分群である．シローの定理 (b) より，シロー 3 部分群の個数 n_3 は，15 の約数であり，3 で割って 1 余る数なので $n_3 = 1$ となる．よって，シロー 3 部分群は H しかないので，H は G の正規部分群である．同様に，K も G の正規部分群である．問題 2.9 より，$H \cap K = \{e\}$ で $|HK| = |H||K|/|H \cap K| = 15$ となる．$HK \subseteq G$ で $|G| = 15$ だから，$HK = G$ である．したがって，命題 3.3 より，$G \cong H \times K$ となる．$H \cong \mathbb{Z}/3\mathbb{Z}$, $K \cong \mathbb{Z}/5\mathbb{Z}$ なので（例 2.42, 命題 2.64 参照），中国剰余定理（定理 3.4）より，$G \cong \mathbb{Z}/3\mathbb{Z} \times \mathbb{Z}/5\mathbb{Z} \cong \mathbb{Z}/15\mathbb{Z}$ を得る．

122 | 第3章 **群の基礎（続き）**

3.4.4 位数が 10 以下の有限群の分類

位数が 10 以下の群は，同型なものは同じとみなすと，以下のように分類される．

位数 n	群の同型類
1	$\{1\}$
2	$\mathbb{Z}/2\mathbb{Z}$
3	$\mathbb{Z}/3\mathbb{Z}$
4	$\mathbb{Z}/4\mathbb{Z}, \ \mathbb{Z}/2\mathbb{Z} \times \mathbb{Z}/2\mathbb{Z}$
5	$\mathbb{Z}/5\mathbb{Z}$
6	$\mathbb{Z}/6\mathbb{Z}, \ S_3$
7	$\mathbb{Z}/7\mathbb{Z}$
8	$\mathbb{Z}/8\mathbb{Z}, \ \mathbb{Z}/4\mathbb{Z} \times \mathbb{Z}/2\mathbb{Z}, \ \mathbb{Z}/2\mathbb{Z} \times \mathbb{Z}/2\mathbb{Z} \times \mathbb{Z}/2\mathbb{Z}, \ D_8, \ Q_8$
9	$\mathbb{Z}/9\mathbb{Z}, \ \mathbb{Z}/3\mathbb{Z} \times \mathbb{Z}/3\mathbb{Z}$
10	$\mathbb{Z}/10\mathbb{Z}, \ D_{10}$

まず，$n=1$ ならば，G は単位元 1 のみからなる群である．$n=2,3,5,7$ のときは，素数位数の群は巡回群であることから従う（例 2.42，命題 2.64 参照）．$n=4,9$ のときは例題 3.39 による．$n=6,10$ のときは命題 3.41 と例題 2.56 による．位数 8 の群でアーベル群であるものが 3 つあることは例 3.11 でみた．位数 8 の群でアーベル群でないものが，2 面体群 D_8 の他にもう 1 つあることは章末問題 3.6 と 3.7 で確かめる．

3.4.5 群の作用についての補足，群の自己同型群

この項は群の作用についての補足である．群の作用の定義の条件をいいかえる．集合 X の置換群を $S(X)$ と定めたことを思い出そう（2.3.7 項参照）．

> **命題 3.42** G を群，X を空でない集合とし，写像
>
> $$\alpha : G \times X \to X$$
>
> が与えられているとする．$g \in G$ に対して，写像 $\widetilde{\alpha}_g : X \to X$ を，$\widetilde{\alpha}_g(x) := \alpha(g,x)$ $(x \in X)$ で定める．このとき，次の (i)(ii) は同値である．
>
> (i) α は G の X への作用である．
>
> (ii) 任意の $g \in G$ に対して $\widetilde{\alpha}_g \in S(X)$ であり，対応 $g \mapsto \widetilde{\alpha}_g$ は群の準同型写像 $\widetilde{\alpha} : G \to S(X)$ を定める．

3.4 | 群 G の G 自身への共役としての作用 | 123

証明 $S(X)$ の演算を表す記号として $\circ$ を用いる.

(i) ならば (ii) を示す. $g \in G$ とする. 任意の $x \in X$ に対して, α が作用であることを用いると,

$$\left(\widetilde{\alpha}_g \circ \widetilde{\alpha}_{g^{-1}}\right)(x) = \widetilde{\alpha}_g\left(\widetilde{\alpha}_{g^{-1}}(x)\right) = \widetilde{\alpha}_g(\alpha(g^{-1}, x))$$
$$= \alpha(g, \alpha(g^{-1}, x)) = \alpha(gg^{-1}, x) = \alpha(1, x) = x$$

となる. よって, $\widetilde{\alpha}_g \circ \widetilde{\alpha}_{g^{-1}} = \mathrm{id}_X$ である. 同様に, $\widetilde{\alpha}_{g^{-1}} \circ \widetilde{\alpha}_g = \mathrm{id}_X$ も成り立つので, $\widetilde{\alpha}_g$ は全単射写像になる (例題 1.1 参照). したがって, $\widetilde{\alpha}_g \in S(X)$ である.

また, 任意の $g_1, g_2 \in G$ と $x \in X$ に対して,

$$\widetilde{\alpha}_{g_1 g_2}(x) = \alpha(g_1 g_2, x), \tag{3.24}$$
$$\left(\widetilde{\alpha}_{g_1} \circ \widetilde{\alpha}_{g_2}\right)(x) = \widetilde{\alpha}_{g_1}\left(\widetilde{\alpha}_{g_2}(x)\right) \tag{3.25}$$
$$= \alpha\left(g_1, \widetilde{\alpha}_{g_2}(x)\right) = \alpha\left(g_1, \alpha(g_2, x)\right)$$

である. α が作用のとき, $\alpha(g_1 g_2, x) = \alpha\left(g_1, \alpha(g_2, x)\right)$ であるから, $\widetilde{\alpha}_{g_1 g_2} = \widetilde{\alpha}_{g_1} \circ \widetilde{\alpha}_{g_2}$ となる. これは, $\widetilde{\alpha} : G \to S(X)$ が群の準同型写像であることを示している.

次に, (ii) ならば (i) を示す. (3.24), (3.25) において, $\widetilde{\alpha} : G \to S(X)$ が群の準同型写像のとき, $\widetilde{\alpha}_{g_1 g_2} = \widetilde{\alpha}_{g_1} \circ \widetilde{\alpha}_{g_2}$ であるから, $\alpha(g_1 g_2, x) = \alpha\left(g_1, \alpha(g_2, x)\right)$ が成り立つ.

また, $\widetilde{\alpha} : G \to S(X)$ が群の準同型写像のとき, $\widetilde{\alpha}_1 = \mathrm{id}_X$ であるから (命題 2.52(a) 参照), 任意の $x \in X$ に対して, $\alpha(1, x) = \widetilde{\alpha}_1(x) = x$ となる.

よって, $\alpha : G \times X \to X$ は群の作用である. $\qquad\qquad\square$

定義 3.43 (作用が忠実) 群 G が 空でない集合 X に $\alpha : G \times X \to X$ によって作用しているとする. $\widetilde{\alpha} : G \to S(X)$ が単射のときに, 作用は**忠実**であるという.

群の準同型写像 $\widetilde{\alpha} : G \to S(X)$ が単射であることと, $\mathrm{Ker}\, \widetilde{\alpha} = \{1\}$ であることが同値であったから (命題 2.60(c) 参照), 作用が忠実であることは,「$g \in G$ が, 任意の $x \in X$ に対して $\alpha(g, x) = x$ をみたせば, $g = 1$ である」と同値である.

次に $X = G$ とし, G が G に共役として作用している場合を考える. G から G への群の同型写像全体のなす集合を $\mathrm{Aut}(G)$ とおく. 同型写像は特に全単射写像であるから, $\mathrm{Aut}(G)$ は $S(G)$ の部分集合である. また, 恒等写像 id_G は $\mathrm{Aut}(G)$

の元なので，$\mathrm{Aut}(G)$ は空集合ではない．$\sigma, \tau \in \mathrm{Aut}(G)$ に対して，$\sigma \circ \tau \in \mathrm{Aut}(G)$, $\sigma^{-1} \in \mathrm{Aut}(G)$ が確かめられるので，$\mathrm{Aut}(G)$ は $S(G)$ の部分群である．

定義 3.44（自己同型群） 群 G に対して，$\mathrm{Aut}(G)$ を G の**自己同型群**という．

命題 3.45 G を群とし，$\alpha: G \times G \to G, (g, x) \mapsto gxg^{-1}$ を共役による作用とする．このとき，$\widetilde{\alpha}: G \to S(X)$ の像は $\mathrm{Aut}(G)$ に含まれる．よって，G の共役による作用は，群の準同型写像 $\widetilde{\alpha}: G \to \mathrm{Aut}(G)$ を与える（終域を $\mathrm{Aut}(G)$ にした写像も同じ $\widetilde{\alpha}$ で表している）．

証明 $g \in G$ を任意の元とする．x, y を G の任意の元とすると，
$$\widetilde{\alpha}_g(xy) = g(xy)g^{-1} = (gxg^{-1})(gyg^{-1}) = \widetilde{\alpha}_g(x)\widetilde{\alpha}_g(y)$$
である．よって，$\widetilde{\alpha}_g \in \mathrm{Aut}(G)$ となる． □

定義 3.46（内部自己同型群） 群 G に対して，$\widetilde{\alpha}: G \to \mathrm{Aut}(G)$ の像を $\mathrm{Inn}(G)$ とおき，G の**内部自己同型群**という．

章末問題

問 3.1 (a) 位数が 24 のアーベル群の同型類をすべて求めよ．
(b) 次のアーベル群を，同型なものに分類せよ．

(1) $\mathbb{Z}/108\mathbb{Z}$, (2) $\mathbb{Z}/18\mathbb{Z} \times \mathbb{Z}/6\mathbb{Z}$, (3) $\mathbb{Z}/54\mathbb{Z} \times \mathbb{Z}/2\mathbb{Z}$,
(4) $\mathbb{Z}/36\mathbb{Z} \times \mathbb{Z}/3\mathbb{Z}$, (5) $\mathbb{Z}/12\mathbb{Z} \times \mathbb{Z}/9\mathbb{Z}$, (6) $\mathbb{Z}/27\mathbb{Z} \times \mathbb{Z}/4\mathbb{Z}$,
(7) $\mathbb{Z}/9\mathbb{Z} \times \mathbb{Z}/3\mathbb{Z} \times \mathbb{Z}/4\mathbb{Z}$, (8) $\mathbb{Z}/9\mathbb{Z} \times \mathbb{Z}/3\mathbb{Z} \times \mathbb{Z}/2\mathbb{Z} \times \mathbb{Z}/2\mathbb{Z}$

問 3.2 n を正の整数とする．有限群 G が集合 $X = \{1, 2, \ldots, n\}$ に作用しているとする．
(a) 作用が推移的なとき（すなわち，任意の $i, j \in X$ に対して，$g \cdot i = j$ となる $g \in G$ が存在するとき），G の位数 $|G|$ は n の倍数であることを示せ．

(b) 任意の $i, j, k, \ell \in X$ で $i \neq j$ かつ $k \neq \ell$ であるものに対して, $g \cdot i = k$ かつ $g \cdot j = \ell$ となる $g \in G$ が存在すると仮定する. このとき, G の位数 $|G|$ は $n(n-1)$ の倍数であることを示せ.

問 3.3 縦横 $n \times n$ マスの正方形の盤の各マスに白石か黒石を置く. 盤を回転させて一致するものは同じ配置とみなすとき, 異なる配置はいくつあるか.

$n = 3$ のときの配置の例

問 3.4 G を群とする. G の任意の元 x, y に対して, $x \triangleright y := y^{-1}xy$ とおく. このとき, $\triangleright$ は次の (i)(ii)(iii) をみたすことを示せ.
(i) 任意の $x \in G$ に対して, $x \triangleright x = x$ である.
(ii) 任意の $y, z \in G$ に対して, $x \in G$ がただ 1 つ存在して, $z = x \triangleright y$ となる.
(iii) 任意の $x, y, z \in G$ に対して, $(x \triangleright y) \triangleright z = (x \triangleright z) \triangleright (y \triangleright z)$ である.

注意 空でない集合 X と X 上の演算 $\triangleright$ が, 条件 (i)(ii)(iii) をみたすとき, $(X, \triangleright)$ をカンドルという. 演習問題は $(G, \triangleright)$ がカンドルであることを確かめている (共役カンドルとよばれる). カンドルは, 結び目理論などで使われる代数系である.

問 3.5 $A = \begin{pmatrix} 1 & 2 \\ 0 & 1 \end{pmatrix}, B = \begin{pmatrix} 1 & 0 \\ 2 & 1 \end{pmatrix} \in \mathrm{GL}_2(\mathbb{R})$ で生成される $\mathrm{GL}_2(\mathbb{R})$ の部分群を G とおく. 任意の正の整数 $k \geqq 1$ と, 0 でない整数 $n_1, \ldots, n_k \in \mathbb{Z} \setminus \{0\}$ に対して,

$$X = \begin{cases} A^{n_1} B^{n_2} A^{n_3} \cdots B^{n_{k-1}} A^{n_k} & (k \text{ が奇数のとき}), \\ A^{n_1} B^{n_2} A^{n_3} \cdots A^{n_{k-1}} B^{n_k} & (k \text{ が偶数のとき}) \end{cases}$$

とおく. この問題では, $X \neq E_2$ であることを示す. $\mathbb{R}^2$ の部分集合 U, V を $U = \{{}^t(x, y) \in \mathbb{R}^2 \mid |x| > |y|\}$, $V = \{{}^t(x, y) \in \mathbb{R}^2 \mid |x| < |y|\}$ で定める. $P \in G$ に対して, $f_P : \mathbb{R}^2 \to \mathbb{R}^2$ は, $v \in \mathbb{R}^2$ に $Pv \in \mathbb{R}^2$ を対応させる写像とする.
(a) 0 でない任意の整数 n に対して, $f_{A^n}(V) \subseteq U$ であることを示せ. また, 0 でない任意の整数 n に対して, $f_{B^n}(U) \subseteq V$ であることを示せ.

126 | 第 3 章 | **群の基礎（続き）**

(b) k を奇数とする．$f_X(V) \subseteq U$ を示すことで，$X \neq E_2$ を示せ．

(c) k を偶数とする．$m \neq 0$ を $-n_1$ とも n_k とも異なる整数とする．(b) を用いることで，$A^m X A^{-m} \neq E_2$ を示せ．これから，$X \neq E_2$ を示せ．

注意 同様に，X で A と B を入れ替えた行列も E_2 と異なることが証明できる．本書では自由群の定義をしていないが，これは G が階数 2 の自由群であることを示している．一般に，群 G が作用する集合を「上手に」選んで，G が自由群であることを示す上のような手法はピンポン補題とよばれる．

問 3.6 $A = \begin{pmatrix} 0 & \sqrt{-1} \\ \sqrt{-1} & 0 \end{pmatrix}, B = \begin{pmatrix} 0 & 1 \\ -1 & 0 \end{pmatrix} \in \mathrm{GL}_2(\mathbb{C})$ で生成される $\mathrm{GL}_2(\mathbb{C})$ の部分群を Q_8 とおく．

(a) $A^4 = E_2, B^2 = A^2, BAB^{-1} = A^{-1}$ を確かめよ．

(b) Q_8 は位数 8 の群であることを示せ．

(c) 中心 $Z(Q_8)$ を求めよ．

(d) Q_8 の任意の部分群は正規部分群であることを示せ．

(e) 群 G が 2 つの元 a, b で生成され，a, b は関係式 $a^4 = 1, b^2 = a^2, bab^{-1} = a^{-1}$ をみたすとする．このとき，$|G| \leqq 8$ であることを示せ．さらに，$|G| = 8$ ならば，G は Q_8 と同型であることを示せ．

(f) 群 G' が 4 つの元 i, j, k, u で生成され，i, j, k, u は関係式
$$i^2 = j^2 = k^2 = u, \quad u^2 = 1, \quad ij = k, \quad jk = i, \quad ki = j$$
をみたすとする．このとき，$|G'| \leqq 8$ であることを示せ．さらに，$|G'| = 8$ ならば，G' は Q_8 と同型であることを示せ．

注意 Q_8（と同型な群）は **4 元数群**とよばれる．

問 3.7 位数 8 の非アーベル群は，D_8 または Q_8 と群の同型であることを示せ．

問 3.8 A_4 は 4 次交代群とする．

(a) A_4 の共役類をすべて求めよ．

(b) A_4 には位数 6 の部分群は存在しないことを示せ．

(c) A_4 の部分群をすべて求めよ．その中で正規部分群は何か．

問 3.9 $G = \mathbb{Z}/2\mathbb{Z} \times \mathbb{Z}/2\mathbb{Z}$ とおく．G の自己同型群 $\mathrm{Aut}(G)$ は S_3 と同型であることを示せ．

第4章

環とは，環上の加群とは

　群とは 1 つの演算が定まった集合で，その演算が結合則などいくつかの公理をみたすものであった．環と体は 2 つの演算が定まった集合で，これら 2 つの演算がいくつかの公理をみたすものである．この章では，環と体を定義して例を挙げる．また，環のイデアルがどのようなものかを説明する．次に，整数環 $\mathbb{Z}$ と体 K 上の 1 変数多項式環 $K[X]$ の性質を調べ，これらが似ていることをみる．最後に，線形代数で習ったベクトル空間のスカラーにあたるものを環の元に変えたものが環上の加群であることを説明する．

4.1 環と体の定義

4.1.1 単位元をもつ可換環

　整数全体の集合 $\mathbb{Z}$ には通常の加法 $+$ と乗法 $\cdot$ の 2 つの演算が定まっていて，これら 2 つの演算が加法に関する結合則などいくつかの公理をみたしている．これらの公理は，$\mathbb{Z}$ において足し算，引き算，かけ算（和差積）ができることを保証している．大雑把にいって，環はこのような和差積が考えられるような代数系である．

128 | 第 4 章 環とは，環上の加群とは

定義 4.1（単位元をもつ可換環） A を空でない集合とする．A 上の 2 つの演算を考える．以下，2 つの演算を記号 $+$ と $\cdot$ を用いて表し，$+$ を加法，$\cdot$ を乗法とよぶ．A と演算 $+,\cdot$ のなす組 $(A,+,\cdot)$ が**単位元をもつ可換環**であるとは[1]，次の (i) から (viii) までの条件（単位元をもつ可換環の公理ともいう）をみたすときにいう．

(i) 任意の $a,b,c \in A$ に対して，$(a+b)+c = a+(b+c)$ である．（加法に関する結合則）

(ii) 任意の $a,b \in A$ に対して，$a+b = b+a$ である．（加法に関する交換則）

(iii) 零元とよばれる元 $0 \in A$ が存在して，任意の $a \in A$ に対して，$a+0 = 0+a = a$ である．（零元の存在）

(iv) 任意の $a \in A$ に対して，$a+b = b+a = 0$ となる元 $b \in A$ が存在する．この b を $-a$ と書く．（加法に関する逆元の存在）

(v) 任意の $a,b,c \in A$ に対して，$(a \cdot b) \cdot c = a \cdot (b \cdot c)$ である．（乗法に関する結合則）

(vi) 任意の $a,b,c \in A$ に対して，$a \cdot (b+c) = a \cdot b + a \cdot c$ および $(a+b) \cdot c = a \cdot c + b \cdot c$ が成り立つ．（分配則）

(vii) 単位元とよばれる元 $1 \in A$ が存在して，任意の $a \in A$ に対して，$a \cdot 1 = 1 \cdot a = a$ である．（（乗法の）単位元の存在）

(viii) 任意の $a,b \in A$ に対して，$a \cdot b = b \cdot a$ である．（乗法に関する交換則）

注意 (a) a の加法に関する逆元 $-a$ を与える写像を $-$ と書く．単位元をもつ可換環は，演算 $+,\cdot$，写像 $-$，零元 0 と乗法の単位元 1 がなす組 $(A,+,-,\cdot,0,1)$ で，上の (i) から (viii) までの条件に相当することをみたすものと思ってもよい．

(b) 命題 1.7 と命題 2.3 でみたように，零元（加法に関する単位元）はただ 1 つ存在するので，それを 0 で表している．上の定義の (iv) は，このただ 1 つの零元 0 に対して，$a+b = b+a = 0$ となることを述べている．命題 2.3 より，$a \in A$ の加法に関する逆元は（a に応じて）ただ 1 つ存在するので，それを $-a$ で表している．命題 1.7 より乗法に関する単位元はただ 1 つ存在するので，それを 1 で表している．

1] 環を表す記号として A, R を用いることが多い．これは環を表すフランス語の anneau，英語の ring の最初の文字から来ていると思われる．

注意 空でない集合 A と A の演算 $+, \cdot$ の組 $(A, +, \cdot)$ が環であるとは，上の (i) から (vi) までの条件をみたすときにいう．例えば，$n \geq 2$ のとき，偶数を成分とする n 次正方行列全体は，行列の通常の加法と乗法に関して環である．しかし，この環は条件 (vii) と (viii) をみたさない．すなわち，乗法の単位元は存在せず，乗法の交換則もみたさない．

$(A, +, \cdot)$ が単位元をもつ可換環のとき，条件 (i)–(iv) から，A と加法 $+$ の組 $(A, +)$ はアーベル群になる．群の例の 2.3.2 項も参照してほしい．

以下では，特に断りのない限り，$(A, +, \cdot)$ を略して A と書く．

例 4.2 (a) 整数全体 $\mathbb{Z}$ は，通常の加法と乗法に関して単位元をもつ可換環である．

(b) 実数係数の多項式全体 $\mathbb{R}[X]$ と複素数係数の多項式全体 $\mathbb{C}[X]$ も，多項式の通常の加法と乗法に関して単位元をもつ可換環である．

例 4.3 $m \neq 0$ を平方数でない（すなわち，$\sqrt{m} \notin \mathbb{Z}$ である）整数とし，$\mathbb{Z}[\sqrt{m}] = \{a + b\sqrt{m} \mid a, b \in \mathbb{Z}\}$ とおく．

$$(a + b\sqrt{m}) + (c + d\sqrt{m}) = (a + c) + (b + d)\sqrt{m},$$
$$(a + b\sqrt{m}) \cdot (c + d\sqrt{m}) = (ac + mbd) + (ad + bc)\sqrt{m}$$

という通常の加法と乗法で，$\mathbb{Z}[\sqrt{m}]$ は単位元をもつ可換環である．

例 4.4 (零環) 1 つの元からなる集合 $A = \{0\}$ に，$0 + 0 = 0$ と $0 \cdot 0 = 0$ で加法と乗法を定めた環を**零環**という．零環は単位元をもつ可換環である．零元も（乗法の）単位元も 0 である．零環は例外的なことが多い．

定義 4.1 の条件 (i)–(viii) は，一般に，単位元をもつ可換環において，足し算，引き算，かけ算（和差積）という演算が，慣れ親しんでいる整数 $\mathbb{Z}$ での演算と同じように行えることを保証している．例えば，次のような等式も (i) から (viii) までの条件から証明することができる．

例題 4.5 A を単位元をもつ可換環とする．このとき，以下が成り立つことを示せ．

(a) 任意の $a \in A$ に対して，$0 \cdot a = a \cdot 0 = 0$ である．

130 第 4 章 | 環とは，環上の加群とは

(b) 任意の $a \in A$ に対して，$(-1) \cdot a = a \cdot (-1) = -a$ である．ただし，ここ で，左辺の (-1) は乗法の単位元 1 の加法に関する逆元であり，右辺の $-a$ は a の加法に関する逆元である．

解答 (a) 条件 (iii) から，$0 + 0 = 0$ である．よって，分配則 (vi) を用いて，$0 \cdot a + 0 \cdot a = (0 + 0) \cdot a = 0 \cdot a$ となる．条件 (iii) より，$0 \cdot a + 0 = 0 \cdot a$ であるから，$0 \cdot a + 0 \cdot a = 0 \cdot a + 0$ を得る．上でも述べたように，環 A の加法 $+$ だけに注目すると，条件 (i)–(iv) から $(A, +)$ はアーベル群（特に群）である．そこで，例題 2.7(a) の簡約則を用いて，$0 \cdot a = 0$ となる．$a \cdot 0 = 0$ の証明も同様である（または，乗法の交換則を用いればよい）．

(b) 分配則 (vi) と乗法の単位元の性質 (vii) と (a) より，

$$0 = 0 \cdot a = (1 + (-1)) \cdot a = 1 \cdot a + (-1) \cdot a = a + (-1) \cdot a$$

を得る．(a) と同様に $(A, +)$ は群であるので，例題 2.6(a) を用いて，$-a = (-1) \cdot a$ を得る．$a \cdot (-1) = -a$ の証明も同様である（または，乗法の交換則を用いればよい）． □

問題 4.1 単位元をもつ可換環において，条件 (i)–(viii) から，$(-1) \cdot (-1) = 1$ が 従うことを示せ．

4.1.2 体

単位元をもつ可換環の条件（つまり (i)–(vii)）に，零環でないことと「乗法に 関する逆の存在」の条件を加えたものが体である．大雑把にいって，体は和差 積商のできるような代数系である．

定義 4.6（体） 単位元をもつ可換環 K が**体**であるとは[2]，K が零環でなく，次 の条件をみたすときにいう．

(ix) 0 でない任意の元 $a \in K$ に対して，$a \cdot b = b \cdot a = 1$ となる元 $b \in K$ が存 在する．この b を a^{-1} と書く．

2] 体を表す記号として F, K を用いることが多い．これは体を表す英語の field，ドイツ語の Körper の頭文字から来ていると思われる．

注意 群のときと同様に，0 でない元 $a \in K$ の乗法に関する逆元は（a に応じて）ただ 1 つ存在するので，それを a^{-1} で表している．

注意 体の定義において，乗法の交換則 (viii) の条件を取り除いたものを**斜体**という[3]．すなわち，空でない集合 K と K の演算 $+, \cdot$ の組 $(K, +, \cdot)$ が斜体であるとは，K は零環でなく，定義 4.1 の条件 (i)–(vii) と，定義 4.6 の条件 (ix) をみたすときにいう．体でない斜体の例は，章末問題 4.1 を参照してほしい．

体 K に対して，$K^{\times} = K \setminus \{0\}$ とおく．$K^{\times}$ は K の乗法に関してアーベル群になる．群の例の 2.3.3 項も参照してほしい．

例 4.7 (a) 有理数全体 $\mathbb{Q}$, 実数全体 $\mathbb{R}$, 複素数全体 $\mathbb{C}$ は，それぞれ通常の加法と乗法に関して体である．それぞれ，**有理数体**，**実数体**，**複素数体**という．

(b) 整数全体 $\mathbb{Z}$ は，通常の加法と乗法に関して単位元をもつ可換環であるが，体ではない（例えば，2 の乗法に関する逆元は存在しない）．

例 4.8 $m \neq 0$ を平方数でない（すなわち，$\sqrt{m} \notin \mathbb{Z}$ である）整数とし，$\mathbb{Q}[\sqrt{m}] = \{a + b\sqrt{m} \mid a, b \in \mathbb{Q}\}$ とおく．例 4.3 と同様にして，$\mathbb{Q}[\sqrt{m}]$ は通常の加法と乗法に関して，単位元をもつ可換環であることが分かる．さらに，$a + b\sqrt{m} \neq 0 \in \mathbb{Q}[\sqrt{m}]$ に対して，

$$\frac{1}{a + b\sqrt{m}} = \frac{a}{a^2 - mb^2} + \frac{-b}{a^2 - mb^2}\sqrt{m} \in \mathbb{Q}[\sqrt{m}]$$

である．したがって，$\mathbb{Q}[\sqrt{m}]$ において，0 でない任意の元の乗法に関する逆元が存在する．よって，$\mathbb{Q}[\sqrt{m}]$ は体である．

例題 4.9 K を体，$a, b \in K$ とする．$a \neq 0, b \neq 0$ ならば，$a \cdot b \neq 0$ を示せ．

解答 $a \cdot b = 0$ かつ $a \neq 0$ ならば，$b = 0$ であることを示せばよい．$a \neq 0$ なので，a^{-1} が存在する．$a \cdot b = 0$ の両辺に a^{-1} をかけると，左辺は b になり，右辺は 0 になる（例題 4.5(a) 参照）．よって $b = 0$ を得る． □

3] 教科書によっては，本書の体と斜体を，それぞれ可換体と体とよぶ．また，本書では斜体は体を含むが，教科書によっては，乗法の交換則が成り立たない体を斜体とよぶ．

4.2 環の例

4.2.1 1変数多項式環

A を単位元をもつ可換環とする．X を変数とする．$a_0, a_1, \ldots, a_n \in A$ に対して，形式的に

$$f(X) = a_0 + a_1 X + \cdots + a_n X^n$$

を考え，これを A を係数とする変数 X の多項式という．

$a_0, a_1, \ldots, a_n$ を $f(X)$ の**係数**という．$a_n \neq 0$ のとき，n を $f(X)$ の**次数**とよび，$\deg f$ または $\deg(f(X))$ で表す．ただし，$f(X) = 0$ に対しては，$\deg 0 = -\infty$ とおく．

2つの多項式が等しいのは，2つの多項式の対応する係数がそれぞれ等しいときと定める（下の注意も参照）．また，2つの多項式の加法 $+$ と乗法 $\cdot$ を，通常のように（つまり $A = \mathbb{C}, \mathbb{R}$ のときと同じように）定める．

A を係数とする変数 X の多項式全体を $A[X]$ で表す．$A[X]$ は上の加法と乗法に関して，単位元をもつ可換環になることが分かる．$A[X]$ を A 上の **1 変数多項式環**という．

> **注意**　変数 X とは一体何なのか，形式的に $f(X) = a_0 + \cdots + a_n X^n$ を考えるとはどういう意味なのか，多項式 1 と多項式 $1 + 0 \cdot X$ が等しいことをどう考えればよいのかが気になる読者は，以下のように考えればよい．まず，A を係数とする多項式を，数列 $(a_0, a_1, \ldots, a_n, 0, 0, \ldots)$（任意の $i \geqq 0$ に対して $a_i \in A$ で，ある非負整数 n が存在して任意の $i \geqq n$ に対して $a_i = 0$）として定める．さらに，2つの多項式 $(a_0, a_1, \ldots)$ と $(b_0, b_1, \ldots)$ に対して，その和を $(a_0, a_1, \ldots) + (b_0, b_1, \ldots) = (a_0 + b_0, a_1 + b_1, \ldots)$ で，積を $(a_0, a_1, \ldots) \cdot (b_0, b_1, \ldots) = (c_0, c_1, \ldots)$（ただし，$c_0 = a_0 \cdot b_0$, $c_1 = a_0 \cdot b_1 + a_1 \cdot b_0$, $c_n = \sum\limits_{i+j=n} a_i b_j$）で定める．さらに，多項式 $(0, 1, 0, 0, \ldots)$ を X とおく．このとき，$X^i = X \cdot X \cdots X$（i 個）は第 i 成分が 1 でその他の成分は 0 の多項式である．また，多項式 $(a, 0, 0, \ldots)$ を a で表す．すると，多項式 $f(X) = (a_0, a_1, \ldots, a_n, 0, 0 \ldots)$ は，
> $$f(X) = (a_0, 0, 0, \ldots) + (a_1, 0, 0, \ldots) \cdot (0, 1, 0, \ldots) + (a_2, 0, 0, \ldots) \cdot (0, 0, 1, \ldots) + \cdots$$
> $$= a_0 + a_1 \cdot X + a_2 \cdot X^2 + \cdots + a_n \cdot X^n$$
> と表される．例えば，多項式 1 は数列 $(1, 0, 0, \ldots)$ であり，多項式 $1 + 0 \cdot X$ も数列 $(1, 0, 0, \ldots)$

であるから，1 と $1 + 0 \cdot X$ は同じ多項式である．このような多項式全体のなす集合に上に述べた加法と乗法を入れたものが，A 上の 1 変数多項式環 $A[X]$ である．

例 4.10　K を体とする．上の特別な場合として，体 K の元を係数とする 1 変数多項式環 $K[X]$ が定義される．同様に，整数係数の 1 変数多項式環 $\mathbb{Z}[X]$ が定義される．

4.2.2　n 変数多項式環

A を単位元をもつ可換環とする．$X_1, X_2, \ldots, X_n$ を変数とし A を係数とする多項式全体のなす環 $A[X_1, X_2, \ldots, X_n]$ は，帰納的に，

$$A[X_1, X_2, \ldots, X_n] := (A[X_1, X_2, \ldots, X_{n-1}])[X_n]$$

（環 $A[X_1, X_2, \ldots, X_{n-1}]$ 上の X_n を変数とする 1 変数多項式環）で定義される．$A[X_1, X_2, \ldots, X_n]$ の元は，整理すると

$$f(X_1, X_2, \ldots, X_n) = \sum_{i_1, i_2, \ldots, i_n} a_{i_1 i_2 \ldots i_n} X_1^{i_1} X_2^{i_2} \cdots X_n^{i_n}$$

の形で表される．ただし，$i_1, i_2, \ldots, i_n$ は 0 以上の整数を動き，$a_{i_1 i_2 \ldots i_n} \in A$ であり，有限個の $i_1, i_2, \ldots, i_n$ を除いては $a_{i_1 i_2 \ldots i_n} = 0$ である．$A[X_1, X_2, \ldots, X_n]$ を A 上の n **変数多項式環**という．

例 4.11　K を体とする．上の特別な場合として，体 K の元を係数とする n 変数多項式環 $K[X_1, X_2, \ldots, X_n]$ が定義される．同様に，整数係数の n 変数多項式環 $\mathbb{Z}[X_1, X_2, \ldots, X_n]$ が定義される．

4.2.3　剰余環 $\mathbb{Z}/m\mathbb{Z}$

m を正の整数とする．例 2.48 で $\mathbb{Z}/m\mathbb{Z}$ が加法に関してアーベル群になることをみた．ここで，$\mathbb{Z}/m\mathbb{Z}$ の元は $[i] = \{x \in \mathbb{Z} \mid x - i$ は m の倍数$\}$（$i \in \mathbb{Z}$）であり，$\mathbb{Z}/m\mathbb{Z} = \{[0], [1], \ldots, [m-1]\}$ と m 個の元からなる集合であった．また，$\mathbb{Z}/m\mathbb{Z}$ の加法は，$[i] + [j] = [i+j]$ によって定まっていた．

$\mathbb{Z}$ の乗法を用いて，$\mathbb{Z}/m\mathbb{Z}$ の乗法を，$[i], [j] \in \mathbb{Z}/m\mathbb{Z}$ に対して，

$$[i] \cdot [j] := [ij] \tag{4.1}$$

で定めたい．そのため，これが矛盾なく定義されていることを確かめよう．$i, i' \in \mathbb{Z}$ を $[i] = [i']$ をみたす整数とする．$j, j' \in \mathbb{Z}$ を $[j] = [j']$ をみたす整数とする．このとき，$[ij] = [i'j']$ が確かめたいことである．

実際，$[i] = [i']$ より，$i - i'$ は m の倍数である．また，$[j] = [j']$ より，$j - j'$ は m の倍数である．すると，$ij - i'j' = i(j - j') + j'(i - i')$ であるから，$ij - i'j'$ も m の倍数である．よって，$[ij] = [i'j']$ となり，(4.1) が矛盾なく定義されていることが分かった．

$\mathbb{Z}/m\mathbb{Z}$ は加法と (4.1) の乗法によって，単位元をもつ可換環になる．実際，例 2.48 で $\mathbb{Z}/m\mathbb{Z}$ が加法に関してアーベル群になることをみたので，定義 4.1 の条件 (i)–(iv) は成り立っている．残りの条件 (v)–(viii) も，$\mathbb{Z}$ が単位元をもつ可換環であることから，成り立つことが確かめられる．例えば，(v) は，$i, j, k \in \mathbb{Z}$ に対して，

$$([i] \cdot [j]) \cdot [k] = [ij] \cdot [k] = [(ij)k] = [i(jk)] = [i] \cdot [jk] = [i] \cdot ([j] \cdot [k])$$

となるからよい．他の条件も同様である．特に，$[1]$ が単位元である．

注意 5.1 節で，一般に，剰余環 A/I を定義する．剰余環 $\mathbb{Z}/m\mathbb{Z}$ はその特別な場合である（例 5.9 参照）．

4.2.4 有限体 $\mathbb{Z}/p\mathbb{Z}$（$\mathbb{F}_p$ と書く）

p を素数とする．$\mathbb{Z}/p\mathbb{Z}$ は上の項でみたように単位元をもつ可換環であるが，さらに体になっている．このことをみてみよう．

$\mathbb{Z}/p\mathbb{Z}$ が体であることをいうには，任意の零元でない元 $[i] \in \mathbb{Z}/p\mathbb{Z}$ に対して，$[x] \cdot [i] = [1]$ となる $[x] \in \mathbb{Z}/p\mathbb{Z}$ が存在することをみればよい．まず，$[i]$ が零元でないということは，$[i] \neq [0]$ だから，i は p で割り切れない．すると，p は素数だから，i と p の最大公約数は 1 である．よって，ユークリッドの互除法より，$xi + yp = 1$ となる整数 x, y が存在する[4]．すると，

$$[x] \cdot [i] = [xi] = [xi] + [0] = [xi] + [yp] = [xi + yp] = [1]$$

となるから，確かに，$[i]$ の乗法の逆元 $[x]$ が存在する．よって，$\mathbb{Z}/p\mathbb{Z}$ は体である．

---

[4] 4.4 節でも，ユークリッドの互除法を説明する．

定義 4.12 （$\mathbb{F}_p$）　p を素数とする．$\mathbb{Z}/p\mathbb{Z}$ を $\mathbb{F}_p$ と書く．$\mathbb{F}_p$ は p 個の元からなる体である．

定義 4.13 （標数）　体 K の単位元 1 に対して，$\overbrace{1+1+\cdots+1}^{p\,\text{個}}=0$ となる最小の整数 $p>0$ を体 K の標数という．このような p が存在しないとき，K の標数は 0 であるという．

例 4.14　(a) 有理数体 $\mathbb{Q}$, 実数体 $\mathbb{R}$, 複素数体 $\mathbb{C}$ の標数はいずれも 0 である．

(b) p を素数とする．$\mathbb{F}_p=\mathbb{Z}/p\mathbb{Z}$ の標数は p である．

問題 4.2　体の標数は 0 か素数であることを示せ．（ヒント：$\overbrace{1+1+\cdots+1}^{n\,\text{個}}$ を $n\cdot 1$ と書くことにする．$n=n_1 n_2$ のとき，$n\cdot 1=(n_1\cdot 1)(n_2\cdot 1)$ である．例題 4.9 より，$n\cdot 1=0$ ならば $n_1\cdot 1=0$ または $n_2\cdot 1=0$ が成り立つ．）

4.3　イデアル

単位元をもつ可換環の部分集合で基本的なイデアルについて述べる．

定義 4.15 （イデアル）　単位元をもつ可換環 A の空でない部分集合 I がイデアルであるとは次の条件をみたすときにいう．

(i) 任意の $a,b\in I$ に対して，$a+b\in I$.

(ii) 任意の $x\in A$ と $a\in I$ に対して，$x\cdot a\in I$.

注意　(a) A が（可換とは限らない）環のときには（p.129 の注意参照），上の I は**左イデアル**とよばれる．上の定義で条件 (i) に加えて，「(ii)′：任意の $x\in A$ と $a\in I$ に対して，$a\cdot x\in I$」をみたすものは**右イデアル**とよばれる．さらに，左イデアルかつ右イデアルであるものは**両側イデアル**とよばれる．可換環では $a\cdot x=x\cdot a$ なので，左イデアルと右イデアルと両側イデアルは同じものとなり，単にイデアルとよばれる．

(b) イデアルの概念はデデキントによって導入された．イデアルという言葉は，数学者クンマーの考えた「理想数（ideal number）」に由来する．

136　第 4 章｜環とは，環上の加群とは

補題 4.16　A を単位元をもつ可換環とし，I を A のイデアルとする．このとき，$0 \in I$ である．また，$a, b \in I$ に対して，$-a \in I$, $a - b \in I$ である[5]．

証明　I は空集合ではないから，元 $a \in I$ を何でもよいからとる．このとき，$0 \in A$ に対して，イデアルの定義の条件 (ii) から，$0 \cdot a \in I$ になる．ここで，$0 \cdot a = 0$ である（例題 4.5(a) 参照）．よって，$0 \in I$ である．

　$a \in I$ に対して，$-1 \in A$ であるから，イデアルの定義の条件 (ii) から，$(-1) \cdot a \in I$ になる．ここで，$(-1) \cdot a = -a$ である（例題 4.5(b) 参照）．よって，$-a \in I$ である．

　$a - b = a + (-b)$ である．$a, b \in I$ のとき，上で示したことより，$-b \in I$ であり，イデアルの定義の条件 (i) から，$a + (-b) \in I$ となる．よって，$a - b \in I$ である．　　　　　　　　　　　　　　　　　　　　　　　　　　　　　　　　□

定義 4.17（有限生成イデアル，単項イデアル）　A を単位元をもつ可換環とする．

　(a)　n 個の元 $a_1, \ldots, a_n \in A$ に対して，

$$(a_1, \ldots, a_n) := \{x_1 \cdot a_1 + \cdots + x_n \cdot a_n \mid x_1, \ldots, x_n \in A\} \tag{4.2}$$

　　とおくと，$(a_1, \ldots, a_n)$ は A のイデアルになる．このように有限個の元 $a_1, \ldots, a_n$ で生成されるイデアルを，**有限生成イデアル**という．

　(b)　A の 1 個の元 a によって生成されるイデアル

$$(a) := \{x \cdot a \mid x \in A\} \tag{4.3}$$

　　を，**単項イデアル**という．

───────────────

5]　$a - b$ は b を加えると a になる元である．$a - b = a + (-b)$ である．

4.3 | イデアル　137

定義 4.18　（S で生成されるイデアル）　A を単位元をもつ可換環，S を A の空でない部分集合とする.

$$(S) := \bigcup_{k \geqq 1} \{x_1 \cdot a_1 + \cdots + x_k \cdot a_k \mid x_1, \ldots, x_k \in A,\ a_1, \ldots, a_k \in S\}$$

とおくと，(S) は A のイデアルになる.　(S) を S で生成されるイデアルという.　$S = \{a_1, \ldots, a_n\}$ のときは，(4.2) の $(S) = (a_1, \ldots, a_n)$ となり，$S = \{a\}$ のときは，(4.3) の $(S) = (a)$ となる.

例 4.19　A を単位元をもつ可換環とする. このとき，$\{0\}$ と A は A のイデアルである. 実際，$\{0\} = (0)$, $A = (1)$ であり，これらは A の単項イデアルである.

　体については，例 4.19 の逆にあたることが成り立つことを次の例題で考えてみよう.

例題 4.20　(a)　A を単位元をもつ可換環とし，I を A のイデアルとする. このとき，$1 \in I$ であることと，$I = A$ であることは同値である. このことを示せ.

(b)　体 K のイデアルは $\{0\}$ と K のみであることを示せ.

解答　(a)　$1 \in I$ を仮定する. このとき，A の任意の元 x に対して，イデアルの定義から，$x = x \cdot 1 \in I$ となる. よって，$I = A$ が成り立つ.

　逆に，$I = A$ を仮定すれば，$1 \in A = I$ である.

　したがって，イデアル I について，$1 \in I$ であることと，$I = A$ であることは同値である.

　(b)　I を K のイデアルとし，$I \neq \{0\}$ であるとする. このとき，$I = K$ であることを示せばよい. $I \neq \{0\}$ であるから，0 でない元 $a \in K$ で，$a \in I$ であるものが存在する. K は体であるから，a の逆元 $a^{-1} \in K$ が存在する. すると，イデアルの定義より，$1 = a^{-1} \cdot a \in I$ が成り立つ. したがって，(a) より $I = K$ である.　□

問題 4.3　$K[X, Y]$ を体 K 上の 2 変数多項式環とする. このとき，X と Y で

生成される $K[X, Y]$ のイデアル

$$(X, Y) := \{f(X, Y)X + g(X, Y)Y \mid f(X, Y), g(X, Y) \in K[X, Y]\}$$

は, 単項イデアルではないことを示せ.

4.4 節で, 整数環 $\mathbb{Z}$ の任意のイデアルは (m) (ただし m は整数) の形をしていることをみる. また, 4.5 節で, 体 K 上の 1 変数多項式環 $K[X]$ の任意のイデアルは $(f(X))$ (ただし $f(X) \in K[X]$) の形をしていることをみる. $n \geqq 2$ のときは, n 変数多項式環 $K[X_1, \dots, X_n]$ のイデアルは単項イデアルとは限らないが (問題 4.3 参照), 有限生成イデアルであることを, 5.6 節でみる.

4.4 整数環 $\mathbb{Z}$

整数環 $\mathbb{Z}$ の性質を少しみてゆこう. 小学校で習ったように, 整数環 $\mathbb{Z}$ では, 余りのある割り算ができる.

定理 4.21 (**$\mathbb{Z}$ における割り算原理**)　任意の $a, b \in \mathbb{Z}\,(b \neq 0)$ に対して, $q, r \in \mathbb{Z}$ で

$$a = qb + r, \quad r = 0 \text{ または } 0 < r < |b|$$

となるものが存在する. q, r は一意的に定まる.

注意　「$r = 0$ または $0 < r < |b|$」は,「$0 \leqq r < |b|$」と書いてもよいが, 後の都合上, このように書いておく.

証明　ごく簡単に証明を述べる. はじめに $b > 0$ のときを考える. $qb \leqq a < (q+1)b$ となる $q \in \mathbb{Z}$ が存在する. このとき, $r = a - qb$ とおけば, $0 \leqq r < b$ が成立して, $a = qb + r$ となる. $a = q'b + r'$ ($q', r' \in \mathbb{Z}$ で, $0 \leqq r' < b$) とも表されたとすると, $(q - q')b = r' - r$ となる. $-b < r' - r < b$ であるから, $(q - q')b = r' - r = 0$ となる. よって, $q = q'$, $r = r'$ が成り立つ. $b < 0$ のときも同様である. $\square$

割り算原理を使うと, $\mathbb{Z}$ の任意のイデアルが 1 つの元で生成されることがわかる.

> **命題 4.22** $\mathbb{Z}$ の任意のイデアル I は単項イデアルである. つまり, 整数 m が存在して, $I = (m)$ となる.

証明 I はイデアルだから, 0 を含む（補題 4.16 参照）. $I = \{0\}$ のときは, $m = 0$ ととればよい. そこで, $I \neq \{0\}$ とする. 0 でない元 $a \in I$ をとる. 補題 4.16 より, $-a \in I$ となり, a または $-a$ は正の整数だから, I は正の整数を含む. そこで, I に含まれる正の整数のうち最小のものを m とおく. このときに, $I = (m)$ となることを示そう.

z を I の任意の元とする. 割り算原理（定理 4.21）を用いて, z を m で割って, $z = qm + r$ $(q, r \in \mathbb{Z}, 0 \leqq r < m)$ と表す. このとき, $r = z - qm$ である. $m \in I$ で $q \in \mathbb{Z}$ だから, イデアルの条件より, $qm \in I$ である. $z \in I$ であるから, 補題 4.16 より, $r = z - qm \in I$ が分かる. m の最小性から $r = 0$ となり, $z = qm$ となる. よって, $I \subseteq (m)$ が分かった.

逆に, 任意の $x \in \mathbb{Z}$ に対して, $xm \in I$ であるから, $(m) \subseteq I$ である. よって, $I = (m)$ が証明された. $\square$

m, n を整数とする. このとき, m, n で生成されるイデアル

$$(m, n) := \{xm + yn \mid x, y \in \mathbb{Z}\}$$

は, 命題 4.22 からある $d \in \mathbb{Z}$ が存在して, $(m, n) = (d)$ と表される. この d は実は, m, n の最大公約数 $\mathrm{GCD}(m, n)$ になっていることをみよう.

> **命題 4.23** m, n を整数とする. このとき, $(m, n) = (\mathrm{GCD}(m, n))$ である. さらに, $\mathrm{GCD}(m, n)$ は m, n から一意的に定まる.

証明 命題 4.22 から, ある $d \in \mathbb{Z}$ が存在して, $(m, n) = (d)$ となる. $(d) = (-d)$ だから, $d \geqq 0$ と仮定してもよい. この d が p.vii の記号にある最大公約数の条件 (i)(ii) をみたすことをみる. まず, $m \in (d)$, $n \in (d)$ だから, $d \mid m, d \mid n$ となり (i) をみたす. また, 整数 d' が $d' \mid m, d' \mid n$ をみたすとする. $d \in (m, n)$ であるから, $d = xm + yn$ となる $x, y \in \mathbb{Z}$ が存在する. よって, $d' \mid d$ となり, (ii) をみたす. したがって, 前半部が示された.

後半部を示す. $\tilde{d} \geqq 0$ も p.vii の記号にある最大公約数の条件 (i)(ii) をみたすとしよう. このとき, $\tilde{d} = d$ を示すのが目標である. まず, $d = 0$ のときは $m = n =$

0 となり，この最大公約数は 0 しかないから，$\widetilde{d} = 0$ となりよい．そこで，$d \neq 0$ とする．最大公約数の条件 (ii) から，$\widetilde{d} \mid d$ であり，$d \mid \widetilde{d}$ である．よって，$d = u\widetilde{d}$ かつ $\widetilde{d} = vd$ となる $u, v \in \mathbb{Z}$ が存在する．このとき，$d = uvd$ となり，$d \neq 0$ から，$uv = 1$ となる．よって，$u = v = 1$ または $u = v = -1$ であり，$\widetilde{d} = d$ または $\widetilde{d} = -d$ となる．$d \geqq 0$，$\widetilde{d} \geqq 0$ であるので，$\widetilde{d} = d$ が成り立つ． $\square$

m, n が互いに素な整数のとき，$xm + yn = 1$ をみたす整数 x, y が存在することは，ユークリッドの互除法を既知として，4.2.4 節と補題 3.7 の証明で用いた．この証明を系 4.24 で与え，ユークリッドの互除法を命題 4.25 で確認しよう．

系 4.24 m, n を整数とする．m と n の最大公約数を d とおくと，$xm + yn = d$ をみたす整数 x, y が存在する．特に，m, n が互いに素な整数のときには，$xm + yn = 1$ をみたす整数 x, y が存在する．

証明 命題 4.23 から，$(m, n) = (d)$ である．よって，$d \in (d) = (m, n) := \{xm + yn \mid x, y \in \mathbb{Z}\}$ となるから，$xm + yn = d$ をみたす整数 x, y が存在する． $\square$

整数 a, b の最大公約数を具体的に求める方法に，ユークリッドの互除法がある．ユークリッドの互除法は最古のアルゴリズムを思われる．

命題 4.25 （ユークリッドの互除法） 整数 $a, b \in \mathbb{Z}$ $(b \neq 0)$ に対し，a, b の最大公約数を次のように求めることができる．割り算原理を繰り返し用いて，

$$a = q_0 b + r_1 \qquad (q_0, r_1 \in \mathbb{Z}, \ 0 \leqq r_1 < |b|),$$
$$b = q_1 r_1 + r_2 \qquad (q_1, r_2 \in \mathbb{Z}, \ 0 \leqq r_2 < r_1),$$
$$r_1 = q_2 r_2 + r_3 \qquad (q_2, r_3 \in \mathbb{Z}, \ 0 \leqq r_3 < r_2),$$
$$r_2 = q_3 r_3 + r_4 \qquad (q_3, r_4 \in \mathbb{Z}, \ 0 \leqq r_4 < r_3),$$
$$\vdots$$

とする．このとき，$|b| > r_1 > r_2 > r_3 > r_4 > \cdots \geqq 0$ なので，ある k が存在して，$r_{k+1} = 0$，つまり，$r_{k-1} = q_k r_k$ となる．このとき，$\mathrm{GCD}(a, b) = r_k$ となる．さらに，$xa + yb = \mathrm{GCD}(a, b)$ となる $x, y \in \mathbb{Z}$ を（q_i や r_i を用いて）具体的に与えることができる．

証明　$a = q_0 b + r_1$ であるから，イデアルとして，$(a, b) = (b, r_1)$ となる．実際，$a = q_0 b + r_1 \in (b, r_1)$ より，$(a, b) \subseteq (b, r_1)$ である．また，$r_1 = a - q_0 b \in (a, b)$ だから $(b, r_1) \subseteq (a, b)$ である．よって $(a, b) = (b, r_1)$ である．次に，$b = q_1 r_1 + r_2$ だから，イデアルとして，$(b, r_1) = (r_1, r_2)$ となる．以下続けて，

$$(a, b) = (b, r_1) = (r_1, r_2) = \cdots = (r_k, 0) = (r_k)$$

となる．命題 4.23 より，$r_k = \mathrm{GCD}(a, b)$ である．

後半については，$r_k = r_{k-2} - q_{k-1} r_{k-1}$ と r_{k-2} と r_{k-1} で表し，$r_{k-1} = r_{k-3} - q_{k-2} r_{k-2}$ を代入して，$r_k = r_{k-2} - q_{k-1}(r_{k-3} - q_{k-2} r_{k-2}) = (q_{k-1} q_{k-2} + 1) r_{k-2} - q_{k-1} r_{k-3}$ と r_{k-3} と r_{k-2} で表し，ということを続けていくと，$r_k = xa + yb \, (x, y \in \mathbb{Z})$ と表せることが分かる．　□

例 4.26　$a = 115$ と $b = 100$ の最大公約数をユークリッドの互除法を用いて求めてみる．

$$115 = 1 \cdot 100 + 15,$$
$$100 = 6 \cdot 15 + 10,$$
$$15 = 1 \cdot 10 + 5,$$
$$10 = 2 \cdot 5 + 0.$$

よって，$\mathrm{GCD}(115, 100) = 5$ である．このとき，$115m + 100n = 5$ となる整数 m, n も具体的に求められる．実際，3 行目の式から，上の式へと順に用いて，

$$5 = 15 - 1 \cdot 10$$
$$= 15 - 1 \cdot (100 - 6 \cdot 15) = 7 \cdot 15 - 1 \cdot 100$$
$$= 7 \cdot (115 - 1 \cdot 100) - 1 \cdot 100 = 7 \cdot 115 - 8 \cdot 100.$$

よって，$m = 7$，$n = -8$ ととればよい．

問題 4.4　整数 $a = 10001$ と $b = 33976$ の最大公約数 d を求めよ．また，$d = xa + yb$ となる $x, y \in \mathbb{Z}$ を 1 組求めよ．

この節の最後に，$\mathbb{Z}$ の任意のイデアルが単項イデアルであるということを使って，整数が一意的に素因数分解できることを示そう．整数が一意的に素因数分解

できることは当たり前と思うかもしれないが，高校までの数学では証明はしていないのではないかと思う．

念のために，素数の定義を思い出しておく．

定義 4.27 （素数） 正の整数 p が**素数**であるとは，$p \neq 1$ であり，任意の正の整数 $b, c \in \mathbb{Z}$ に対して，

$$p = bc \text{ ならば，} b = 1 \text{ または } c = 1 \text{ である}$$

が成り立つときにいう．

命題 4.28 （$\mathbb{Z}$ における素因数分解の存在と一意性） $a \in \mathbb{Z}$ を $a \neq 0, 1, -1$ をみたす整数とする．このとき，$n \geqq 1$ と素数 $p_1, \ldots, p_n$ が存在して，

$$a = \pm p_1 p_2 \cdots p_n \tag{4.4}$$

と表される[6]．さらに，$p_1, p_2, \ldots, p_n$ は順序の違いを除いて，a から一意的に定まる．

証明 ステップ 1：p を素数とする．まず，任意の $b, c \in \mathbb{Z}$ に対して，

$$bc \in (p) \text{ ならば，} b \in (p) \text{ または } c \in (p) \text{ である}$$

が成り立つことを示そう．それには，$(bc) \in (p)$ かつ $b \notin (p)$ ならば，$c \in (p)$ を示せばよい．$b \notin (p)$ であり，p は素数なので，p と b は互いに素である．よって，$px + by = 1$ となる整数 x, y が存在する（系 4.24 参照）．両辺に c をかけると，$cpx + bcy = c$ となる．$(bc) \in (p)$ より，左辺は p の倍数なので，$c \in (p)$ を得る．

ステップ 2：$|a|$ に関する帰納法で，$|a|$ が有限個の素数の積で表されることをみる．$|a| = 2$ のときは，$|a|$ は素数 1 個の積である．一般の a を考える．$|a|$ が素数のときは，$|a|$ は素数 1 個の積である．$|a|$ が素数でなければ，素数の定義より，$|a| = |b| \, |c|$ で $|b| \neq 1, |c| \neq 1$ となるものが存在する．帰納法の仮定より，$|b|, |c|$ は有限個の素数の積で表されるから，$|a|$ も有限個の素数の積で表される．よって，a は (4.4) のような表示を持つ．

ステップ 3：(4.4) の表示の一意性を示そう．$p_1, \ldots, p_n, q_1, \ldots, q_m$ が素数で，$p_1 \cdots p_n = q_1 \cdots q_m$ であれば，$n = m$ で $q_1, \ldots, q_m$ の順番を並び替えれば，$p_1 =$

6] $a = p_1 p_2 \cdots p_n$ または $a = -p_1 p_2 \cdots p_n$ といういう意味である．

$q_1, \ldots, p_n = q_n$ となることを示せばよい．一般性を失わずに，$n \leqq m$ としてよい．

さて，$q_1 \cdots q_m = p_1 \cdots p_n \in (p_1)$ であるから，ステップ 1 より，ある $j = 1, \ldots, m$ が存在して，$q_j \in (p_1)$ になる．$q_1, \ldots, q_m$ の順番を並び替えて，$j = 1$ としてよい．このとき，$q_1 = p_1 x$ となる $x \in \mathbb{Z}$ が存在する．ここで，q_1 も素数であるから，$x = 1$ である．よって，$q_1 = p_1$ となる．

$p_1 \cdots p_n = q_1 \cdots q_m$ から p_1 を簡約して，$p_2 \cdots p_n = q_2 \cdots q_m$ となる．同様のことを続ければ，$p_i = q_i \ (i = 2, \ldots, n)$ も分かる．もし，$n < m$ であれば，$p_2, \ldots, p_n$ を簡約した結果は，$1 = q_{n+1} \cdots q_m$ となるが，これは q_j が素数であることに矛盾する．よって，$n = m$ であり，$p_i = q_i \ (i = 1, \ldots, n)$ となる． $\square$

4.5 体 K 上の 1 変数多項式環 $K[X]$

K を体とする．$K[X]$ を K の元を係数とする 1 変数多項式全体のなす環とする．整数環 $\mathbb{Z}$ に続いて，$K[X]$ の性質を少しみてゆこう．整数環 $\mathbb{Z}$ のときと同様に，$K[X]$ でも余りのある割り算ができる．

> **定理 4.29**（$K[X]$ における割り算原理） K を体とする．任意の $a(X), b(X) \in K[X] \, (b(X) \neq 0)$ に対して，$q(X), r(X) \in K[X]$ で
> $$a(X) = q(X)b(X) + r(X), \quad r(X) = 0 \text{ または } 0 \leqq \deg(r(X)) < \deg(b(X)) \quad (4.5)$$
> となるものが存在する．$q(X), r(X)$ は，$a(X), b(X)$ から一意的に定まる．

証明 ごく簡単に証明を述べる．まず，余りのある割り算ができることを示す．$a(X) = 0$ のときは，$q(X) = r(X) = 0$ とすればよいので，$a(X) \neq 0$ としてよい．$a(X) = a_d X^d + \cdots + a_0 \ (a_d, \ldots, a_0 \in K, \ a_d \neq 0)$ と表す．また，$b(X) = b_e X^e + \cdots + b_0 \ (b_e, \ldots, b_0 \in K, \ b_e \neq 0)$ と表す．K は体だから，b_e の逆元 $b_e^{-1} \in K$ が存在する．

$d < e$ のときは，$q(X) = 0, \ r(X) = b(X)$ とすればよい．$d \geqq e$ のときは，$a_1(X) := a(X) - (a_d \cdot b_e^{-1} X^{d-e})b(X)$ を考えると，$a_1(X)$ の X^d の係数は 0 になるので，$a(X)$ の次数に関する帰納法で $a_1(X) = q_1(X)b(X) + r_1(X)$ と表せる．このとき，$q(X) = q_1(X) + a_d \cdot b_e^{-1} X^{d-e}, \ r(X) = r_1(X)$ とおけば，(4.5) が得

られる.

次に, $q(X), r(X)$ の一意性を示す. $a(X) = q(X)b(X)+r(X)$, $a(X) = \tilde{q}(X)b(X)$ $+\tilde{r}(X)$ と 2 通りの表示ができたとする. このとき,

$$(q(X) - \tilde{q}(X))b(X) = \tilde{r}(X) - r(X)$$

となる. もし $q(X) - \tilde{q}(X) \neq 0$ とすると, その次数を $f \geqq 0$ とおけば, 左辺の X^{f+e} の係数は 0 でない (例題 4.9 参照). よって, 左辺の多項式の次数は $f + e$ となるが, 右辺の次数は e よりも小さいので矛盾する. よって, $q(X) - \tilde{q}(X) = 0$ であり, $\tilde{r}(X) - r(X) = 0$ となる. 以上により, $q(X), r(X)$ の一意性も証明された. □

$K[X]$ での割り算原理を使うと, $K[X]$ の任意のイデアル I は単項イデアルであることがわかる. 証明は $\mathbb{Z}$ のときと同様であり, 5.5 節で一般の状況で証明するので. ここでは証明しない.

命題 4.30 $K[X]$ の任意のイデアル I は単項イデアルである. つまり, ある多項式 $f(X) \in K[X]$ が存在して,

$$I = (f(X)) \; (:= \{h(X)f(X) \mid h(X) \in K[X]\})$$

となる.

$\mathbb{Z}$ の場合の素数にあたる, $K[X]$ の既約多項式を定義する.

K の元 c は $K[X]$ の元とみなせる. このとき, c を $K[X]$ の**定数** (または, 定数多項式) とよぶことにする.

定義 4.31 ($K[X]$ の既約多項式) $f(X)$ を $K[X]$ の定数でない多項式とする. $f(X)$ が**既約多項式**であるとは, $f(X) = g(X)h(X) \, (g(X), h(X) \in K[X])$ であれば, $g(X)$ が定数または $h(X)$ が定数であるときにいう.

例4.32 $m \neq 0$ を平方数でない (すなわち, $\sqrt{m} \notin \mathbb{Z}$ である) 整数とする.

(a) $X^2 - m \in \mathbb{Q}[X]$ は $\mathbb{Q}[X]$ の既約多項式である. 実際, もし, $X^2 - m$ が既約多項式でないとすると, 1 次式 $X + a \in \mathbb{Q}[X]$ と $X + b \in \mathbb{Q}[X]$ が存在

4.5 | 体 K 上の 1 変数多項式環 $K[X]$ | 145

して，$X^2 - m = (X + a)(X + b)$ と表されるはずである．すると，$X^2 - m$ は有理数の解 $-a$ をもつはずである．しかし，$X^2 - m = 0$ の解は $\sqrt{m}$ と $-\sqrt{m}$ で，$\sqrt{m}$ は有理数でないから，矛盾する．よって，$X^2 - m \in \mathbb{Q}[X]$ は $\mathbb{Q}[X]$ の既約多項式である．

(b) $X^2 - m$ は $\mathbb{C}[X]$ の既約多項式ではない．実際，$\mathbb{C}[X]$ においては，$X^2 - m = (X + \sqrt{m})(X - \sqrt{m})$ と 1 次式の積に分解するからである．

注意　複素数体 $\mathbb{C}$ 上の多項式は，必ず複素数解をもつことが知られている（代数学の基本定理とよばれる）．このことから，任意の定数でない複素数係数多項式は，1 次式の積で表される．よって，$\mathbb{C}[X]$ の多項式が既約であることと，1 次式であることは同値である．

例題 4.33　$n \geq 1$ とする．$f(X) = X^n + a_1 X^{n-1} + \cdots + a_n \in \mathbb{Z}[X]$ を，最高次の係数が 1 の整数係数の n 次多項式とする．

(a) α が有理数で $f(\alpha) = 0$ をみたせば，α は整数であることを示せ．

(b) α が整数で $f(\alpha) = 0$ をみたせば，α は a_n の約数であることを示せ．

(c) a は整数で $a \neq 0, 2$ をみたすとする．$X^3 - aX - 1$ は $\mathbb{Q}[X]$ の既約多項式であることを示せ．

解答　(a) $\alpha = a/b$ （a, b は互いに素な整数で $b > 0$）と表す．$f(\alpha) = 0$ の両辺に，b^{n-1} をかけると，

$$\frac{a^n}{b} = -(a_1 a^{n-1} + a_2 a^{n-2} b + \cdots + a_n b^{n-1})$$

を得る．右辺は整数であるから，左辺も整数である．a, b は互いに素で $b > 0$ より，$b = 1$ となる．よって，α は整数である．

(b) $f(\alpha) = 0$ を $a_n = -\alpha \cdot (\alpha^{n-1} + a_1 \alpha^{n-2} + \cdots + a_{n-1})$ と書き直す．α も $\alpha^{n-1} + a_1 \alpha^{n-2} + \cdots + a_{n-1}$ も整数であるから，α は a_n の約数である．

(c) $f(X) = X^3 - aX - 1 \in \mathbb{Q}[X]$ とおく．$f(X)$ が $\mathbb{Q}[X]$ の既約多項式でないとすると，$f(X)$ は有理数係数の 1 次式と 2 次式の積で表されるので，$f(X) = 0$ は有理数の解をもつはずである．一方，(a) (b) より，$f(X) = 0$ は有理数の解 α をもてば，$\alpha = 1$ または $\alpha = -1$ である．しかし，$f(1) = -a \neq 0$，$f(-1) = a - 2 \neq 0$ であるから，$f(X) = 0$ は有理数の解をもたない．以上により，$f(X)$ は既約多項式である．　　　$\square$

$\mathbb{Z}$ における素因数分解の存在と一意性と同様に，$K[X]$ においては，定数でない任意の多項式は有限個の既約多項式の積に分解され，（次の命題のような）分解の一意性も成り立つ．証明は $\mathbb{Z}$ のときと同様であり，5.5 節で一般の状況で証明するので，ここでは証明しない．

> **命題 4.34**　（$K[X]$ における既約多項式分解と一意性）　$f(X) \in K[X]$ を定数でない多項式とする．このとき，$n \geqq 1$ と既約多項式 $f_1(X), \dots, f_n(X)$ が存在して，
>
> $$f(X) = f_1(X)f_2(X) \cdots f_n(X) \tag{4.6}$$
>
> と表される．さらに，$f_1(X), f_2(X), \dots, f_n(X)$ は順序の違いと 0 でない定数倍の違いを除いて，$f(X)$ から一意的に定まる．

$\mathbb{Q}[X]$ の既約多項式については，章末問題も参照してほしい．

4.6　環上の加群とは

　線形代数のベクトル空間は，和とスカラー倍が定まった集合で，加法に関する結合則などいくつかの公理をみたすものであった．ここで，スカラーは，ある固定された体 K の元であり，ベクトル空間は，正確には K 上のベクトル空間といった．

　ベクトル空間の定義で，可換体 K を単位元をもつ可換環 A にかえたものが，A 上の加群である．

　A, M を集合とするとき，集合の直積 $A \times M$ から M への写像を A の M への作用という[7]．

　7]　群の集合への作用のときは，$(gh) \cdot x = g \cdot (hx)$，$1 \cdot x = x$ という条件をみたすものを考えたが，ここでは特にそのような条件はいれない．

定義 4.35（A 加群）　A を単位元をもつ可換環，M を空でない集合とする．M 上の演算と，A の M への作用を考える．以下，M の演算の記号は $+$ を用いて加法とよぶ．また，A の M への作用は（中置記法の）$\cdot$ で，

$$\cdot : A \times M \to M, \quad (a, m) \mapsto a \cdot m$$

のように表す．このとき，集合 M と M の演算と A の M への作用のなす組 $(M, +, \cdot)$ が A 加群（A 上の加群ともいう）であるとは，次の条件をみたすときにいう．

- (i) 任意の $l, m, n \in M$ に対して，$(l+m)+n = l+(m+n)$ である．（加法に関する結合則）

- (ii) 任意の $m, n \in M$ に対して，$m+n = n+m$ である．（加法に関する交換則）

- (iii) 零元とよばれる元 $0 \in M$ が存在して，任意の $m \in M$ に対して，$m+0 = 0+m = m$ である．（零元の存在）

- (iv) 任意の $m \in M$ に対して，$m+n = n+m = 0$ となる元 $n \in M$ が存在する．この n を $-m$ と書く．（加法に関する逆元の存在）

- (v) 任意の $a, b \in A$ と任意の $m \in M$ に対して，$(a \cdot b) \cdot m = a \cdot (b \cdot m)$ である．

- (vi) 任意の $a, b \in A$ と任意の $m \in M$ に対して，$(a+b) \cdot m = a \cdot m + b \cdot m$ が成り立つ．

- (vii) 任意の $a \in A$ と任意の $m, n \in M$ に対して，$a \cdot (m+n) = a \cdot m + a \cdot n$ が成り立つ．

- (viii) A の単位元 1 と任意の $m \in M$ に対して，$1 \cdot m = m$ が成り立つ．

　環 A の演算の記号も $+, \cdot$ を用いている．A 加群 M の演算と作用の記号 $+, \cdot$ と紛らわしいので，どちらの意味か注意してみてほしい．なお，A の元 a, b に対して，$a \cdot b$ を ab と省略して書くことが多いように，A の元 a と M の元 m に対して，$a \cdot m$ を am と省略して書くことが多い．また，A 加群 $(M, +, \cdot)$ を略して M と書くことが多い．

注意　(a)　条件 (i)–(iv) は，「M が加法 $+$ に関して，アーベル群をなす」と要約できる．群のところでみたように，条件 (iii) をみたす零元 0 はただ 1 つである．また，M の各

148 | 第 4 章 | 環とは，環上の加群とは

元 m に対し，条件 (iv) をみたす n はただ 1 つであり，これを $-m$ と書いている．

(b) A が（可換とは限らない）環のときには，上の M は左 A 加群とよばれる．上の定義で，写像を $M \times A \to M$, $(m,a) \mapsto m \cdot a$ に変えたものは右 A 加群とよばれる．

(c) $a \in A$ に対して，$\ell_a : M \to M$ を $\ell_a(m) = a \cdot m$ $(m \in M)$ で与えられる写像とする．このとき，A 加群とは，空でない集合 M，加法 $+$，零元 0 と写像 $\{\ell_a\}_{a \in A}$ の組 $(M, +, 0, \{\ell_a\}_{a \in A})$ で条件 (i)–(viii) をみたすものと考えてもよい．

問題 4.5 A 加群の定義 4.35 から次が導かれることを示せ．

(a) A の任意の元 $a \in A$ について，$a \cdot 0 = 0$ である．（この 0 は M の零元である．）

(b) M の任意の元 $m \in M$ について，$0 \cdot m = 0$ である．（左辺の 0 は A の零元，右辺の 0 は M の零元である．）

(c) 任意の $m \in M$ に対し，$(-1) \cdot m = -m$ である．（右辺は $m \in M$ に $-1 \in A$ を作用させたもの．左辺は m の加法に関する逆元 $-m$ である．）

例 4.36 (a) A が体 K のとき，M が K 加群というのは，M が K 上のベクトル空間ということに他ならない．

(b) I を A のイデアルとする．I の元 x, y に対して，$x + y \in I$ であるから I には加法が定まっている．また，A の元 a と I の元 x に対して，$a \cdot x \in I$ であるから，A の I への作用 $A \times I \to I$ が定まっている．イデアル I は，この加法と作用に関して，A 加群とみなせる．特に，A も A 加群とみなせる．

(c) G をアーベル群とし，G の演算を $+$ で表す．$\mathbb{Z}$ の G への作用を，$n \in \mathbb{Z}$ と $g \in G$ に対して，n が正のときは $n \cdot g := g + g + \cdots + g \in G$（$n$ 個の和）で，$n = 0$ のときは，$0 \cdot g := 0 \in G$，n が負のときは $n \cdot g := (-g) + \cdots + (-g) \in G$（$-n$ 個の和）で定める．G の演算 $+$ とこの作用に関して，G は $\mathbb{Z}$ 加群になる．したがって，任意のアーベル群は $\mathbb{Z}$ 加群とみなせる．

(d) K を体，$A = K[X]$ を 1 変数多項式環とする．n 次正方行列 $P \in M_n(K)$ を 1 つとり固定する．$M = K^n$ とし，$A = K[X]$ の $M = K^n$ への作用を，$f(X) \in K[X]$ と $v \in K^n$ に対して，$f(X) \cdot v := f(P)v \in K^n$ で定める（例

えば，$f(X) = X^2 + X + 1$ のときは，$f(P) \cdot v = (P^2 + P + E_n)v \in K^n$ である）．K^n の通常の加法とこの作用に関して，K^n は $K[X]$ 加群になる．

4.7 この先にあること

この章では，単位元をもつ可換環と加群の定義を述べていくつかの例をみてきた．大学の学部で習う環と加群では，次のような話題が扱われることが多いと思う．

この節は，前節までとは異なり，証明などはなく，また定義していない用語も使うので，おはなしを聞く感じで軽く読んでほしい．

4.7.1 環と加群

環の準同型定理，加群の準同型定理

2 章で，群について，部分群，正規部分群による剰余群，群の準同型写像を定義し，群の準同型定理を証明した．単位元をもつ可換環のときにも，部分環，イデアル I による剰余環 A/I，環の準同型写像が定義され，環の準同型定理とよばれる非常に基本的な定理が成り立つ．同様に，単位元をもつ可換環上の加群についても，部分加群，剰余加群，加群の準同型写像が定義され，加群の準同型定理とよばれる非常に基本的な定理が成り立つ[8]．

本書では，5.1 節と 5.2 節で，環の準同型定理を証明する．

局所化，商体

整数環 $\mathbb{Z}$ から有理数体 $\mathbb{Q}$ を構成する方法は一般化され，単位元をもつ可換環 A と積閉集合とよばれる A の部分集合 S から，新しい環 $A_S = \{a/s \mid a \in A,\ s \in S\}$ を作ることができる．A が整域で $S = A \backslash \{0\}$ のときは，A_S は A の商体とよばれる（$A = \mathbb{Z}$，$S = \mathbb{Z} \backslash \{0\}$ のときは，$A_S = \mathbb{Q}$ である）．$\mathfrak{p}$ が A の素イデアルのとき，環 A_S（ただし，$S = A \backslash \mathfrak{p}$）は A の $\mathfrak{p}$ での局所化とよばれる．

8] 乗法が可換とは限らない環 A については，両側イデアル（p.135 の注意参照）による剰余環を考えれば，同様の定理が成り立つ．また，左 A 加群（または右 A 加群）（p.147 の注意参照）について同様の定理が成り立つ．

150 第4章 環とは，環上の加群とは

単項イデアル整域と素元分解整域，単項イデアル整域上の有限生成加群

整数環 $\mathbb{Z}$ の任意のイデアルが単項イデアルであるという性質を一般化したものに，単項イデアル整域がある．余りのある割り算ができる整域（ユークリッド整域）は単項イデアル整域であり，単項イデアル整域であれば，素元分解ができる（素元分解整域である）．また，素元分解整域上の多項式環はまた素元分解整域になる．

本書では，5.5 節で単項イデアル整域などについて扱う．

また，線形代数では，ベクトル空間が扱われたが，有限次元ベクトル空間は体上の有限生成加群に他ならない．そして，$\mathbb{Z}$ などの単項イデアル整域上の有限生成加群も良い性質をもっている（単因子論）．単因子論を使うことによって，アーベル群の基本定理を証明を与えたり，行列のジョルダン標準形を求めることもできる．

ネーター環

単位元をもつ可換環 A の任意のイデアル I が有限生成であるときに，A をネーター環という．A がネーター環のとき，多項式環 $A[X]$ もネーター環になる（ヒルベルトの基底定理）．ネーター環は多くの良い性質をもっている．例えば，ネーター環の任意のイデアルは有限個の準素イデアルの共通部分として表される．

ヒルベルトの基底定理より，体 K 上の多項式環 $K[X_1,\ldots,X_n]$ はネーター環である．単項式 $X_1^{i_1} X_2^{i_2} \cdots X_n^{i_n}$ の間に適当な順序を入れることで，$K[X_1,\ldots,X_n]$ の多項式 f の先頭項 $\mathrm{LT}(f)$ を定める．このとき，$(\mathrm{LT}(I)) = (\mathrm{LT}(f_1),\ldots,\mathrm{LT}(f_N))$ となる $f_1,\ldots,f_N \in K[X_1,\ldots,X_n]$（このような $f_1,\ldots,f_N$ は存在することが知られている）を I のグレブナー基底（または標準基底）という[9]．グレブナー基底は，環の性質を計算機を用いて調べるときの基礎になる．

本書では，5.6 節でネーター環を扱う．グレブナー基底には触れないが，5.6 節のヒルベルトの基底定理の証明は，グレブナー基底の存在の証明が想像できるような形で書いている．

9] グレブナー基底の名前は数学者ヴォルフガング・グレブナーに由来する．

ホモロジー代数

ホモロジー代数は，抽象的であるが，代数や幾何の問題を調べるときの強力な手法である．ホモロジー代数がどのようなものかを簡単には述べにくいが，単位元をもつ可換環 A 上の加群 M_i と A 加群の準同型写像 $f_i : M_i \to M_{i+1}$ を並べた列

$$\cdots \xrightarrow{f_0} M_1 \xrightarrow{f_1} M_2 \xrightarrow{f_2} \cdots \xrightarrow{f_{n-1}} M_n \xrightarrow{f_n} \cdots$$

（$f_i \circ f_{i-1} = 0$ を仮定する）に，さまざまな操作を施して新しい列を構成したり，なんらかの特徴のある量を取り出したりする．

非可換環，多元環

本書では，環は原則として単位元をもつ可換環であり，p.129 の注意，p.135 の注意，p.148 の注意の (b) で，可換とは限らない環について少し注意したぐらいである．しかし，体 K の元を成分とする行列環 $M_n(K)$ $(n \geqq 2)$，ハミルトンの 4 元数体（章末問題 4.1 参照）をはじめとする斜体など，非可換環は数学でよく現れる．また，G を有限群とし G の元を $g_1, \ldots, g_n$ とおくとき，$K[G] := \{a_1 \cdot g_1 + \cdots a_n \cdot g_n \mid a_1, \ldots, a_n \in \mathbb{Z}\}$ に，G の演算で積を入れることができ，$K[G]$ は単位元をもつ環となる（体 K 上の群環または群多元環とよばれる）．G が非アーベル群のときは，$K[G]$ は非可換環である．

環 $\mathbb{Z}$ 上の有限生成加群は，単因子論によって，$\mathbb{Z}$ と $\mathbb{Z}/p^n\mathbb{Z}$（素数べき位数の巡回群）の形の部分加群の直和に一意的に分解される（系 3.10 参照）．ここで，$\mathbb{Z}$ や $\mathbb{Z}/p^n\mathbb{Z}$ は直既約部分加群である．体 K 上の有限次元の多元環 A が与えられたときに，有限次元（右）A 加群がどのようなものかなどは，圏論なども用いられて広く研究されている．大学の学部で習う環と加群の講義でも，可換とは限らない環についての話題が取りあげられるかもしれない．

整数論との関連

環とイデアルは，歴史的にも，代数的整数論と関係が深い（p.135 の注意参照）．例 5.51 でも説明するように，環 $\mathbb{Z}[\sqrt{-5}]$ においては，6 は $6 = 2 \cdot 3$ と $6 = (1 + \sqrt{-5}) \cdot (1 - \sqrt{-5})$ という 2 通りの分解をもち，素元分解ができない．しかし，

$\mathbb{Z}[\sqrt{-5}]$ のイデアル (6) は 4 つの素イデアルの積に一意的に分解されるのである. $\mathbb{Z}[\sqrt{-5}]$ はデデキント整域とよばれるものであり, 一般に, デデキント整域において, (0) でない任意のイデアルが有限個の素イデアルの積に一意的に分解される.

代数的整数環 $\mathbb{Z}[\sqrt{-1}]$ や $\mathbb{Z}[\sqrt{-2}]$ は単項イデアル整域であり, このことを使うと, 4 で割って 1 余る素数 p が 2 つの平方数の和で表せること, 平方数に 2 を加えて立方数になるのは $5^2 + 2 = 3^3$ しかないことなどが分かる (歴史的にはフェルマーによる. 章末問題 5.8 と 5.10 参照). $\mathbb{Z}[\sqrt{-5}]$ のように, 代数的整数環 A は一般には単項イデアル整域ではない. A が単項イデアル整域からどのくらい離れているかを測る量に, 類数とよばれるものがある. 大学の学部で習う環と加群の講義でも, 整数論に関連する話題が取りあげられるかもしれない.

代数幾何との関連

K を体とし, $K[X_1, \ldots, X_n]$ を多項式環とする. I を $K[X_1, \ldots, X_n]$ のイデアルとするとき,

$$V(I) = \{P \in K^n \mid 任意の\ f \in I\ に対して,\ f(P) = 0\}$$

とおくと, $V(I)$ は K^n の部分集合になる. $V(I)$ はアフィン代数集合とよばれ, 代数幾何学の基本的な対象になっている. ヒルベルトの基底定理より (定理 5.63 参照), アフィン代数集合は有限個の多項式の共通零点として定義される. 逆に, K^n のアフィン代数集合 V が与えられたとき,

$$I(V) = \{f \in K[X_1, \ldots, X_n] \mid 任意の\ P \in V\ に対して,\ f(P) = 0\}$$

とおくと, $I(V)$ は $K[X_1, \ldots, X_n]$ のイデアルになる. アフィン代数集合 V に対して, $V(I(V)) = V$ となる. 一方で, イデアル I に対しては, 次の定理が成り立つ.

定理 4.37 (ヒルベルトの零点定理) K を代数閉体とする. このとき,

$$I(V(I)) = \sqrt{I}$$

が成り立つ. ただし, $\sqrt{I} := \{f \in K[X_1, \ldots, X_n] \mid ある\ k \geqq 1\ が存在して, f^k \in I\}$ である.

アフィン代数集合とイデアルの対応を使って，アフィン代数集合 V の性質が，剰余環 $K[X_1,\ldots,X_n]/I(V)$ の性質に翻訳される．逆に，代数幾何を学ぶと，環論の定理に幾何的なイメージがつくことがある．大学の学部で習う環と加群の講義でも，代数幾何に関連する話題が取りあげられるかもしれない．

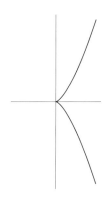

$I = (Y^2 - X^3)$ を $\mathbb{C}[X,Y]$ のイデアルとする．図は $V(I) \cap \mathbb{R}^2$ である．剰余環 $\mathbb{C}[X,Y]/I$ が「整閉でない」という性質が，図の曲線の原点が尖っていることに現れている．

問 4.1 （ハミルトンの 4 元数体） 行列の通常の加法と乗法に関して，$\left\{ \begin{pmatrix} x & -\overline{y} \\ y & \overline{x} \end{pmatrix} \;\middle|\; x,y \in \mathbb{C} \right\}$ は斜体になることを示せ．

注意 この斜体をハミルトンの 4 元数体という．

問 4.2 A を単位元をもつ可換環，I, J_1, J_2 を A のイデアルとする．このとき，$I \subseteq J_1 \cup J_2$ ならば，$I \subseteq J_1$ または $I \subseteq J_2$ が成り立つことを示せ．

問 4.3 K を体とし，$f(X) \in K[X]$ を 0 でない多項式とする．

(a) $a \in K$ が $f(a) = 0$ をみたせば，$f(X) = (X-a)g(X)$ となる $g(X) \in$

154 第 4 章 環とは，環上の加群とは

$K[X]$ が存在することを示せ． さらに，$\deg(g(X)) = \deg(f(X)) - 1$ を示せ．

(b) $n = \deg(f(X))$ とおく． このとき，$|\{a \in K \mid f(a) = 0\}| \leqq n$ を示せ．

問 4.4 （ガウスの補題）(a) $f(X) = a_\ell X^n + \cdots + a_0 \in \mathbb{Z}[X]$, $g(X) = b_m X^m + \cdots + b_0 \in \mathbb{Z}[X]$ とし，$f(X)g(X) = c_n X^n + \cdots + c_0 \in \mathbb{Z}[X]$ とおく． このとき，$\mathrm{GCD}(a_\ell, \ldots, a_0) = 1$ かつ $\mathrm{GCD}(b_m, \ldots, b_0) = 1$ ならば，$\mathrm{GCD}(c_n, \ldots, c_0) = 1$ であることを示せ．

(b) $h(X) = c_n X^n + \cdots + c_0 \in \mathbb{Z}[X]$ は，$\mathrm{GCD}(c_n, \ldots, c_0) = 1$ をみたすとする．$h(X)$ が $\mathbb{Q}[X]$ の既約多項式でなければ，$h(X) = f(X)g(X)$ となる $f(X), g(X) \in \mathbb{Z}[X]$ で，$f(X)$ の係数の最大公約数は 1，$g(X)$ の係数の最大公約数は 1 であって，$f(X), g(X)$ の次数がいずれも 1 以上のものが存在することを示せ．

問 4.5 （アイゼンシュタインの既約性判定法） $n \geqq 1$, $c_0, \ldots, c_n \in \mathbb{Z}$ とし，$h(X) = c_n X^n + c_{n-1} X^{n-1} + \cdots + c_0$ とおく． 素数 p が存在して，$p \mid c_i$ $(i = 0, \ldots, n-1)$ であり，c_n は p の倍数ではなく，c_0 は p^2 の倍数でないとする． このとき，$h(X)$ は $\mathbb{Q}[X]$ の既約多項式であることを示せ．

問 4.6 p は素数とする．

(a) $n \geqq 1$ とする． $X^n - p$ は $\mathbb{Q}[X]$ の既約多項式であることを示せ．

(b) $X^{p-1} + X^{p-2} + \cdots + X + 1$ は $\mathbb{Q}[X]$ の既約多項式であることを示せ．

第5章

環の基礎

　群の準同型定理では，群 G の正規部分群 N による剰余群 G/N を考えた．環の場合にも，準同型定理とよばれるものがあり，そこでは，環 A のイデアル I による剰余環 A/I を考える．この章では，5.1 節と 5.2 節で環の準同型定理を説明する．5.3 節では，素イデアル，極大イデアルの定義とその性質などについて述べる．5.4 節では中国剰余定理を見直す．5.5 節では，整数環 $\mathbb{Z}$ の性質を一般化した，ユークリッド整域，単項イデアル整域，素元分解整域の定義を述べてそれらの関係をみる．最後の 5.6 節では，ネーター環を扱い，体 K 上の多項式環 $K[X_1, \ldots X_n]$ のイデアルが有限生成であることを証明する．まずは群，環，体といった代数系がどのようなものかを概観したい読者は，この章をとばして第 6 章の体と拡大次数に進んでもよいだろう．

記法

　この章では，環といえば単位元をもつ可換環と仮定する．原則として，環の元の積 $x \cdot y$ は演算記号 $\cdot$ を省略して xy と書く．

5.1　部分環，剰余環

5.1.1　部分環

　群のときと同様に，環も単に集合というだけでなく 2 つの演算という「構造」が入っている．そこで，環の部分集合について，演算も込めて「部分構造」になっ

156 第 5 章 | 環の基礎

ているものを考えたい.

定義 5.1 （部分環） A を環（すなわち，単位元をもつ可換環）とし，B を A の空でない部分集合とする. B が A の**部分環**であるとは次の条件をみたすときにいう[1].

(i) A の加法と乗法によって，B は環（すなわち，単位元をもつ可換環）になる[2]. いいかえると，A の空でない部分集合 B が部分環であるとは，B の任意の元 x, y に対して，$x + y$ と xy（ただし，演算は x, y を A の元とみなして A の中で演算を行っている）がまた B の元になっていて，$(B, +, \cdot)$ が環（すなわち，単位元をもつ可換環）の条件をみたすことである.

(ii) B の単位元 1_B は A の単位元 1 に一致する.

注意 (i) をみたしても (ii) をみたさない例がある. 例えば，$A = \left\{ \begin{pmatrix} a & 0 \\ 0 & b \end{pmatrix} \middle| a, b \in \mathbb{C} \right\}$ は行列の加法と乗法で環（すなわち，単位元をもつ可換環）である. A の部分集合 $B = \left\{ \begin{pmatrix} a & 0 \\ 0 & 0 \end{pmatrix} \middle| a \in \mathbb{C} \right\}$ は，行列の加法と乗法でやはり環（すなわち，単位元をもつ可換環）になる. したがって，B は条件 (i) をみたす. しかし，A の単位元，B の単位元はそれぞれ $\begin{pmatrix} 1 & 0 \\ 0 & 1 \end{pmatrix}$, $\begin{pmatrix} 1 & 0 \\ 0 & 0 \end{pmatrix}$ であり，両者は一致しないから，条件 (ii) はみたされない.

例 5.2 整数環 $\mathbb{Z}$ は有理数体 $\mathbb{Q}$ の部分環である. 整数環 $\mathbb{Z}$ は実数体 $\mathbb{R}$ や複素数体 $\mathbb{C}$ の部分環でもある. 例 4.3 と 4.8 の $\mathbb{Z}[\sqrt{m}]$ と $\mathbb{Q}[\sqrt{m}]$ はいずれも $\mathbb{C}$ の部分環である.

次の命題は，環 A の部分集合 B が部分環になっているのを確かめるときに便利である.

---

[1] 教科書によっては，部分環の定義を，条件 (i) のみで (ii) は仮定しないこともある.

[2] この章の最初に書いたように，環は単位元をもつ可換環と仮定している. 例 5.2 以降では，「すなわち，単位元をもつ可換環」という注意は省略する.

5.1 | 部分環，剰余環 | 157

命題 5.3 A を環とし，B を A の空でない部分集合とする．このとき次は同値である．

(a) B は A の部分環である．

(b) B は次の条件をみたす．

　(i) 任意の $b, b' \in B$ に対して，$b + b', -b, bb' \in B$ である．

　(ii) 1 を A の単位元とするとき，$1 \in B$ である．

証明 (a) ならば (b) を示す．B が部分環のとき，B の任意の元 b, b' に対して，$b + b', bb' \in B$ であることは定義からよい．一方，$-b \in B$ であることは少し注意が必要である．B が A の部分環のとき，B の加法だけを考えた群は，A の加法だけを考えた群の部分群になる．よって，補題 2.24 より，B の零元は A の零元と一致し，B の元 b の加法に関する B における逆元は，$-b$（b の加法に関する A における逆元）に一致する．したがって，任意の $b \in B$ に対して，$-b \in B$ である．以上により，(b) の条件 (i) が成り立つことがわかった．(b) の条件 (ii) が成り立つことは，部分環の条件 (ii) から従う．

　次に，(b) ならば (a) を示す．任意の $b, b' \in B$ に対して，$b + b', bb' \in B$ であるから，B には加法と乗法が定義されている．そこで，B が定義 4.1（単位元をもつ可換環）の 8 つの条件 (i)–(viii) をみたすことを確かめればよい．B の加法に注目すると，命題 2.25 より，B が条件 (i)–(iv) をみたすことが分かる．また，A は環なので，任意の $a, a', a'' \in A$ に対して，$(aa')a'' = a(a'a'')$ が成り立つから，特に，任意の $b, b', b'' \in B$ に対して，$(bb')b'' = b(b'b'')$ が成り立つ．よって，B は条件 (v)（乗法の結合則）をみたす．同様に，B は条件 (vi)（分配則）と (viii)（乗法の交換則）をみたす．最後に，$1 \in B$ であるから，B は単位元をもち，条件 (vii) をみたす．以上により，B は A の加法と乗法によって環になる．部分環の条件 (ii) が成り立つことは，(b) の条件 (ii) から従う． $\square$

注意 命題 5.3 より，(b) の条件 (i)(ii) をみたすものとして部分環を定義することができる．演算も込めた「部分構造」という意味で自然なのは定義 5.1 だろうが[3]，与えられた部分集合が部分環になっているかどうかを確かめるのに便利なのは，(b) の条件 (i)(ii) の方である．

3] p.128 の注意 (a) のように，環を $(A, +, -, \cdot, 0, 1)$ とみると，部分環を (b) の条件 (i)(ii) をみたすものとして定義することも自然である．いずれにせよ，命題 5.3 より，両者は同値である．

158 | 第 5 章 | 環の基礎

定義 5.4 （B 上 $a_1, \ldots, a_n$ で生成される環） A を環とし，B を部分環とする．$a_1, \ldots, a_n \in A$ とする．このとき，

$B[a_1, \ldots, a_n]$

$$= \left\{ \sum_{i_1, i_2, \ldots, i_n} b_{i_1 i_2 \ldots i_n} a_1^{i_1} a_2^{i_2} \cdots a_n^{i_n} \,\middle|\, \begin{array}{l} i_1, i_2, \ldots, i_n \text{ は 0 以上の整数を動き，} \\ b_{i_1 i_2 \ldots i_n} \in B \text{ であり，有限個の} \\ i_1, i_2, \ldots, i_n \text{ を除いては } b_{i_1 i_2 \ldots i_n} = 0 \end{array} \right\}$$

$$= \{ f(a_1, a_2, \ldots, a_n) \mid f(X_1, X_2, \ldots, X_n) \in B[X_1, X_2, \ldots, X_n] \}$$

とおき，B 上 $a_1, \ldots, a_n$ で生成される部分環という（部分環になることは命題 5.5 参照）．

命題 5.5 $B[a_1, \ldots, a_n]$ は，包含関係について，B と $a_1, \ldots, a_n$ を含む A の最小の部分環である．

証明 $B[a_1, \ldots, a_n]$ の任意の元 x, y に対して，$x+y, -x, xy \in B[a_1, \ldots, a_n]$ であることが確かめられ，$1 = 1 a_1^0 \cdots a_n^0 \in B[a_1, \ldots, a_n]$ である．よって，命題 5.3 より，$B[a_1, \ldots, a_n]$ は部分環である．また，$B[a_1, \ldots, a_n]$ が B の任意の元と $a_1, \ldots, a_n$ を含むこともよい．

一方，A の任意の部分環 C が B と $a_1, \ldots, a_n$ を含めば，C は環なので，$\sum_{\text{有限和}} b_{i_1 \ldots i_n} a_1^{i_1} \cdots a_n^{i_n} (b_{i_1 \ldots i_n} \in B, \, i_1, \ldots, i_n \geqq 0)$ は C の元である．よって，$B[a_1, \ldots, a_n] \subseteq C$ になり，$B[a_1, \ldots, a_n]$ は，包含関係について，B と $a_1, \ldots, a_n$ を含む最小の部分環である． $\square$

例 5.6 $m \neq 0$ を平方数でない（すなわち，$\sqrt{m} \notin \mathbb{Z}$ である）整数とする．$\mathbb{Z}$ を $\mathbb{C}$ の部分環とみなす．このとき，$(\sqrt{m})^{2j} = m^j$，$(\sqrt{m})^{2j+1} = m^j \sqrt{m}$ に注意すると，$\mathbb{C}$ の部分環として，

$$\mathbb{Z}[\sqrt{m}] := \left\{ \sum_{i=0}^{n} c_i (\sqrt{m})^i \,\middle|\, n \geqq 0, \, c_i \in \mathbb{Z} \right\} = \{ a + b\sqrt{m} \mid a, b \in \mathbb{Z} \}$$

である．これは，例 4.3 の書き方と合っている．同様に，$\mathbb{Q}$ を $\mathbb{C}$ の部分環とみなすと，$\mathbb{C}$ の部分環として，

$$\mathbb{Q}[\sqrt{m}] = \left\{ \sum_{i=0}^{n} c_i (\sqrt{m})^i \,\middle|\, n \geq 0, \; c_i \in \mathbb{Q} \right\} = \{ a + b\sqrt{m} \mid a, b \in \mathbb{Q} \}$$

である．これは，例 4.8 の書き方と合っている．

5.1.2 剰余環

A を環，I を A のイデアルとする．A に関係 $\sim$ を，$x, y \in A$ に対して，

$$x \sim y \quad \overset{\text{def}}{\Longleftrightarrow} \quad y - x \in I \tag{5.1}$$

と定める．このとき，$\sim$ は同値関係である．

証明 直接示すことも簡単だが，群のときの議論を利用して示すことにしよう．環 A に定まっている加法だけを考えて，A をアーベル群とみなす．I はイデアルなので，任意の $x, y \in I$ に対して，$x + y \in I$，$-x \in I$ である（補題 4.16 参照）．したがって，部分群の定義 2.26 より，I は A の部分群とみなせる．このとき，関係 (5.1) は，剰余群のときに考えた関係 (2.10) に一致する．関係 (2.10) は同値関係だったので，関係 (5.1) も同値関係である．　　　　　　　　　　　□

(5.1) の同値関係に関する同値類のなす集合を A/I と書く．$x \in A$ を含む同値類を $[x]$ で表すと [4]，

$$[x] = \{ y \in A \mid y - x \in I \} = \{ x + a \mid a \in I \}$$

となる．この左辺を $x + I$ と書けば，$[x] = x + I$ である．同値類の集合に，

$$[x] + [y] := [x + y] \tag{5.2}$$

$$[x] \cdot [y] := [x \cdot y] \tag{5.3}$$

で加法と乗法を定義する．(5.2) の左辺の $+$ が新しく定義した加法の記号であり，(5.3) の左辺の $\cdot$ が新しく定義した乗法の記号である．

定理 5.7 A を環，I を A のイデアルとする．商集合 A/I の加法と乗法 (5.2)，(5.3) は矛盾なく定義されていて（well–defined），A/I はこの加法と乗法に関して環になる．A/I の零元は $[0]$ であり，単位元は $[1]$ である．$[x] \in A/I$ $(x \in A)$ の加法に関する逆元は $[-x]$ である．

4] 同値類 $[x]$ を $\overline{x}$ で表すこともよくある．

定義 5.8 (剰余環) 定理 5.7 の環 A/I を，環 A のイデアル I に関する剰余環という．

定理 5.7 の証明 剰余群の場合（命題 2.45，定理 2.46）を利用する．環 A に定まっている加法だけに注目して（しばらくは，A に定まっている乗法については忘れて），A をアーベル群とみなす．上に述べたように，このとき，I は A の部分群とみなせて，同値関係 (5.1) は，剰余群のときの同値関係 (2.10) に一致する．また，A/I の加法 (5.2) は，剰余群のときに考えた群の演算 (2.15) に一致する．

したがって，定理 2.46 より，商集合 A/I に (5.2) によって加法が定義でき，この加法に関して，A/I はアーベル群になる．特に，A/I の零元は $[0]$ であり，$[x] \in A/I$ $(x \in A)$ の加法に関する逆元は $[-x]$ である．

ここからは，環 A に乗法が定まっていること思い出す．まず，(5.3) で与えられる A/I の乗法

$$\cdot : A/I \times A/I \to A/I, \quad ([x], [y]) \mapsto [xy]$$

が矛盾なく定義されていること (well–defined) を確かめる．矛盾なく定義されることを確かめる作業は，群の準同型定理（定理 2.62）の証明でも行ったが，もう一度，どうしてこのような作業をしなくてはならないかも含めて丁寧に述べよう．

A/I の任意の元 C, D をとる．C は同値類なので，ある元 $x \in A$ が存在して，$C = [x]$ と表される．同様に，D も同値類なので，ある元 $y \in A$ が存在して，$D = [y]$ と表される．(5.3) によれば，CD，すなわち，写像 (5.3) による (C, D) の行き先は，$xy \in A$ の同値類 $[xy]$ である．つまり，$CD = [xy]$ である．

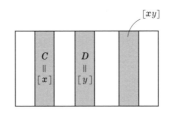

ところで，$x' \in A$ も同値類 C の代表元としよう．同様に，$y' \in A$ も同値類 D の代表元としよう．つまり，$C = [x'], D = [y']$ とする．(5.3) によれば，CD，す

なわち，写像 (5.3) による (C,D) の行き先は，$x'y' \in A$ の同値類 $[x'y']$ である．つまり，$CD = [x'y']$ である．

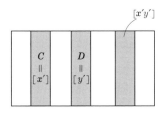

(5.3) によって，積 CD が矛盾なく定義されているためには，$[xy] = [x'y']$ でなくてはならない．逆に，$[xy] = [x'y']$ であれば，CD は，同値類 C, D からただ一通りに定まり，C, D の代表元のとり方にはよっていないことが分かる．

これで，(5.3) によって商集合 A/I に乗法が定義できるには，何を確かめればよいかがはっきりした．確かめることは，「$[x] = [x']$, $[y] = [y']$ $(x, x', y, y' \in A)$ ならば，$[xy] = [x'y']$」である．このことを実際に確かめよう．$[x] = [x']$, $[y] = [y']$ であるから，$x' - x \in I$, $y' - y \in I$ である．すると，

$$x'y' - xy = (x' - x)\,y' + x\,(y' - y) \in I$$

となる．よって，$[xy] = [x'y']$ となり，環 A の乗法 (5.3) は矛盾なく定義されることがわかった．

以上をまとめると，商集合 A/I の加法と乗法 (5.2), (5.3) は矛盾なく定義され (well–defined)，加法に関しては，環の定義 4.1 の条件 (i)–(iv) をみたす．後は，これらの演算が，環の定義 4.1 の条件 (v)–(viii) をみたすことを確かめればよい．

$x, y, z \in A$ とする．A の乗法が結合則をみたすことと，A/I の乗法の定義から，

$$([x][y])[z] = [xy][z] = [(xy)z] = [x(yz)] = [x][yz] = [x]([y][z])$$

となる．したがって，A/I も乗法は結合則（条件 (v)）をみたす．A/I の単位元は $[1]$ である．というのも，任意の $[x] \in A/I$ に対して，$[x][1] = [x] = [1][x]$ となるからである．よって，A/I には単位元が存在する（条件 (vii)）．A/I が条件 (vi)(viii)（分配則，乗法の交換則）をみたすことも同様に確かめられる．

以上により，A/I は加法と乗法 (5.2), (5.3) によって環になることが証明できた． □

162 | 第5章 | 環の基礎

注意 注意深い読者は，剰余群の場合（定理 2.46）には，演算が矛盾なく定義されることを確かめる作業をしなかったことに気づいたかもしれない．A/I の加法については，A/I の元 C, D に対して，集合として $C + D := \{c + d \mid c \in C,\ d \in D\}$ とおくと，$C + D$ がまた A の I に関する同値類になるのだった（命題 2.45 参照）．さらに，$C = [x]$, $D = [y]$ のときは，集合 $C + D$ は $[x + y]$ に一致した．したがって，A/I の加法 $\cdot : A/I \times A/I \to A/I$ は，(C, D) に $C + D$ を対応させる写像なので，加法が矛盾なく定義されることを確かめる作業はしなくてもよかったのである．

A/I の乗法についても，A/I の元 C, D に対して，集合 $E := \{cd + i \mid c \in C,\ d \in D,\ i \in I\}$ を考えれば，E は A の I に関する同値類になり，$C = [x]$, $D = [y]$ のとき，$E = [xy]$ となる．したがって，乗法についてもそのような作業をしない証明を与えることは可能ではあるが，分かりやすくなるわけではないと思う（ので，そのような証明はしなかった）．

例 5.9 m を正の整数とし，$\mathbb{Z}$ のイデアル $(m) = m\mathbb{Z}$ に関する剰余環 $\mathbb{Z}/m\mathbb{Z}$ を調べよう．$\mathbb{Z}$ の元 $i, j \in \mathbb{Z}$ が (5.1) の同値関係で同値であるというのは，$j - i \in m\mathbb{Z}$ となることである．この同値関係は，4.2.3 項の「剰余環 $\mathbb{Z}/m\mathbb{Z}$」で考えた同値関係と同じである．さらに，$\mathbb{Z}/m\mathbb{Z}$ の加法と乗法 (5.2), (5.3) も，4.2.3 項の「剰余環 $\mathbb{Z}/m\mathbb{Z}$」で考えた加法と乗法と同じである．したがって，$\mathbb{Z}$ のイデアル $(m) = m\mathbb{Z}$ に関する剰余環 $\mathbb{Z}/m\mathbb{Z}$ は，4.2.3 項で扱った剰余環 $\mathbb{Z}/m\mathbb{Z}$ に他ならない．

5.2 環の準同型写像，準同型定理

環 A から環 B への写像を考える．A, B にはそれぞれ加法と乗法が定まっていて単位元をもつので，それらに関してよく振る舞う写像を考えるのは自然だろう．

定義 5.10 （準同型写像） A, B を環とする．写像 $\varphi : A \to B$ が**環の準同型写像**であるとは，次の条件をみたすときにいう [5]．（環の準同型写像を，単純に，準同型写像ともよぶ．）

 (i) 任意の $a_1, a_2 \in A$ に対して，$\varphi(a_1 + a_2) = \varphi(a_1) + \varphi(a_2)$.

 (ii) 任意の $a_1, a_2 \in A$ に対して，$\varphi(a_1 a_2) = \varphi(a_1) \varphi(a_2)$.

 (iii) $\varphi(1_A) = 1_B$. ただし，$1_A, 1_B$ はそれぞれ A, B の単位元とする．

定義 5.11 （同型写像，同型） (a) 環の準同型写像 $\varphi : A \to B$ が全単射のとき，φ を**環の同型写像**という．

 (b) 環 A, B に対して，環の同型写像 $\varphi : A \to B$ が存在するときに，A と B は**環の同型**であるといい，$A \cong B$ と表す．

問題 5.1 環の準同型写像 $\varphi : A \to B$ が同型写像であることが，ある環の準同型写像 $\psi : B \to A$ が存在して，$\varphi \circ \psi = \mathrm{id}_B$ かつ $\psi \circ \varphi = \mathrm{id}_A$ となることが同値であることを示せ．ただし，id_A と id_B はそれぞれ A, B 上の恒等写像を表す．

例5.12 A を環，I を A のイデアルとする．A の元 a に A/I の元 $[a]$ を対応させる写像 $\pi : A \to A/I$ は全射な準同型写像である．実際，任意の $a_1, a_2 \in A$ に対し，剰余環 A/I の加法と乗法の定義 (5.2), (5.3) から，

$$\pi(a_1 + a_2) = [a_1 + a_2] = [a_1] + [a_2] = \pi(a_1) + \pi(a_2)$$
$$\pi(a_1 a_2) = [a_1 a_2] = [a_1][a_2] = \pi(a_1)\pi(a_2)$$

が成り立ち，定義 5.10 の (i)(ii) をみたす．さらに，$\pi(1) = [1]$ であり，$[1]$ は剰余環 A/I の単位元であるから，(iii) もみたす．$\pi : A \to A/I$ を**自然な準同型写像**という．

例5.13 (a) 整数を有理数とみなす自然な写像 $\mathbb{Z} \to \mathbb{Q}$ は単射な準同型写像である．

5] 教科書によっては，環の準同型写像の定義を，(i)(ii) のみで，(iii) は仮定しないことがある．

164 | 第 5 章 **環の基礎**

(b) K を体，$a \in K$ とする．写像 $\varphi : K[X] \to K$ を，$f(X) = c_n X^n + \cdots + c_0 \in K[X]$ $(c_0, \cdots, c_n \in K)$ に $f(a) = c_n a^n + \cdots + c_0 \in K$ を対応させる（X に a を代入する写像）ことで定める．このとき，φ は全射な準同型写像である．

問題 5.2　$\mathbb{Q}$ から $\mathbb{Q}$ への環の準同型写像 φ は恒等写像であることを以下の順に示せ.

(i) 任意の正の整数 n に対して，$\varphi(n) = \varphi(1 + 1 + \cdots + 1) = n\varphi(1) = n$.

(ii) 任意の整数 m に対して，$\varphi(m) = m$.

(iii) 任意の有理数 r を $r = m/n$ （m, n は整数）と表す．$m = \varphi(m) = \varphi(nr) = \varphi(r + \cdots + r) = n\varphi(r)$ より，$\varphi(r) = r$. したがって，φ は恒等写像である.

群のときと同様に，環 A, A' が同型であることは，A, A' に関して対称的であることなどが分かる．証明は，例題 2.58 と同様なので省略する.

補題 5.14　A, A', A'' を環とする．このとき，以下が成り立つ.

(a) $A \cong A$ である.

(b) $A \cong A'$ ならば，$A' \cong A$ である.

(c) $A \cong A'$ かつ $A' \cong A''$ ならば，$A \cong A''$ である.

定義 5.15　（**核と像**）　$\varphi : A \to B$ を環の準同型写像とする.

(a) φ の核を，$\mathrm{Ker}\, \varphi := \{a \in A \mid \varphi(a) = 0\}$ で定める.

(b) φ の像を，$\mathrm{Im}\, \varphi := \{\varphi(a) \mid a \in A\}$ で定める.

$\varphi : A \to B$ が環の準同型写像のとき，環 A, B に定まっている加法だけに注目して（乗法については忘れて），これらをアーベル群とみなせば，$\varphi : A \to B$ は群の準同型写像でもある．すると，命題 2.52 から，

$$\varphi(0) = 0, \quad \varphi(-a) = -\varphi(a) \qquad (a \in A) \tag{5.4}$$

が成り立つことが分かる.

命題 5.16 $\varphi : A \to B$ を環の準同型写像とする.

(a) B の任意のイデアル J に対して,$\varphi^{-1}(J) := \{a \in A \mid \varphi(a) \in J\}$ は A の
イデアルである. 特に,$\operatorname{Ker} \varphi$ は A のイデアルである.

(b) A の任意の部分環 A' に対して,$\varphi(A') := \{\varphi(a') \mid a' \in A'\}$ は B の部分
環である. 特に,$\operatorname{Im} \varphi$ は B の部分環である.

(c) φ が単射であることと,$\operatorname{Ker} \varphi = \{0\}$ は同値である.

証明 (a) 0 はイデアル J の元であり(補題 4.16 参照),(5.4) より $\varphi(0) = 0$ であ
る. したがって,$0 \in \varphi^{-1}(J)$ となるから,$\varphi^{-1}(J)$ は空集合ではない. $a, a_1, a_2 \in$
$\varphi^{-1}(J)$,$x \in A$ とする. $\varphi(a_1 + a_2) = \varphi(a_1) + \varphi(a_2) \in J$ であるから,$a_1 + a_2 \in$
$\varphi^{-1}(J)$ である. また,$\varphi(xa) = \varphi(x)\varphi(a) \in J$ であるから,$xa \in \varphi^{-1}(J)$ であ
る. よって,$\varphi^{-1}(J)$ は A のイデアルである. (0) は B のイデアルなので,特に,
$\operatorname{Ker} \varphi = \varphi^{-1}((0))$ は A のイデアルである.

(b) $b'_1, b'_2 \in \varphi(A')$ とし,$\varphi(a'_1) = b'_1$,$\varphi(a'_2) = b'_2$ となる $a'_1, a'_2 \in A'$ をとる. こ
のとき,(5.4) を用いると,

$$b'_1 + b'_2 = \varphi(a'_1) + \varphi(a'_2) = \varphi(a'_1 + a'_2) \in \varphi(A'),$$
$$-b'_1 = -\varphi(a'_1) = \varphi(-a'_1) \in \varphi(A'),$$
$$b'_1 b'_2 = \varphi(a'_1)\varphi(a'_2) = \varphi(a'_1 a'_2) \in \varphi(A'),$$
$$1_B = \varphi(1_A) \in \varphi(A')$$

となるから,命題 5.3 より $\varphi(A')$ は B の部分環である.

(c) (5.4) を導くときにも述べたように,環 A, B に定まっている加法だけに注
目してこれらをアーベル群とみなすと,$\varphi : A \to B$ は群の準同型写像とみなせる.
すると,命題 2.60 が使えて,(c) の主張が成り立つ. $\square$

この節の目標である環の準同型定理を証明しよう.

定理 5.17(準同型定理) $\varphi : A \to B$ を環の準同型写像とする. このとき,$[x] \in$
$A/\operatorname{Ker} \varphi \ (x \in A)$ に $\varphi(x) \in B$ を対応させることで,環の同型写像

$$\overline{\varphi} : A/\operatorname{Ker} \varphi \to \operatorname{Im} \varphi$$

が得られる.

証明 群の準同型定理（定理 2.62）と同様にして証明できる．ここでは，定理 2.62 を利用して，省力化した証明を与えよう．

環 A, B に定まっている加法だけに注目して（しばらくは，乗法については忘れて），これらをアーベル群とみなす．命題 5.16 より，$\operatorname{Ker} \varphi$ は A のイデアルである．定理 5.7 の証明でもみたように，このとき，A のイデアル $\operatorname{Ker} \varphi$ は A の部分群になり，剰余群 $A / \operatorname{Ker} \varphi$ は剰余環 $A / \operatorname{Ker} \varphi$ の加法だけに注目したアーベル群に他ならない．また，写像 $\varphi : A \to B$ は定義 5.10 の条件 (i) から群の準同型写像になっている．したがって，群の準同型定理（定理 2.62）を用いることができて，$\overline{\varphi} : A / \operatorname{Ker} \varphi \to \operatorname{Im} \varphi$ は矛盾なく定義されていて，全単射であり，さらに環の準同型写像の定義 5.10 の条件 (i) をみたすことが分かる．

ここからは，環 A, B に乗法が定まっていること思い出して，$\overline{\varphi}$ が定義 5.10 の条件 (ii)(iii) をみたすことを確かめよう．

$[x], [y] \in A / \operatorname{Ker} \varphi$ $(x, y \in A)$ を $A / \operatorname{Ker} \varphi$ の任意の元とする．$A / \operatorname{Ker} \varphi$ の積の定義から $[x] [y] = [xy]$ であること，φ が準同型写像であること，そして，$\overline{\varphi}$ の定義を用いると，

$$\overline{\varphi}([x] [y]) = \overline{\varphi}([xy])$$
$$= \varphi(xy) = \varphi(x) \varphi(y) = \overline{\varphi}([x]) \overline{\varphi}([y])$$

となる．また，1_A を A の単位元とするとき，$[1_A]$ は $A / \operatorname{Ker} \varphi$ の単位元であり，

$$\overline{\varphi}([1_A]) = \varphi(1_A) = 1_B$$

が成り立つ．したがって，$\overline{\varphi}$ は定義 5.10 の条件 (ii)(iii) をみたす．

以上により，$\overline{\varphi} : A / \operatorname{Ker} \varphi \to \operatorname{Im} \varphi$ が環の同型写像であることが分かったので，準同型定理が証明できた． $\square$

例 5.18 (a) 例 5.13 と同じく，K を体，$a \in K$ とし，$K[X]$ から K への全射な準同型写像 $\varphi : K[X] \to K$ を，$\varphi(f(X)) = f(a)$ で定める（X に a を代入する写像）．このとき，$\operatorname{Ker} \varphi = (X - a)$ である．実際，$g(X)(X - a)$ $(g(X) \in K[X])$ の X に a を代入すると 0 になるから，$(X - a) \subseteq \operatorname{Ker} \varphi$ である．逆に，$f(X) \in \operatorname{Ker} \varphi$ とする．$f(X)$ を $X - a$ で割って，$f(X) = q(X)(X - a) + r$ $(q(X) \in K[X],\ r \in K)$ と表す（定理 4.29 参照）．$f(a) =$

5.2 | 環の準同型写像，準同型定理 | 167

0 なので，$r = f(a) - q(a)(a - a) = 0$ となる．$f(X) = q(X)(X - a)$ となるから，$\mathrm{Ker}\,\varphi \subseteq (X - a)$ となる．よって，$\mathrm{Ker}\,\varphi = (X - a)$ である．φ に準同型定理を適用して，同型 $K[X]/(X - a) \cong K$ を得る．

(b) $i = \sqrt{-1}$ とする．$\mathbb{R}[X]$ から $\mathbb{C}$ への全射な準同型写像 $\varphi : \mathbb{R}[X] \to \mathbb{C}$ を，$\varphi(f(X)) = f(i)$ で定める（X に i を代入する写像）．このとき，$\mathrm{Ker}\,\varphi = (X^2 + 1)$ である．実際，$g(X)(X^2 + 1)\,(g(X) \in \mathbb{R}[X])$ の X に i を代入すると 0 になるから，$(X^2 + 1) \subseteq \mathrm{Ker}\,\varphi$ である．逆に，$f(X) \in \mathrm{Ker}\,\varphi$ とする．$f(X)$ を $X^2 + 1$ で割って，$f(X) = q(X)(X^2 + 1) + rX + s\,(q(X) \in \mathbb{R}[X],\ r, s \in \mathbb{R})$ と表す（定理 4.29 参照）．$f(i) = 0$ なので，$ri + s = f(i) - q(i)(i^2 + 1) = 0$ となる．$r, s \in \mathbb{R}$ なので，$r = s = 0$ となり，$f(X) = q(X)(X^2 + 1)$ となるから，$\mathrm{Ker}\,\varphi \subseteq (X^2 + 1)$ となる．よって，$\mathrm{Ker}\,\varphi = (X^2 + 1)$ である．φ に準同型定理を適用して，同型 $\mathbb{R}[X]/(X^2 + 1) \cong \mathbb{C}$ を得る．

定理 5.19 （イデアルの対応） A, B を環とし，$\varphi : A \to B$ を全射な準同型写像とする．$\mathcal{I}$ を A のイデアルで $\mathrm{Ker}\,\varphi$ を含むもの全体のなす集合とし，$\mathcal{J}$ を B のイデアル全体のなす集合とする．このとき，

$$\psi : \mathcal{I} \to \mathcal{J}, \quad I \mapsto \varphi(I)$$

は，全単射写像であり，ψ の逆写像は $J \in \mathcal{J}$ に $\varphi^{-1}(J) := \{a \in A \mid \varphi(a) \in J\} \in \mathcal{I}$ を対応させる写像で与えられる．また，$I_1, I_2 \in \mathcal{I}$ が $I_1 \subseteq I_2$ をみたせば，$\psi(I_1) \subseteq \psi(I_2)$ である．

証明 最初に，I が A のイデアルのとき，$\varphi(I)$ は B のイデアルであることを示す．$b, b_1, b_2 \in \varphi(I)$，$y \in B$ とする．$b = \varphi(a)$，$b_1 = \varphi(a_1)$，$b_2 = \varphi(a_2)$ となる $a, a_1, a_2 \in I$ をとる．また，φ は全射なので，$y = \varphi(x)$ となる $x \in A$ をとる．このとき，

$$b_1 + b_2 = \varphi(a_1) + \varphi(a_2) = \varphi(a_1 + a_2) \in \varphi(I),$$
$$yb = \varphi(x)\varphi(a) = \varphi(xa) \in \varphi(I)$$

となる．よって，$\varphi(I)$ は B のイデアルである．このことにより，$I \in \mathcal{I}$ ならば $\varphi(I) \in \mathcal{J}$ となる．

逆に，J が B のイデアルのとき，命題 5.16 より $\varphi^{-1}(J)$ は A のイデアルである．また $0 \in J$ なので，$\mathrm{Ker}\,\varphi \subseteq \varphi^{-1}(J)$ である．したがって，$J \in \mathcal{J}$ ならば $\varphi^{-1}(J) \in \mathcal{I}$ となる．$J \in \mathcal{J}$ に $\varphi^{-1}(J) \in \mathcal{I}$ を対応させる写像を ψ' とおく．

$\psi : \mathcal{I} \to \mathcal{J}$ が全単射であるには，任意の $I \in \mathcal{I}$ と $J \in \mathcal{J}$ に対して，$\psi'(\psi(I)) = I$ と $\psi(\psi'(J)) = J$ を確かめればよい（例題 1.1 参照）．

$\psi(\psi'(J)) = J$，すなわち，$\varphi(\varphi^{-1}(J)) = J$ であることは，φ が全射であることに注意すれば，容易に確かめられる．

最後に，$\psi'(\psi(I)) = I$，すなわち，$\varphi^{-1}(\varphi(I)) = I$ を示す．$\varphi^{-1}(\varphi(I)) \supseteq I$ は容易に確かめられる．$a \in \varphi^{-1}(\varphi(I))$ とすると，$\varphi(a) \in \varphi(I)$ より，$\varphi(a) = \varphi(i)$ となる $i \in I$ が存在する．このとき，$\varphi(a-i) = \varphi(a) - \varphi(i) = 0$ だから，$a - i \in \mathrm{Ker}\,\varphi \subseteq I$ となり，$a \in I$ を得る．よって，$\varphi^{-1}(\varphi(I)) \subseteq I$ も成り立ち，$\varphi^{-1}(\varphi(I)) = I$ である．

以上により，ψ は全単射写像で，逆写像は ψ' で与えられる．$I_1, I_2 \in \mathcal{I}$ が $I_1 \subseteq I_2$ をみたせば，$\varphi(I_1) \subseteq \varphi(I_2)$ だから $\psi(I_1) \subseteq \psi(I_2)$ となる． $\qquad\square$

問題 5.3 $\varphi : A \to B$ を環の準同型写像とする．I を A のイデアルとする．このとき，$\varphi(I)$ は，B のイデアルとは限らないことを示せ．（ヒント：例えば，例 5.13(a) の自然な埋め込み写像 $\varphi : \mathbb{Z} \to \mathbb{Q}$ を考える．φ が全射であれば，定理 5.19 より $\varphi(I)$ は B のイデアルになる．）

問題 5.4 A を環，I を A のイデアルとする．I で生成される $A[X]$ のイデアルを $I[X]$ と書く（定義 4.18 参照）．$I[X] = \{a_0 + \cdots + a_n X^n \in A[X] \mid n \geqq 0,\ a_0, \ldots, a_n \in I\}$ である．このとき，環の同型 $A[X]/I[X] \cong (A/I)[X]$ を示せ．

問題 5.5 A を環，I_1, I_2 を $I_1 \subseteq I_2$ をみたす A のイデアルとする．$\pi : A \to A/I_1$ を自然な準同型写像（例 5.12 参照）とすると，π は全射なので，$\pi(I_2)$ は A/I_1 のイデアルである（定理 5.19 参照）．$\pi(I_2)$ を I_2/I_1 で表す．このとき，環の同型 $(A/I_1)/(I_2/I_1) \cong A/I_2$ を示せ．

5.3 | 整域と体, 素イデアルと極大イデアル | 169

5.3 整域と体, 素イデアルと極大イデアル

この節では, 環の基本的な概念についていくつか述べる.

5.3.1 単元, 零因子, べき零元

> **定義 5.20** （単元, 零因子, べき零元） A を零環でない環とする.
> (a) $u \in A$ に対し, $uv = 1$ となる元 $v \in A$ が存在するとき, u を A の**単元**または**可逆元**という.
> (b) $a \in A$ に対し, 0 でない元 $a' \in A$ が存在して, $aa' = 0$ となるとき, a を A の**零因子**という.
> (c) $a \in A$ に対し, 正の整数 $n \geq 1$ が存在して $a^n = 0$ となるとき, a を A の**べき零元**という.

A の単元全体のなす集合を $A^{\times}$ と書く. $u_1, u_2 \in A^{\times}$ のとき, $u_1 v_1 = 1, u_2 v_2 = 1$ となる $v_1, v_2 \in A$ をとれば, $(u_1 u_2)(v_1 v_2) = 1$ となるから, $u_1 u_2 \in A^{\times}$ である. $1 \in A^{\times}$ であり, また $u \in A^{\times}$ であれば, 上の定義 (a) の v が u の乗法に関する逆元になる. したがって, $A^{\times}$ は A の乗法に関して群になる.

例 5.21 (a) 整数 n に対して, $nm = 1$ となる整数 m が存在するのは, ちょうど $n = 1$ または $n = -1$ のときである. よって, $\mathbb{Z}^{\times} = \{1, -1\}$ である.

(b) K を体とする. 0 でない K の任意の元 a に対して, 乗法の逆元 a^{-1} が存在する. よって, $K^{\times} = K \setminus \{0\}$ である. これは, これまでの記号 $K^{\times}$ の使い方（2.3.3 項や 4.1 節など）と合っている.

例 5.22 (a) $A = \mathbb{Z}/6\mathbb{Z}$ とする. $[2] \in \mathbb{Z}/6\mathbb{Z}$ は零因子である. 実際, $[3] \in \mathbb{Z}/6\mathbb{Z}$ は $\mathbb{Z}/6\mathbb{Z}$ の零元ではなく, $[2][3] = [6] = [0]$ となるからである.

(b) $A = \mathbb{Z}/8\mathbb{Z}$ とする. $[2] \in \mathbb{Z}/8\mathbb{Z}$ はべき零元である. 実際, $[2]^3 = [8] = [0]$ となるからである.

例題 5.23 A を環, $u \in A$ とする. このとき, $u \in A^{\times}$ であることと $(u) = A$ であることは同値である. このことを示せ.

170 | 第 5 章 | 環の基礎

解答 $u \in A^\times$ のとき，$uv = 1$ となる $v \in A$ が存在する．したがって，$1 = uv \in (u)$ となる．例題 4.20 より，$(u) = A$ である．

逆に，$(u) = A$ とする．$1 \in A = (u)$ であるから，$uv = 1$ となる $v \in A$ が存在する．したがって，$u \in A^\times$ である． $\square$

例題 5.24 $\mathbb{Z}[\sqrt{-1}] = \{a + b\sqrt{-1} \mid a, b \in \mathbb{Z}\}$ に対して，$(\mathbb{Z}[\sqrt{-1}])^\times = \{1, -1, \sqrt{-1}, -\sqrt{-1}\}$ であることを示せ．

解答 $\alpha = a + b\sqrt{-1} \in \mathbb{Z}[\sqrt{-1}]$ に対して，$N(\alpha) = \alpha\overline{\alpha} = a^2 + b^2 \in \mathbb{Z}$ とおく．このとき，$\alpha, \beta \in \mathbb{Z}[\sqrt{-1}]$ に対して，

$$N(\alpha\beta) = \alpha\beta\overline{\alpha\beta} = \alpha\beta\overline{\alpha}\overline{\beta} = (\alpha\overline{\alpha})(\beta\overline{\beta}) = N(\alpha)N(\beta)$$

である．$\alpha = a + b\sqrt{-1}$ が単元とすると，$\alpha\beta = 1$ となる $\beta \in \mathbb{Z}[\sqrt{-1}]$ が存在する．このとき，$1 = N(1) = N(\alpha\beta) = N(\alpha)N(\beta)$ となる．ここで，$N(\alpha) = a^2 + b^2, N(\beta)$ ともに 0 以上の整数だから，$a^2 + b^2 = 1$ となる．よって，(a, b) は $(1, 0)$，$(-1, 0)$，$(0, 1)$，$(0, -1)$ のいずれかとなり，$\alpha = 1, -1, \sqrt{-1}, -\sqrt{-1}$ のいずれかとなる．逆に，$1, -1, \sqrt{-1}, -\sqrt{-1}$ は $\mathbb{Z}[\sqrt{-1}]$ の単元なので，$(\mathbb{Z}[\sqrt{-1}])^\times = \{1, -1, \sqrt{-1}, -\sqrt{-1}\}$ を得る． $\square$

問題 5.6 $m \geq 2$ は平方因子を含まない正の整数（つまり，任意の正の整数 $k \geq 2$ に対して，m は k^2 で割り切れない）とし，環 $\mathbb{Z}[\sqrt{-m}] = \{a + b\sqrt{-m} \mid a, b \in \mathbb{Z}\}$ を考える．このとき，$(\mathbb{Z}[\sqrt{-m}])^\times = \{1, -1\}$ であることを示せ．

問題 5.7 A を環，a を A のべき零元とする．このとき，$1 + a$ は A の単元であることを示せ．

5.3 | 整域と体，素イデアルと極大イデアル | 171

5.3.2 整域

定義 5.25（整域） 零環でない環 A が 0 以外に零因子をもたないとき，すなわち，A の任意の元 a, b に対して，

$$a \neq 0 \text{ かつ } b \neq 0 \text{ ならば}, \ ab \neq 0$$

が成り立つとき，A を**整域**という．対偶をとれば，零環でない環 A が整域とは，A の任意の元 a, b に対して，

$$ab = 0 \text{ ならば}, \ a = 0 \text{ または } b = 0$$

が成り立つときにいう．

　整域 A においては，次の簡約則が成り立つことに注意しよう．

$$\text{任意の } a, b, c \in A \text{ に対し}, \quad a \neq 0 \text{ かつ } ab = ac \text{ ならば}, \quad b = c.$$

実際，このとき，$a(b - c) = 0$ となり，$a \neq 0$ から $b - c = 0$ が導かれるからである．

例 5.26 $\mathbb{Z}$ は整域である．体は整域である（例題 4.9 参照）．

命題 5.27 A が整域のとき，1 変数多項式環 $A[X]$ も整域である．

証明 $A[X]$ の任意の 0 でない元 $f(X), g(X)$ をとる．$f(X) = a_n X^n + \cdots + a_0$, $g(X) = b_m X^m + \cdots + b_0$ $(a_i, b_j \in A, \ a_n \neq 0, \ b_m \neq 0)$ と表す．このとき，$f(X)g(X)$ の $m + n$ 次の係数は $a_n b_m$ となる．A は整域だから $a_n b_m \neq 0$ なので，$f(X)g(X) \neq 0$ である．よって，$A[X]$ は整域である． □

例 5.28 K を体とする．K 上の n 変数多項式環 $K[X_1, X_2, \ldots, X_n]$ は，帰納的に $(K[X_1, \ldots, X_{n-1}])[X_n]$ として定義されたから（4.2.2 項参照），命題 5.27 を繰り返し用いて，K 上の n 変数多項式環 $K[X_1, X_2, \ldots, X_n]$ は整域である．また，命題 5.27 を繰り返し用いて，$\mathbb{Z}$ 上の多項式環 $\mathbb{Z}[X]$, $\mathbb{Z}[X_1, X_2, \ldots, X_n]$ も整域である．

例題 5.29 (a) A が整域のとき，$(A[X])^\times = A^\times$ を示せ．

172 | 第 5 章 | 環の基礎

(b) K を体とする. $(K[X_1, X_2, \ldots, X_n])^\times = K \backslash \{0\}$ を示せ.

解答 (a) $A[X] \ni f(X), g(X)$ を 0 でない元とする. $\deg(f(X)) = n$, $\deg(g(X)) = m$ とおく. A が整域のとき, 命題 5.27 の証明からわかるように, $\deg(f(X)g(X)) = m + n = \deg(f(X)) + \deg(g(X))$ が成り立つ. したがって, $f(X) \in (A[X])^\times$ とすると, $f(X)g(X) = 1$ となる $g(X) \in A[X]$ が存在し, $f(X), g(X)$ は 0 次多項式になる. よって, $f(X) = u$, $g(X) = v$ $(u, v \in A)$ とおけ, $uv = 1$ となるから, $f(X) \in A^\times$ となる. これより, $(A[X])^\times = A^\times$ が従う.

(b) 体 K は整域だから, (a) と例 5.21 より, $(K[X_1])^\times = K^\times = K \backslash \{0\}$ である. さらに, (a) と帰納法を用いて, $(K[X_1, \ldots, X_n])^\times = (K[X_1, \ldots, X_{n-1}])^\times = K \backslash \{0\}$ となる. $\square$

問題 5.8 有限個の元からなる整域は体であることを示せ.(ヒント:a を整域 A の 0 でない元とする. 写像 $A \to A$, $x \mapsto xa$ は単射であることを示せ. A が有限個の元からなるとき, さらに何がいえるか.)

5.3.3 素イデアル, 極大イデアル

定義 5.30 (素イデアル) 環 A のイデアル $\mathfrak{p}$ が素イデアルとは, $\mathfrak{p} \neq A$ であり, A の任意の元 a, b に対して,

$$ab \in \mathfrak{p} \text{ ならば, } a \in \mathfrak{p} \text{ または } b \in \mathfrak{p}$$

が成り立つときにいう.

定義 5.31 (極大イデアル) 環 A のイデアル $\mathfrak{m}$ が極大イデアルとは, $\mathfrak{m} \neq A$ であり, $\mathfrak{m} \subsetneq I \subsetneq A$ となるイデアル I が存在しないときにいう.

命題 5.32 I を環 A のイデアルとする. このとき, 以下が成り立つ.
(a) I が素イデアルであることと A/I が整域であることは同値である.
(b) I が極大イデアルであることと A/I が体であることは同値である.

5.3 | 整域と体，素イデアルと極大イデアル　173

証明　(a)　$I \neq A$ と剰余環 A/I が零環でないことが対応する．このとき，I が素イデアルということは，任意の $a, b \in A$ に対して，$ab \in I$ ならば，$a \in I$ または $b \in I$ が成り立つことである．これは剰余環 A/I の言葉では，任意の $[a], [b] \in A/I$ に対して，$[a][b] = [0]$ ならば，$[a] = [0]$ または $[b] = [0]$ が成り立つこととなる．これは，剰余環 A/I が整域であることに他ならない．

　(b)　一般に，零環でない環 B のイデアルが $\{0\}$ と B 自身のみならば，B は体であることに注意しよう．実際，b を B の 0 でない任意の元とすると，$(b) = B$ となるので，$xb = 1$ となる $x \in B$ が存在するからである．例題 4.20 と合わせて，A/I が体であることと，A/I が零環でなく A/I のイデアルが $\{[0]\}$ と A/I 自身だけであることが同値になる．一方，A/I のイデアル全体のなす集合と A の I を含むイデアル全体のなす集合の間には全単射があった（例 5.12 と定理 5.19 参照）．このことを用いると，A/I が体であることと，$I \neq A$ で A の I を含むイデアルが I と A 自身のみであることが同値である．これは，I が A の極大イデアルであることに他ならない．　□

例 5.33　(a)　体ならば整域であるので（例 5.26 参照），命題 5.32 より，極大イデアルならば素イデアルである．なお，このことを，命題 5.32 を使わずに，直接示すのも容易である．

(b)　A を環とする．イデアル (0) に対して，$A/(0) \cong A$ である．よって，命題 5.32(1) より，(0) が A の素イデアルであることと，A が整域であることは同値である．なお，このことを，命題 5.32(a) を使わずに，直接示すのも容易である．

例 5.34　(a)　$\mathbb{Z}$ の素イデアルを求めよう．命題 4.22 より，$\mathbb{Z}$ の任意のイデアルは (m) の形をしている．ここで m は 0 以上の整数としてよい．$m = 0$ のときは，$\mathbb{Z}$ は整域なので (0) は素イデアルである．$m = 1$ のときは，$(1) = \mathbb{Z}$ だから，素イデアルではない．$m \geq 2$ とする．m が素数 p のときは，命題 4.28 の証明（ステップ 1）より (p) は素イデアルである．m が素数でないときは，$m = m_1 m_2 (m_1 \geq 2, m_2 \geq 2)$ と分解され，$m_1 \notin (m)$, $m_2 \notin (m)$ だが $m_1 m_2 = m \in (m)$ なので，(m) は素イデアルではない．以上をまとめると，$\mathbb{Z}$ の素イデアルは (0) または (p)（p は素数）で

ある.

(b) $\mathbb{Z}$ の極大イデアルを求めよう. 極大イデアルは素イデアルなので, 極大イデアルは (0) または (p) (p は素数) のいずれかである. しかし, $(0) \subsetneq (2) \subsetneq \mathbb{Z}$ なので, (0) は極大イデアルではない. 一方, $\mathbb{Z}/p\mathbb{Z}$ は体であるから (4.2.4 項参照), 命題 5.32 より $(p) = p\mathbb{Z}$ は極大イデアルである. 以上をまとめると, $\mathbb{Z}$ の極大イデアルは (p) (p は素数) である.

注意 素イデアルの条件として $\mathfrak{p} \neq (1) = A$ を仮定するのは, 整数環 $\mathbb{Z}$ において, 1 を素数とよばないことに似ている.

例 5.35 (a) K を体, $a \in K$ とする. 例 5.18 で, 環の同型 $K[X]/(X - a) \cong K$ が存在することをみた. K は体であるから, $(X - a)$ は $K[X]$ の極大イデアルである.

(b) 例 5.18 で環の同型 $\mathbb{R}[X]/(X^2 + 1) \cong \mathbb{C}$ が存在することをみた. $\mathbb{C}$ は体であるから, $(X^2 + 1)$ は $\mathbb{R}[X]$ の極大イデアルである.

多項式環の素イデアル, 極大イデアルについては, 章末問題 5.3 と 5.4 も解いてみてほしい.

問題 5.9 $\varphi : A \to B$ を環の準同型写像とする. このとき以下を示せ.

(a) $\mathfrak{p}$ が B の素イデアルのとき, $\varphi^{-1}(\mathfrak{p})$ は A の素イデアルである.

(b) $\mathfrak{m}$ が B の極大イデアルのとき, $\varphi^{-1}(\mathfrak{m})$ は必ずしも A の極大イデアルではない. (ヒント : 例えば, 自然な埋め込み写像 $\varphi : \mathbb{Z} \to \mathbb{Q}$ を考える.)

5.4 環の直積, 中国剰余定理 (再訪)

3–4 世紀頃に書かれたと推定されている中国の本『孫子算経』に次の問題がのっている.

問

今有物不知其數, 三三數之剰二, 五五數之剰三, 七七數之剰二, 問物幾何.

5.4 | 環の直積，中国剰余定理（再訪）

答曰二十三

術曰，三三數之剩二，置一百四十，五五數之剩三，置六十三，七七之數剩二，置三十．并之得二百三十三．以二百一十減之，即得．凡三三數之剩一，則置七十，五五數之剩一，則置二十一，七七數之剩一，則置十五．一百六以上，以一百五減之，即得．

意訳してみよう．

問

いま物があるが，その数は分からない．3 つずつ分けると 2 余り，5 つずつ分けると 3 余り，7 つずつ分けると 2 余る．この物はいくつあるか．

答は 23 である．

3 つずつ分けた余り 2 に対して，140 とおく．5 つずつ分けた余り 3 に対して，63 とおく．7 つずつ分けた余り 2 に対して，30 とおく．それらを合わせた $140 + 63 + 30 = 233$ から 210 を引いて，$233 - 210 = 23$ を得る．一般には，3 つずつ分けた余り 1 につき，70 をおく．5

176 | 第 5 章 | 環の基礎

つずつ分けた余り 1 につき，21 をおく．7 つずつ分けた余り 1 につき，15 をおく．それらを合計する．それが 106 以上であれば，105 を（何回か）引くと，答を得る．

さて，3.1 節で，群の同型写像

$$\varphi : \mathbb{Z}/105\mathbb{Z} \to \mathbb{Z}/3\mathbb{Z} \times \mathbb{Z}/5\mathbb{Z} \times \mathbb{Z}/7\mathbb{Z} \tag{5.5}$$

が存在することを証明した．ここで，$\mathbb{Z}/3\mathbb{Z}$ などは加法に関する群とみていた．『孫子算経』に書かれていることは，φ に関して

$$\varphi(23 + 105\mathbb{Z}) = (2 + 3\mathbb{Z}, 3 + 5\mathbb{Z}, 2 + 7\mathbb{Z})$$

を示していると解釈できる．また，『孫子算経』の答の後半は，$a, b, c \in \mathbb{Z}$ に対して，

$$\varphi((70a + 21b + 15c) + 105\mathbb{Z}) = (a + 3\mathbb{Z}, b + 5\mathbb{Z}, c + 7\mathbb{Z}) \tag{5.6}$$

を示していると解釈できる．

　一方で，4.2.3 項や例 5.9 でみたように，$\mathbb{Z}/3\mathbb{Z}$ などには加法だけでなく乗法も定義され，$\mathbb{Z}/3\mathbb{Z}$ などには環の構造も入る．

　この節では，(5.5) が加法を演算とする群の同型写像であるだけでなく，環の同型写像になっていることを，一般の剰余環の状況で証明する．そのために，まず，環の直積，イデアルの和と積を定義し，その後に，一般の場合の中国剰余定理を述べる．そして，環の準同型定理の応用として，その証明を与える．最後に，『孫子算経』の答の後半の，唐突に現れた 70, 21, 15 という数をどう求めればよいのかを考えよう．

5.4.1　環の直積

　A, B を環とする．A と B の集合としての直積は，

$$A \times B := \{(a, b) \mid a \in A, \ b \in B\}$$

である．A と B にそれぞれ定まっている加法と乗法を用いて，$A \times B$ に

$$(a, b) + (a', b') := (a + a', b + b'),$$
$$(a, b)(a', b') := (aa', bb')$$

によって加法と乗法を定める．このように加法と乗法を定めた直積集合 $A \times B$ は環となる．A, B の単位元をそれぞれ $1_A, 1_B$ で表すとき，$A \times B$ の単位元は $(1_A, 1_B)$ である．環 $A \times B$ を環 A と B の**直積**という．

同様に，n 個の環 $A_1, \ldots, A_n$ に対して，環の直積

$$A_1 \times \cdots \times A_n := \{(a_1, \ldots, a_n) \mid a_1 \in A_1, \ldots, a_n \in A_n\}$$

が定義される．$A_1 \times \cdots \times A_n$ の加法と乗法は成分ごとの加法と乗法

$$(a_1, \ldots, a_n) + (a_1', \ldots, a_n') := (a_1 + a_1', \ldots, a_n + a_n'),$$
$$(a_1, \ldots, a_n)\,(a_1', \ldots, a_n') := (a_1 a_1', \ldots, a_n a_n')$$

である．

次の補題は，環の同型と直積に関するものである．証明は群の場合（補題 3.5）と同様なので省略する．

補題 5.36 $A_1, \ldots, A_r,\ A_1', \ldots, A_r'$ を環とする．

(a) $A_1 \cong A_1', \ldots, A_r \cong A_r'$ ならば，$A_1 \times \cdots \times A_r \cong A_1' \times \cdots \times A_r'$ である．

(b) $A_1 \times A_2 \times \cdots \times A_r \cong A_1 \times (A_2 \times \cdots \times A_r)$ である．

(c) $\sigma \in S_r$ とする．このとき，$A_1 \times A_2 \times \cdots \times A_r \cong A_{\sigma(1)} \times A_{\sigma(2)} \times \cdots \times A_{\sigma(r)}$ である．特に，$A_1 \times A_2 \cong A_2 \times A_1$ である．

5.4.2 イデアルの和，積

A を環，I, J を A のイデアルとする．I, J を用いて，A のイデアルを構成しよう．

定義 5.37（イデアルの和，積） A を環，I, J を A のイデアルとする．

(a) $I + J := \{a + b \mid a \in I,\ b \in J\}$ をイデアルの和という．

(b) $IJ := \displaystyle\bigcup_{n \geqq 1} \{a_1 b_1 + \cdots + a_n b_n \mid a_1, \ldots, a_n \in I,\ b_1, \ldots, b_n \in J\}$ をイデアルの積という．

命題 5.38 A を環，I, J を A のイデアルとする．このとき，$IJ, I \cap J, I + J$ はいずれも A のイデアルである．また，$IJ \subseteq I \cap J \subseteq I \subseteq I + J$ である．

証明　$IJ, I \cap J, I + J$ はいずれも 0 を含むので空集合ではないことに注意する。まず、IJ がイデアルであることを示す。IJ の任意の元 c, c' をとる。このとき、正の整数 n と、$a_1, \ldots, a_n \in I$, $b_1, \ldots, b_n \in J$ が存在して、$c = a_1 b_1 + \cdots + a_n b_n$ と表される。また、正の整数 n' と、$a'_1, \ldots, a'_{n'} \in I$, $b'_1, \ldots, b'_{n'} \in J$ が存在して、$c' = a'_1 b'_1 + \cdots + a'_{n'} b'_{n'}$ と表される。このとき、

$$c + c' = a_1 b_1 + \cdots + a_n b_n + a'_1 b'_1 + \cdots + a'_{n'} b'_{n'}$$

であるから、$c + c' \in IJ$ である。また、$x \in A$ に対して、

$$xc = (xa_1)b_1 + \cdots + (xa_n)b_n$$

で、$xa_i \in I$ なので、$xc \in IJ$ である。よって、IJ は A のイデアルになる。

$I \cap J, I + J$ がイデアルであることも同様に証明できる。

IJ の任意の元 $c = a_1 b_1 + \cdots + a_n b_n$ をとる。$a_i \in I$ より $a_i b_i \in I$ に注意すると、$c \in I$ である。$b_i \in J$ より $a_i b_i \in J$ に注意すると、$c \in J$ である。よって、$c \in I \cap J$ となるから、$IJ \subseteq I \cap J$ となる。包含関係 $I \cap J \subseteq I$ は明らかであり、$0 \in J$ なので $I \subseteq I + J$ も成り立つ。　　　　　□

問題 5.10　$a, b, a_1, \ldots, a_m, b_1, \ldots, b_n$ を環 A の元とする。A のイデアル (a), $(a_1, \ldots, a_m)$ などを考える。イデアルの和と積について、以下を示せ。

(a)　$(a) + (b) = (a, b)$,　$(a)(b) = (ab)$.

(b)　$(a_1, \ldots, a_m) + (b_1, \ldots, b_n) = (a_1, \ldots, a_m, b_1, \ldots, b_n)$,

　　　$(a_1, \ldots, a_m)(b_1, \ldots, b_n) = (a_1 b_1, \ldots, a_1 b_n, \ldots, a_m b_1, \ldots, a_m b_n)$.

5.4.3　中国剰余定理

中国剰余定理を環の同型として捉え直そう。

5.4 | 環の直積，中国剰余定理（再訪） | 179

> **定理 5.39**　（**中国剰余定理**）　I, J を環 A のイデアルで，$I + J = A$ をみたすとする．このとき，$I \cap J = IJ$ である．さらに，写像
>
> $$\varphi : A \to A/I \times A/J, \quad x \mapsto (x + I, x + J)$$
>
> は全射な環の準同型写像であり[6]，環の同型
>
> $$A/IJ \cong A/I \times A/J$$
>
> を導く．

証明　$I + J = A$ ならば，$IJ = I \cap J$ となることは次のようにみればよい．$IJ \subseteq I \cap J$ は命題 5.38 ですでに示している．逆の包含関係を示すために，任意の $c \in I \cap J$ をとる．$I + J = A$ より，$a + b = 1$ となる $a \in I$ と $b \in J$ が存在する．すると，$c = c \cdot 1 = c(a + b) = ca + cb \in IJ$ となる．よって，$IJ \supseteq I \cap J$ が分かる．したがって，$IJ = I \cap J$ である．

φ が環の準同型写像であることは，剰余環の加法と乗法の定義と，環の直積の定義から容易に確認できる．実際，任意の $x, y \in A$ に対して，

$$\varphi(x + y) = (x + y + I, x + y + J)$$
$$= (x + I, x + J) + (y + I, y + J) = \varphi(x) + \varphi(y)$$

が成り立つ．$\varphi(xy) = \varphi(x)\varphi(y)$ も同様である．また，$\varphi(1) = (1 + I, 1 + J)$ は $A/I \times A/J$ の単位元である．したがって，φ は環の準同型写像である．

そこで，φ に準同型定理を適用しよう．まず，$\mathrm{Ker}(\varphi) = I \cap J$ であり，前半で示したように $I \cap J = IJ$ であるから，$\mathrm{Ker}(\varphi) = IJ$ となる．φ は全射であることを示そう．$(y + I, z + J)$ を $A/I \times A/J$ の任意の元とする（$y, z \in A$ であり，y は A/I の元 $y + I$ の代表元，z は A/J の元 $z + I$ の代表元である）．上でとったように，$a \in I$，$b \in J$ を $a + b = 1$ となる元とする．ここで，$x := by + az \in A$ と定める．すると，

$$x - y = (b - 1)y + az = -ay + az = (z - y)a \in I$$

である．よって，I に関する x の剰余類と y の剰余類は一致する．いいかえれば，$x + I = y + I$ が成り立つ．同様に，$x + J = z + J$ である．したがって，

6]　ここでは，同値類を表す記号 $[x]$ は使わないことにする．I に関する同値類 $x + I$ か J に関する同値類 $x + J$ のどちらを表すか紛らわしいからである．

$$\varphi(x) = (x+I, x+J) = (y+I, z+J)$$

となるので, φ は全射である. よって, 環の準同型定理より, 環の同型 $A/IJ \cong A/I \times A/J$ を得る. □

定理 5.39 は 2 個のイデアルの場合の中国剰余定理である. 群のときと同様に, $n\,(n \geqq 2)$ 個のイデアルの場合の中国剰余定理を考えることができる. これについては, 章末問題 5.5 をみてほしい.

例 5.40 m, n を互いに素な整数とする. このとき, $xm + yn = 1$ となる整数 x, y が存在するから（系 4.24 参照）, $(m) + (n) = \mathbb{Z}$ となる. また, 定理 5.39 の前半より, $(m) \cap (n) = (m)(n) = (mn)$ である. $(m) = m\mathbb{Z}$, $(n) = n\mathbb{Z}$, $(mn) = mn\mathbb{Z}$ について, 定理 5.39 の後半は, 写像

$$\varphi : \mathbb{Z}/mn\mathbb{Z} \to \mathbb{Z}/m\mathbb{Z} \times \mathbb{Z}/n\mathbb{Z}, \quad x + mn\mathbb{Z} \mapsto (x + m\mathbb{Z}, x + n\mathbb{Z}) \tag{5.7}$$

が環の同型写像であることを述べている.

3.1 節で示したことは, $\mathbb{Z}/mn\mathbb{Z}, \mathbb{Z}/m\mathbb{Z} \times \mathbb{Z}/n\mathbb{Z}$ の加法だけに注目して, これらをアーベル群とみなしたときに, φ が群の同型写像になっていることである. 定理 5.39 は, φ が加法だけでなく乗法の構造も保つことを述べている.

例 5.41 『孫子算経』の場合を考えよう. 3 と $35 = 5 \cdot 7$ は互いに素であり, 5 と 7 も互いに素であるから, $\mathbb{Z}/105\mathbb{Z} \cong \mathbb{Z}/3\mathbb{Z} \times \mathbb{Z}/35\mathbb{Z}$, $\mathbb{Z}/35\mathbb{Z} \cong \mathbb{Z}/5\mathbb{Z} \times \mathbb{Z}/7\mathbb{Z}$ である. よって, 補題 5.14 と補題 5.36 も用いて,

$$\varphi : \mathbb{Z}/105\mathbb{Z} \to \mathbb{Z}/3\mathbb{Z} \times \mathbb{Z}/5\mathbb{Z} \times \mathbb{Z}/7\mathbb{Z}, \quad x + 105\mathbb{Z} \mapsto (x + 3\mathbb{Z}, x + 5\mathbb{Z}, x + 7\mathbb{Z})$$

は環の同型写像になる.

3 と 35 は互いに素なので, $3x + 35y = 1$ となる $x, y \in \mathbb{Z}$ が存在する. ユークリッドの互除法（命題 4.25 参照）を用いると, 例えば, $x = -23$, $y = 2$ が適する. このとき, $70 = 35 \cdot 2 = 1 - 3 \cdot (-23)$ なので, $\varphi(70 + 105\mathbb{Z}) = (1 + 3\mathbb{Z}, 0 + 5\mathbb{Z}, 0 + 7\mathbb{Z})$ になる. これが, 『孫子算経』の (5.6) で 70 が出てきた理由である. 同様に, $5x' + 21y' = 1$ となる $x', y' \in \mathbb{Z}$ をユークリッドの互除法（命題 4.25 参照）を用いて求めることによって (5.6) の 21 を[7], $7x'' + 15y'' = 1$ となる $x'', y'' \in \mathbb{Z}$

---

[7] ユークリッドの互除法を用いるまでもなく, $x' = -4$, $y' = 1$ が適することが分かり, $21 = 21 \cdot 1 = 1 - 5 \cdot (-4)$ なので, $\varphi(21 + 105\mathbb{Z}) = (0 + 3\mathbb{Z}, 1 + 5\mathbb{Z}, 0 + 7\mathbb{Z})$ になる. $7x'' + 15y'' = 1$ の方も同様である.

をユークリッドの互除法を用いて求めることによって (5.6) の 15 を得る.

5.5 ユークリッド整域，単項イデアル整域，素元分解整域

4.4 節でみたように，整数環 $\mathbb{Z}$ はさまざまな性質を持つ.

(a) $\mathbb{Z}$ において，余りのある割り算ができる.

(b) $\mathbb{Z}$ の任意のイデアルは単項イデアル（適当な整数 $m \in \mathbb{Z}$ が存在して (m) の形）である.

(c) $\mathbb{Z}$ において，素因数分解の存在と一意性が成り立つ.

以下でみるように，(a) (b) (c) は互いに無関係な性質ではなく，(a) が一番強く，(b) (c) と順に続く．大雑把にいって，(a) (b) (c) の性質をみたす整域を，それぞれ，ユークリッド整域，単項イデアル整域（PID），素元分解整域（UFD）という．以下では，これらの整域の定義と例，基本的な性質を説明する．特に，

ユークリッド整域 $\Longrightarrow$ 単項イデアル整域（PID）$\Longrightarrow$ 素元分解整域（UFD）

が成り立つことをみる.

5.5.1 ユークリッド整域

整数環 $\mathbb{Z}$ や体 K 上の 1 変数多項式環 $K[X]$ では余りのある割り算ができた．このような性質をもつ整域をユークリッド整域という.

以下の定義で，$\mathbb{Z}_{\geqq 0}$ は 0 以上の整数全体のなす集合を表す.

定義 5.42（ユークリッド整域）A を整域とする．次の性質をみたす写像

$$d : A \backslash \{0\} \to \mathbb{Z}_{\geqq 0}$$

が存在するとき，A を**ユークリッド整域**という [8].

- 任意の $a, b \in A\,(b \neq 0)$ に対して，$q, r \in A$ で

$$a = qb + r, \quad r = 0 \text{ または } d(r) < d(b)$$

となるものが存在する.

8] 教科書によっては，「任意の $a, b \in A \backslash \{0\}$ に対して，$d(a) \leqq d(ab)$ が成り立つ」という条件を写像 d に加えるものもある．この条件は本質的ではない．詳しくは，章末問題 5.6 を参照してほしい.

例 5.43 (a) $\mathbb{Z}$ はユークリッド整域である．実際，$d: \mathbb{Z}\setminus\{0\} \to \mathbb{Z}_{\geqq 0}$ として，絶対値を与える写像

$$d(a) := |a| \quad (a \in \mathbb{Z}\setminus\{0\})$$

をとると，d は定義 5.42 の条件をみたす（定理 4.21 参照）．

なお，定義 5.42 では，(q, r) の一意性は条件に入っていないことに注意しよう．実際，この d という写像について，$a = 3, b = 2$ のとき，$(q, r) = (1, 1)$ も $(q, r) = (2, -1)$ も定義 5.42 の条件をみたすので，(q, r) の一意性は成り立っていない．

(b) 体 K 上の 1 変数多項式環 $K[X]$ はユークリッド整域である．実際，$d: K[X]\setminus\{0\} \to \mathbb{Z}_{\geqq 0}$ として，多項式の次数を与える写像

$$d(f(X)) := \deg(f(X)) \quad (f(X) \in K[X]\setminus\{0\})$$

をとると，d は定義 5.42 の条件をみたす（定理 4.29 参照）．

例 5.44 $\mathbb{Z}[\sqrt{-1}] = \{a + b\sqrt{-1} \in \mathbb{C} \mid a, b \in \mathbb{Z}\}$ を**ガウスの整数環**という．例 4.3 より $\mathbb{Z}[\sqrt{-1}]$ は環である．

$\alpha = a + b\sqrt{-1} \in \mathbb{Z}[\sqrt{-1}]\setminus\{0\}$ に対し，

$$d(\alpha) := |\alpha|^2 = \alpha\overline{\alpha} = (a + b\sqrt{-1})(a - b\sqrt{-1}) = a^2 + b^2$$

とおく．d は定義 5.42 の条件をみたし，$\mathbb{Z}[\sqrt{-1}]$ はユークリッド整域である．

実際，複素平面 $\mathbb{C}$ で，任意の $m, n \in \mathbb{Z}$ に対して，$m + n\sqrt{-1}$ を中心に半径 1 の開円板を描くと，これらは $\mathbb{C}$ 全体を覆う．

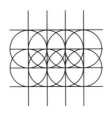

したがって，任意の $\alpha, \beta \in \mathbb{Z}[\sqrt{-1}]$ $(\beta \neq 0)$ に対し，$\mathbb{C}$ の中で $\dfrac{\alpha}{\beta}$ を考えると，ある $m, n \in \mathbb{Z}$ が存在して，

$$\left|\frac{\alpha}{\beta} - (m + n\sqrt{-1})\right| < 1$$

となる. そこで, $q := m + n\sqrt{-1}$, $r := \alpha - q\beta \in \mathbb{Z}[\sqrt{-1}]$ とおくと, $\alpha = q\beta + r$ で, $r = 0$ または $d(r) < d(\beta)$ となるからである.

5.5.2 単項イデアル整域（PID）

整数環 $\mathbb{Z}$ や体 K 上の 1 変数多項式環 $K[X]$ の任意のイデアルは単項イデアルであった. このような性質をもつ整域を単項イデアル整域という.

定義 5.45（**単項イデアル整域**） 整域 A が**単項イデアル整域**であるとは, A の任意のイデアル I に対して, ある $a \in A$ が存在して $I = (a)$ となるときにいう.

単項イデアル整域を, 英語の principal ideal domain の最初の文字をとって PID とも書く.

命題 5.46 ユークリッド整域は単項イデアル整域である.

証明 A をユークリッド整域とし, $d : A \setminus \{0\} \to \mathbb{Z}_{\geqq 0}$ を定義 5.42 の条件をみたす写像とする. 目標は, A の任意のイデアル I に対して, $I = (a)$ となる $a \in A$ が存在することを示すことである.

I はイデアルだから, 0 を含む（補題 4.16 参照）. $I = \{0\}$ のときは, $a = 0$ ととればよい. そこで, $I \neq \{0\}$ とする. このとき, $\{d(i) \in \mathbb{Z}_{\geqq 0} \mid i \in I \setminus \{0\}\}$ は, $\mathbb{Z}_{\geqq 0}$ の空でない部分集合であるから最小元が存在する. $a \in I \setminus \{0\}$ を

$$d(a) = \min_{i \in I \setminus \{0\}} d(i)$$

であるような元とする. この a に対して, $I = (a)$ となることを示そう.

i を I の任意の元とする. ユークリッド整域の定義から,

$$i = qa + r$$

となる $q, r \in A$ で, $r = 0$ または $d(r) < d(a)$ をみたすものが存在する. $a, i \in I$ だから, $r = i - qa \in I$ である. 仮に $r \neq 0$ とすると, $d(r) < d(a)$ となり, $d(a)$ の最小性に矛盾する. よって, $r = 0$ であり, $i = qa$ となる. これは, $I \subseteq (a)$ を示す. 逆に, 任意の $x \in A$ に対して, $xa \in I$ であるから, $(a) \subseteq I$ である. よって, $I = (a)$ が証明された. $\qquad \square$

184 第 5 章 | 環の基礎

例 5.47 整数環 $\mathbb{Z}$, 体 K 上の 1 変数多項式環 $K[X]$, ガウスの整数環 $\mathbb{Z}[\sqrt{-1}]$ はユークリッド整域である（例 5.44 参照）. したがって, これらの環は単項イデアル整域である.

例題 5.48 単項イデアル整域の (0) 以外の素イデアルは極大イデアルであることを示せ.

解答 A を単項イデアル整域とする. $\mathfrak{p}$ を A の (0) 以外の任意の素イデアルとする. $\mathfrak{p} \subsetneq I$ となる任意のイデアル I をとる. このとき, $I = A$ であることが示せれば, $\mathfrak{p}$ が極大イデアルであることが分かる.

A は単項イデアル整域なので, $\mathfrak{p} = (p)$ と $I = (a)$ となる元 $p, a \in A$ が存在する. $\mathfrak{p} \subseteq I$ なので, $p = ab$ となる $b \in A$ が存在する. 一方, $\mathfrak{p} \neq I$ なので $a \notin \mathfrak{p}$ である. (p) が素イデアルであるから, $b \in (p)$ となる. そこで, $b = pc$ $(c \in A)$ と表すと, $p = ab = pac$ になる. p を簡約して（5.3.2 項参照）, $ac = 1$ となり, a は単元である. したがって, 例題 5.23 より $I = (a) = A$ が成り立ち, $\mathfrak{p}$ が極大イデアルであることが証明された. □

5.5.3 素元分解整域 (UFD)

整数環 $\mathbb{Z}$ には素数という概念があり, $\mathbb{Z}$ の元は一意的に素因数分解できる（命題 4.28 参照）. 素元分解整域は, このようなことが成り立つ整域である. まず概念をはっきりさせよう.

定義 5.49 （既約元, 素元） A を整域とする. $a \in A$ を 0 でも単元でもない元とする.

(a) a が**既約元**であるとは, A の任意の元 b, c に対して,

$a = bc$ ならば, b が A の単元または c が A の単元である

が成り立つときにいう.

(b) a が**素元**であるとは, a が生成するイデアル (a) が素イデアルのときにいう. いいかえると, A の任意の元 b, c に対して,

$bc \in (a)$ ならば, $b \in (a)$ または $c \in (a)$

が成り立つときにいう.

5.5 | ユークリッド整域，単項イデアル整域，素元分解整域 185

素元と既約元は似ているが違う概念である．ただし，これらには関係があり，素元ならば既約元である（補題 5.50）．一般の整域では，既約元は素元とは限らないが（例 5.51），以下で定義する素元分解整域においては既約元と素元は同じものになる．

補題 5.50 素元ならば既約元である．

証明 A を整域，$p \in A$ を 0 でも単元でもない元とする．p が素元と仮定する．p が既約元であることを示すために，A の任意の元 b, c に対して，$p = bc$ となったとしよう．このとき，$bc = p \in (p)$ であるから，$b \in (p)$ または $c \in (p)$ が成り立つ．$b \in (p)$ としよう．すると，$x \in A$ が存在して，$b = px$ と書ける．このとき，$p = bc = pxc$ となる．$p \neq 0$ で A は整域だから，p が簡約できて（5.3.2 項参照），$1 = xc$ となる．これは，c が単元であることを示す．同様に，$c \in (p)$ ならば，b が単元になる．したがって，p は既約元である． $\square$

例 5.51 $A = \mathbb{Z}[\sqrt{-5}]$ の中で，2 は既約元であるが素元ではない．このことは $\mathbb{Z}[\sqrt{-5}]$ が素元分解整域（定義 5.52 参照）ではないことを示している．

まず，2 が素元ではないことを示そう．$(1 + \sqrt{-5}) \cdot (1 - \sqrt{-5}) = 6 = 2 \cdot 3 \in (2)$ であるから，もし，2 が素元とすると，$1 + \sqrt{-5} \in (2)$ または $1 - \sqrt{-5} \in (2)$ になる．しかし，$(2) = \{2a + 2b\sqrt{-5} \mid a, b \in \mathbb{Z}\}$ だから，これは矛盾である．よって，2 は素元ではない．

次に，2 が既約元であることを示そう．$\alpha = a + b\sqrt{-5}, \beta = c + d\sqrt{-5} \in \mathbb{Z}[\sqrt{-5}]$ として，$2 = \alpha\beta$ とする．このとき複素共役をとって，$2 = \overline{\alpha}\overline{\beta}$ も成り立つ．したがって，

$$4 = \alpha\beta\overline{\alpha}\overline{\beta} = \alpha\overline{\alpha}\beta\overline{\beta}$$
$$= (a + b\sqrt{-5})(a - b\sqrt{-5})(c + d\sqrt{-5})(c - d\sqrt{-5}) = (a^2 + 5b^2)(c^2 + 5d^2)$$

である．これから，$a^2 + 5b^2 = 1$ または $c^2 + 5d^2 = 1$ が成り立つ[9]．最初の場合は，$(a, b) = (1, 0), (-1, 0)$ となり，$\alpha = \pm 1$ となる．後の場合は，$(c, d) = (1, 0), (-1, 0)$ となり，$\beta = \pm 1$ となる．よって，α, β のいずれかは $\mathbb{Z}[\sqrt{-5}]$ の単元になることが分かるので，2 は既約元である．

9] $a^2 + 5b^2 = c^2 + 5d^2 = 2$ となる整数 a, b, c, d は存在しない．

186 | 第 5 章 **環の基礎**

問題 5.11 $A := \mathbb{Z}[\sqrt{-5}]$ において,2 が素元でないことを,上の例とは違う方法で示そう.$\mathbb{F}_2 = \mathbb{Z}/2\mathbb{Z}$ とおく.

(a) $A \cong \mathbb{Z}[X]/(X^2 + 5)$ を示せ.

(b) $A/(2) \cong \mathbb{Z}[X]/(2, X^2 + 5) \cong \mathbb{F}_2[X]/(X^2 + 1) = \mathbb{F}_2[X]/((X + 1)^2)$ を示せ.さらに,2 が A の素元でないことを示せ.

定義 5.52 (**素元分解整域(UFD**)) 整域 A が素元分解整域(一意分解整域ともいう)であるとは,0 と単元以外の任意の元 $a \in A$ が,

$$a = p_1 p_2 \cdots p_n \tag{5.8}$$

と有限個の素元 $p_1, p_2, \ldots, p_n \in A$ の積として表されるときにいう.

素元分解整域を,<u>u</u>nique <u>f</u>actorization <u>d</u>omain の頭文字をとって UFD とも書く.素元分解整域においては,既約元全体と素元全体は一致する.実際,素元は既約元であるので,素元分解整域において既約元が素元であることを確かめればよい.a を素元分解整域の既約元とする.(5.8) より,$a = p_1 p_2 \cdots p_n$ と有限個の素元の積で表せるが,a は既約元なので $n = 1$ である.よって,$a = p_1$ は素元となる.

(5.8) は,素元の積に分解できることを述べているだけで,分解の一意性は述べていないように思える.しかし,以下にみるように,分解の一意性は自動的に成り立つ.

命題 5.53 A を整域(素元分解整域とは限らない)とし,a を A の 0 でも単元でもない元とする.さらに,A の素元 $p_1, \ldots, p_n, q_1, \ldots, q_m$ が存在して,

$$a = p_1 p_2 \cdots p_n = q_1 q_2 \cdots q_m.$$

と表せると仮定する.このとき,$m = n$ である.さらに,q_i を適当に並び替えると,A の単元 $u_1, \ldots, u_n$ が存在して $p_i = u_i q_i$ $(i = 1, \ldots, n)$ が成り立つ.したがって,素元の積への分解は(もし分解が可能ならば),順序と単元の積の違いを除いて一意的である.

証明 対称性より $m \geq n$ として証明すれば十分である.$a = q_1 q_2 \cdots q_m \in (p_1)$ で,(p_1) は素イデアルなので,ある $j = 1, \ldots, m$ が存在して,$q_j \in (p_1)$ となる.

よって，$u \in A$ が存在して，$q_j = up_1$ と表せる．q_j は素元なので，特に既約元である（補題 5.50 参照）．よって，u か p_1 のいずれかは A の単元になるが，素元 p_1 は単元ではないので，u が A の単元になる．そこで，$q_1, \ldots, q_m$ を並び替えて $j = 1$ とし，$u_1 = u$ とおくと，$p_1 = u_1 q_1$ となる．$p_1 p_2 \cdots p_n = q_1 q_2 \cdots q_m$ で，q_1 を簡約して（5.3.2 項参照），

$$u_1 p_2 \cdots p_n = q_2 \cdots q_m$$

を得る．この操作を続ける．もし，$m > n$ とすると，単元 $u_1, \ldots, u_n$ が存在して，

$$u_1 \cdots u_n = q_{m-n} \cdots q_m$$

となるが，q_{m-n} は単元ではないので矛盾する．よって，$m = n$ となり命題が証明できた． $\square$

定理 5.54 単項イデアル整域は素元分解整域である．

証明 A を単項イデアル整域とする．

ステップ 1：単項イデアル整域 A において，既約元は素元であることを示そう．0 でも単元でもない元 a を，A の既約元とする．$b, c \in A$ に対して，$bc \in (a)$ が成り立つとする．このとき，イデアル (a, b) を考えると，A は単項イデアル整域なので，$d \in A$ が存在して，$(a, b) = (d)$ となる．$a \in (a, b) = (d)$ であるから，$a = xd$ となる $x \in A$ が存在する．仮定より a は既約元なので，x が A の単元か d が A の単元になる．

x が A の単元のとき，$(a) = (d)$ である．よって，$b \in (a, b) = (d) = (a)$ となる．

d が A の単元のとき，$(d) = A$ となる（例題 5.23 参照）．よって，$1 \in A = (d) = (a, b)$ なので，$1 = ay + bz$ となる $y, z \in A$ が存在する．このとき，$c = 1 \cdot c = (ay + bz) \cdot c = (yc)a + z(bc)$ である．$a \in (a)$，$bc \in (a)$ なので，右辺はイデアル (a) の元であり，$c \in (a)$ となる．

したがって，$bc \in (a)$ ならば，$b \in (a)$ または $c \in (a)$ となるので，a は A の素元である．

ステップ 2：0 でも単元でもない任意の元 $a \in A$ が有限個の既約元の積で表されることを示す．背理法で示すために，

$$S = \left\{ a \in A \;\middle|\; \begin{array}{l} a \text{ は } 0 \text{ でも単元でもなく,} a \text{ を有限個の} \\ \text{既約元の積で表すことはできない} \end{array} \right\}$$

とおき，$S \neq \varnothing$ と仮定する．$a_1 \in S$ を 1 つ取る．

a_1 は有限個の既約元の積で表せないので，特に a_1 は既約元でない．したがって，$a_1 = bc$ となる $b, c \in A$ で b, c はいずれも 0 でも単元でないものが存在する．もし，b も c も有限個の既約元の積で表せるとすると，$a_1 = bc$ も有限個の既約元の積で表されることになるので，a_1 のとり方に反する．したがって，$b \in S$ または $c \in S$ であるから，一般性を失わずに $b \in S$ としてよい．$a_2 := b$ とおく．このとき，$(a_1) \subsetneq (a_2)$ である．というのも，$a_1 = a_2 c$ なので，$(a_1) \subseteq (a_2)$ はよい．仮に $(a_1) = (a_2)$ とすると，$a_2 = a_1 d$ となる $d \in A$ が存在して，$a_1 = a_2 c = a_1 cd$ となる．a_1 を簡約すると（5.3.2 項参照），$cd = 1$ となり c が単元でないことに矛盾する．よって，$(a_1) \neq (a_2)$ となり，$(a_1) \subsetneq (a_2)$ がいえる．

この議論を繰り返すと，$a_3, \ldots, a_n, \ldots, \in A$ が存在して，

$$(a_1) \subsetneq (a_2) \subsetneq (a_3) \subsetneq \cdots \subsetneq (a_n) \subsetneq (a_{n+1}) \subsetneq \cdots \tag{5.9}$$

となる．ここで，$I = \bigcup_{n=1}^{\infty} (a_i)$ とおくと，I は A のイデアルである．A は単項イデアル整域であるから，$I = (a)$ となる $a \in A$ が存在する．$a \in I$ であるから，$a \in (a_N)$ となる $N \geq 1$ が存在する．このとき，$a_{N+1} \in I = (a) \subseteq (a_N)$ より，$(a_{N+1}) \subseteq (a_N)$ となり (5.9) に矛盾する．したがって，$S = \varnothing$ であり，0 でも単元でもない任意の元 $a \in A$ は有限個の既約元の積で表される．

ステップ 3：$a \in A$ を 0 でも単元でもない元とする．ステップ 2 より a は有限個の既約元の積で表され，ステップ 1 より既約元は素元である．よって，a は有限個の素元の積で表されるので，A は素元分解整域である．　　　　□

例 5.55　整数環 $\mathbb{Z}$ がみたす性質を振り返ろう．$\mathbb{Z}$ はユークリッド整域であるから，単項イデアル整域であり，したがって，素元分解整域である．$\mathbb{Z}$ の単元は $\{1, -1\}$ である．

正の整数 p が既約元であることは，既約元の定義から，n が素数であることに他ならない（定義 4.27 参照）．$\mathbb{Z}$ において素元と既約元は一致するから，このとき，p は素元となり，(p) は素イデアルになる．これは，命題 4.28 の証明のステッ

プ1で証明したことに他ならない．$\mathbb{Z}$ が素元分解整域であることと命題 5.53 より，± 1 の違いを除いて素因数分解の一意性が成り立つ．これは，命題 4.28 ですでに示したことである．

例 5.34 で，$\mathbb{Z}$ の素イデアルが (0) と (p)（p は素数）であり，$\mathbb{Z}$ の極大イデアルが (p)（p は素数）であることをみた．

例 5.56　K を体とし，K 上の 1 変数多項式環 $K[X]$ を考える．$f(X) \in K[X]$ を定数でない（つまり，$f(X) \in K$ ではない）多項式とする．$K[X]$ の単元全体は $K^\times = K \setminus \{0\}$ なので（例題 5.29 参照），$f(X)$ は $K[X]$ の 0 でも単元でもない元である．

$f(X)$ が既約元であるという条件をいいかえると，「$f(X) = g(X)h(X)$（$g(X)$, $h(X) \in K[X]$）ならば，$g(X) \in K^\times$ または $h(X) \in K^\times$ が成り立つ」となる．したがって，この条件は，$f(X)$ が既約多項式であるということに他ならない（定義 4.31 参照）．

$K[X]$ はユークリッド整域であるから，単項イデアル整域であり，したがって，素元分解整域である．素元分解整域の定義から，任意の定数でない多項式 $f(X)$ は既約多項式の積に分解される．さらに，順序と定数倍（つまり $K^\times$ の元の積）の違いを除いて，既約多項式の積への分解は一意的である（命題 5.53）．これは命題 4.34 として述べたことである．

$K[X]$ の素イデアルと極大イデアルを決定しよう．$\mathfrak{p}$ を $K[X]$ の素イデアルとする．$K[X]$ は単項イデアル整域であるから，$\mathfrak{p} = (f(X))$ となる $f(X) \in K[X]$ が存在する．$f(X)$ が定数 c（$c \in K$）のときは，$c = 0$ のときは (0) は素イデアルであり，$c \neq 0$ のときは $(c) = K[X]$ となるので素イデアルではない．$f(X)$ が定数でないときは，$(f(X))$ が素イデアルであることは，$f(X)$ が $K[X]$ の素元であることであり，$K[X]$ において素元と既約元は一致するから，$f(X)$ が既約多項式であることである．以上をまとめて，$K[X]$ の素イデアルは，(0) と $(f(X))$（$f(X)$ は $K[X]$ の既約多項式）である．

一般に，環において，極大イデアルならば素イデアルである（例 5.33 参照）．一方，単項イデアル整域においては，(0) でない素イデアルは極大イデアルである（例題 5.48 参照）．したがって，$K[X]$ の極大イデアルは，$(f(X))$（$f(X)$ は $K[X]$ の既約多項式）となる．

190 第 5 章 環の基礎

注意 本書では証明しないが，環 A が素元分解整域であれば，$A[X]$ も素元分解整域にな
る．したがって，帰納的に，A 上の n 変数多項式環 $A[X_1, X_2, \ldots, X_n]$ は素元分解整域にな
る．例えば，体 K 上の n 変数多項式環 $K[X_1, X_2, \ldots, X_n]$ や，整数環 $\mathbb{Z}$ 上の n 変数多項式
環 $\mathbb{Z}[X_1, X_2, \ldots, X_n]$ は素元分解整域である．なお，$n \geq 2$ のときは，$K[X_1, X_2, \ldots, X_n]$ は
単項イデアル整域ではなく（問題 4.3 参照），$n \geq 1$ のときは，$\mathbb{Z}[X_1, X_2, \ldots, X_n]$ は単項イデ
アル整域ではない．

5.6 ネーター環

体 K 上の 1 変数多項式環 $K[X]$ は単項イデアル整域であったから，$K[X]$ の任
意のイデアルは 1 つの元で生成される．次に，K 上の 2 変数多項式環 $K[X, Y]$
のイデアル $I = (X, Y)$ を考えると，I は 1 つの元では生成されない（問題 4.3 参
照）．しかし，I は 2 個の元 X, Y で生成されているので有限生成イデアルである．
この節では，ネーター環の定義をし，体 K 上の n 変数多項式環 $K[X_1, \ldots, X_n]$
やその剰余環などがネーター環であることをみよう．

5.6.1 昇鎖条件，ネーター環の定義

命題 5.57 環 A に対して，次の条件は同値である．
 (i) （昇鎖条件） A のイデアルの任意の昇鎖列 $I_1 \subseteq I_2 \subseteq \cdots \subseteq I_n \subseteq \cdots$ につ
     いて，ある N が存在して，$I_N = I_{N+1} = I_{N+2} = \cdots$ となる．
 (ii) （有限生成性） A の任意のイデアルは有限生成である．

証明 (i) ならば (ii) が成り立つことを示そう．対偶を示すこととし，A の有限生
成でないイデアル I が存在したとする．I の元 a_1 をとり，$I_1 := (a_1)$ とおく．I
は有限生成イデアルではないので，$I_1 \subsetneq I$ である．そこで，$a_2 \in I$ を $a_2 \notin I_1$ で
あるようにとり，$I_2 := (a_1, a_2)$ とおく．$a_2 \notin I_1$ であるから，$I_1 \subsetneq I_2$ である．ま
た，I は有限生成イデアルではないので，$I_2 \subsetneq I$ である．そこで，$a_3 \in I$ を $a_3 \notin
I_2$ であるようにとり，$I_3 := (a_1, a_2, a_3)$ とおく．このとき，$a_3 \notin I_2$ であるから，
$I_2 \subsetneq I_3$ である．この操作を続けることで，A のイデアル $I_1, I_2, \ldots, I_n, \ldots$ で

$$I_1 \subsetneq I_2 \subsetneq \cdots \subsetneq I_n \subsetneq I_{n+1} \subsetneq \cdots$$

となるものが作れてしまう[10]．よって，対偶が示せたので，(i) ならば (ii) が成り立つ．

次に，(ii) ならば (i) が成り立つことを示す．A のイデアルの任意の昇鎖列 $I_1 \subseteq I_2 \subseteq \cdots$ について，$I = \bigcup_{n=1}^{\infty} I_n$ とおくと I はイデアルで，(ii) の条件より I は有限個の元 $a_1, \ldots, a_k$ で生成される．N を $a_1, \ldots, a_k \in I_N$ となるようにとると，任意の $n \geqq N$ に対して，

$$I = (a_1, \ldots, a_k) \subseteq I_N \subseteq I_n \subseteq I$$

だから，$I_N = I_n = I$ となる．　　　　　　　　　　　　　　　　　　　□

定義 5.58　（ネーター環）　上の同値な条件をみたす環を**ネーター環**という[11]．

例 5.59　A が単項イデアル整域のとき，A の任意のイデアルは 1 個の元から生成されるので，A はネーター環である（条件 (ii)）．したがって，整数環 $\mathbb{Z}$，体 K，多項式環 $K[X]$ などはいずれもネーター環である．

命題 5.60　A をネーター環とする．I が A のイデアルのとき，剰余環 A/I もネーター環になる．

証明　$\pi : A \to A/I$ を $a \mapsto [a] := a + I$ で与えられる全射な環準同型写像とする．$J_1 \subseteq J_2 \subseteq \cdots$ を A/I のイデアルの昇鎖列とすれば，

$$\pi^{-1}(J_1) \subseteq \pi^{-1}(J_2) \subseteq \cdots$$

は A のイデアルの昇鎖列になる（命題 5.16 参照）．A はネーター環なので，ある N が存在して，$\pi^{-1}(J_N) = \pi^{-1}(J_{N+1}) = \pi^{-1}(J_{N+2}) = \cdots$ となる．このとき，定理 5.19 より，

$$J_N = J_{N+1} = J_{N+2} = \cdots$$

である．よって，剰余環 A/I はネーター環である．　　　　　　　　　　□

10]　本書では，集合の一般論には深入りしないが，この証明で選択公理を用いていることに注意しておく．

11]　数学者 エミー・ネーターは 1921 年の論文（Idealtheorie in Ringbereichen, Math. Ann. 83）において昇鎖条件を導入し，環の有限性の条件としての昇鎖条件を組織的に用いた．

192 | 第 5 章 | 環の基礎

5.6.2 ネーター環上の多項式環はネーター環（ヒルベルトの基底定理）

A を環，$A[X]$ を A 上の 1 変数多項式環とする.

定義 5.61（**最高次項**）（a） 0 でない多項式 $f(X) = a_0 + a_1 X + \cdots + a_n X^n \in A[X]$ の最高次の項 $a_n X^n (a_n \neq 0)$ を $\mathrm{LT}(f(X))$ で表す. すなわち, $\mathrm{LT}(f(X)) = a_n X^n$ とおく [12].

（b） 0 である多項式については，$\mathrm{LT}(0) = 0$ とおく.

（c） I が $A[X]$ のイデアルのとき，I の元の最高次項全体からなる集合を $\mathrm{LT}(I)$ で表す. すなわち,

$$\mathrm{LT}(I) = \{aX^n \mid f(X) \in I \text{ が存在して, } \mathrm{LT}(f(X)) = aX^n\}$$

とおく.

（d） $(\mathrm{LT}(I))$ で，$\mathrm{LT}(I)$ によって生成される $A[X]$ のイデアルを表す.

命題 5.62（**最高次項原理**） A を環，I を $A[X]$ のイデアルとする. 有限個の多項式 $f_1(X), \ldots, f_r(X) \in I$ が存在して，$(\mathrm{LT}(I)) = (\mathrm{LT}(f_1(X)), \ldots, \mathrm{LT}(f_r(X)))$ をみたすとする. このとき，$I = (f_1(X), \ldots, f_r(X))$ である.

証明 任意の $i = 1, \ldots, r$ について，$f_i(X) \neq 0$ として証明すれば十分である. $J = (f_1(X), \ldots, f_r(X))$ とおく. $I = J$ を示すことが目標である. $J \subseteq I$ なので, 背理法で示すことにして，$J \subsetneq I$ であると仮定する.

$I \setminus J$ に含まれる多項式で次数が最小のもの（の 1 つ）を $g(X)$ とする. 仮定より，$\mathrm{LT}(g(X)) = \sum_{i=1}^{r} h_i(X) \, \mathrm{LT}(f_i(X))$ となる $h_1(X), \ldots, h_r(X) \in A[X]$ が存在する. $m_i = \deg(g(X)) - \deg(f_i(X))$ とおく. $S = \{i \in \{1, 2, \ldots, r\} \mid m_i \geqq 0\}$ とおく. $i \in S$ に対して，$h_i(X)$ における X^{m_i} の係数を a_i とおけば，$\mathrm{LT}(g(X)) = \sum_{i \in S} a_i X^{m_i} \, \mathrm{LT}(f_i(X))$ となる. このとき，$g(X) - \sum_{i \in S} a_i X^{m_i} f_i(X)$ は $I \setminus J$ に含まれる多項式で，その次数は $g(X)$ の次数よりも小さい. これは，$g(X)$ のとり方に矛盾する. よって，$J = I$ である. □

12] LT は <u>l</u>eading <u>t</u>erm の最初の文字をとったものである.

定理 5.63 （ヒルベルトの基底定理） A がネーター環のとき，$A[X]$ もネーター環である．

証明 I を $A[X]$ のイデアルとする．I が有限生成であることを示せばよい．$k \geqq 0$ に対し，

$$\mathfrak{a}_k = \left\{ a \in A \;\middle|\; \begin{array}{l} I \text{ に属する } k \text{ 次の多項式 } f(X) \text{ が}\\ \text{存在して，} \mathrm{LT}(f(X)) = aX^k \end{array} \right\} \cup \{0\}$$

とおく．$\mathfrak{a}_k$ は A のイデアルとなる．$a \in \mathfrak{a}_k$ となる 0 でない元をとれば，$f(X) = aX^k + \cdots \in I$ となる k 次の多項式が存在し，$Xf(X) = aX^{k+1} + \cdots \in I$ となる．よって，$\mathfrak{a}_{k+1}$ の定義から $a \in \mathfrak{a}_{k+1}$ である．したがって，

$$\mathfrak{a}_0 \subseteq \mathfrak{a}_1 \subseteq \mathfrak{a}_2 \subseteq \cdots$$

を得る．A はネーター環だから，ある N が存在して，$\mathfrak{a}_N = \mathfrak{a}_{N+1} = \cdots$ となる．

$0 \leqq i \leqq N$ となる各 i に対して，A がネーター環なので，$\mathfrak{a}_i = (a_1^{(i)}, \ldots, a_{r_i}^{(i)})$ となる有限個の元 $a_1^{(i)}, \ldots, a_{r_i}^{(i)} \in \mathfrak{a}_i$ がとれる．$\mathfrak{a}_i$ の定義から，$\mathrm{LT}(f_j^{(i)}(X)) = a_j^{(i)} X^i$ となる i 次の多項式 $f_j^{(i)}(X) \in I \ (j = 1, \ldots, r_i)$ が存在する．このとき，

$$(\mathrm{LT}(I)) = \Big(\mathrm{LT}(f_1^{(0)}(X)), \ldots, \mathrm{LT}(f_{r_0}^{(0)}(X)), \mathrm{LT}(f_1^{(1)}(X)), \ldots, \mathrm{LT}(f_{r_1}^{(1)}(X)),$$
$$\ldots, \mathrm{LT}(f_1^{(N)}(X)), \ldots, \mathrm{LT}(f_{r_N}^{(N)}(X)) \Big) \tag{5.10}$$

である [13]．命題 5.62 から，

$$I = \Big(f_1^{(0)}(X), \ldots, f_{r_0}^{(0)}(X), f_1^{(1)}(X), \ldots, f_{r_1}^{(1)}(X), \ldots, f_1^{(N)}(X), \ldots, f_{r_N}^{(N)}(X) \Big)$$

となり，I は有限生成である． $\square$

13] 実際，$(\mathrm{LT}(I))$ の任意の元 $f(X)$ は，$(\mathrm{LT}(I))$ の定義より，$\mathrm{LT}(I)$ の元 $a_1 X^{i_1}, \ldots, a_s X^{i_s}$ と $g_1(X), \ldots, g_s(X) \in A[X]$ が存在して，$f(X) = g_1(X)(a_1 X^{i_1}) + \cdots + g_s(X)(a_s X^{i_s})$ と表される．ここで，$\mathfrak{a}_k$ の仮定から，$a_1 \in \mathfrak{a}_{i_1}, \ldots, a_s \in \mathfrak{a}_{i_s}$ である．a_j は $1 \leqq i_j \leqq N$ ならば，$c_1^{(j)}, \ldots, c_{r_{i_j}}^{(j)} \in A$ が存在して，$a_j = c_1^{(j)} a_1^{(i_j)} + \cdots + c_{r_{i_j}}^{(j)} a_{r_{i_j}}^{(i_j)}$ と表せて，$g_j(X)(a_j X^{i_j}) = g_j(X) c_1^{(j)} \mathrm{LT}(f_1^{(i_j)}(X)) + \cdots + g_j(X) c_{r_{i_j}}^{(j)} \mathrm{LT}(f_{r_j}^{(i_j)}(X))$ となる．a_j は $i_j > N$ ならば，$c_1^{(j)}, \ldots, c_{r_N}^{(j)} \in A$ が存在して，$a_j = c_1^{(j)} a_1^{(N)} + \cdots + c_{r_N}^{(j)} a_{r_N}^{(N)}$ と表せて，$g_j(X)(a_j X^{i_j}) = g_j(X) c_1^{(j)} \mathrm{LT}(f_1^{(N)}(X)) + \cdots + g_j(X) c_{r_N}^{(j)} \mathrm{LT}(f_{r_j}^{(i_j)}(X))$ となる．これより，$f(X)$ は (5.10) の右辺に含まれることが分かる．

194 | 第 5 章 | 環の基礎

> **系 5.64** A がネーター環のとき，A 上の n 変数多項式環 $A[X_1,\ldots,X_n]$ もネーター環である．特に，体 K 上の n 変数多項式環 $K[X_1,\ldots,X_n]$ はネーター環である．

証明 $A[X_1,\ldots,X_n] = (A[X_1,\ldots,X_{n-1}])[X_n]$ だから，定理 5.63 を帰納的に用いればよい． □

注意 ヒルベルトの基底定理に関する歴史的なことをまとめておく．2.9 節の「歴史的なこと」でも少し述べたように，幾何に関連して，19 世紀には変換群で不変な量を求めることがよく研究されていた．ここでは，群 G として $\mathrm{GL}_n(\mathbb{C})$ の部分群を考え，G は $\mathbb{C}$ 上の n 変数多項式環 $\mathbb{C}[X_1,\ldots,X_n]$ に，

$$A \cdot f := f\left(\sum_{i=1}^n a_{i1}X_i,\ldots,\sum_{i=1}^n a_{in}X_i\right)$$

$$(A = (a_{ij}) \in G, f = f(X_1,\ldots,X_n) \in \mathbb{C}[X_1,\ldots,X_n])$$

で作用しているものとする．G の任意の元による作用で不変な多項式全体の集合を $\mathbb{C}[X_1,\ldots,X_n]^G$ とおく．すなわち，

$$\mathbb{C}[X_1,\ldots,X_n]^G := \{f \in \mathbb{C}[X_1,\ldots,X_n] \mid 任意の A \in G に対し，A \cdot f = f\}$$

とする．$\mathbb{C}[X_1,\ldots,X_n]^G$ は $\mathbb{C}[X_1,\ldots,X_n]$ の部分環になる．$\mathbb{C}[X_1,\ldots,X_n]^G$ を G に関する不変式環という．

例えば，$n = 2$ で $G = \left\{\begin{pmatrix} 1 & 0 \\ 0 & 1 \end{pmatrix}, \begin{pmatrix} 0 & 1 \\ 1 & 0 \end{pmatrix}\right\} \subseteq \mathrm{GL}_2(\mathbb{C})$ とすると，G の作用で不変な多項式は X_1, X_2 の対称式であるから，$\mathbb{C}[X_1, X_2]^G = \mathbb{C}[X_1 + X_2, X_1 X_2]$ である．

19 世紀末に，ヒルベルトは，ヒルベルトの基底定理を用いた抽象的な方法で，有限群の作用に関する不変式環が有限生成であるという次の定理を証明した．

定理 G を $\mathrm{GL}_n(\mathbb{C})$ の任意の有限部分群とする．このとき，有限個の多項式 $f_1,\ldots,f_m \in \mathbb{C}[X_1,\ldots,X_n]$ が存在して，$\mathbb{C}[X_1,\ldots,X_n]^G = \mathbb{C}[f_1,\ldots,f_m]$ となる．

1900 年のパリ国際数学者会議で，ヒルベルトは，より一般的な状況で，不変式環が常に有限生成環であるかどうかを問題として提出した．この問題は，ヒルベルトの第 14 問題とよばれる．1958 年のエディンバラ国際数学者会議で，永田雅宜は，有限生成でない不変式環の例を与え，ヒルベルトの第 14 問題を否定的に解決した．

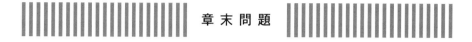

章末問題

問 5.1 $a \in \mathbb{R}$ に対して，$A_a := \mathbb{R}[X]/(X^2 - a)$ とおく．

(a) $a > 0$ とする．このとき，$\varphi_a : \mathbb{R}[X] \to \mathbb{R} \times \mathbb{R}$ を，$f(X) \in \mathbb{R}[X]$ に $(f(\sqrt{a}), f(-\sqrt{a})) \in \mathbb{R} \times \mathbb{R}$ を対応させる写像とする．このとき，φ_a は全射な環準同型写像であることを示せ．さらに，φ_a に環の準同型定理を適用して，環の同型 $A_a \cong \mathbb{R} \times \mathbb{R}$ が成り立つことを示せ．

(b) $a < 0$ とする．$i = \sqrt{-1}$ を虚数単位とし，$\varphi_a : \mathbb{R}[X] \to \mathbb{C}$ を，$f(X) \in \mathbb{R}[X]$ に $f(\sqrt{-a}i) \in \mathbb{C}$ を対応させる写像とする．このとき，φ_a は全射な環準同型写像であることを示せ．さらに，φ_a に環の準同型定理を適用して，環の同型 $A_a \cong \mathbb{C}$ が成り立つことを示せ．

(c) $\mathbb{R} \times \mathbb{R}$ と $\mathbb{C}$ と $A_0 := \mathbb{R}[X]/(X^2)$ はどの 2 つも環の同型ではないことを示せ．

問 5.2 A は環，$A[X]$ は A 上の 1 変数多項式環，$f(X), g(X) \in A[X]$ とする．$g(X) \neq 0$ で $g(X)$ の最高次の係数は A の単元であるとする．このとき，$q(X), r(X) \in A[X]$ が存在して，

$$f(X) = q(X)g(X) + r(X), \quad r(X) = 0 \text{ または } \deg(r(X)) < \deg(g(X))$$

となることを示せ．さらに，$q(X), r(X)$ は $f(X), g(X)$ から一意的に定まることを示せ．

問 5.3 K は体，$K[X, Y]$ は K 上の 2 変数多項式環とする．$a, b \in K$ とする．$\varphi : K[X, Y] \to K$ を $f(X, Y) \in K[X, Y]$ に $f(a, b) \in K$ を対応させる写像とする（すなわち，X に a，Y に b を代入する写像とする）．

(a) φ は全射な環準同型写像であり，

$$\mathrm{Ker}(\varphi) = (X - a, Y - b)$$
$$(:= \{g(X,Y)(X-a) + h(X,Y)(Y-b) \mid$$
$$g(X,Y), h(X,Y) \in K[X,Y]\})$$

が成り立つことを示せ．

(b) φ に環の準同型定理を適用して，環の同型 $K[X,Y]/(X-a, Y-b) \cong K$ が成り立つことを示せ．

196 | 第 5 章 | 環の基礎

(c) $K[X,Y]$ のイデアル $(X-a, Y-b)$ は極大イデアルであることを示せ.

問 5.4 K は体, $K[X,Y]$ は K 上の 2 変数多項式環, $K[T]$ は K 上の 1 変数多項式環とする. 環の準同型写像 $\varphi : K[X,Y] \to K[T]$ を, $\varphi(f(X,Y)) = f(T^2, T^3)$ で定義する (X に T^2, Y に T^3 を代入する写像とする).

(a) $B = \{a_0 + a_2 T^2 + a_3 T^3 + \cdots + a_n T^n \mid n \geqq 0,\ a_0, a_2, a_3, \ldots, a_n \in K\}$ とおく (すなわち, B を K 係数の T の多項式で, 1 次の項の係数が 0 であるもの全体よりなる部分集合とおく). $\operatorname{Im}\varphi = B$ であることを示せ.

(b) $\operatorname{Ker}\varphi = (X^3 - Y^2)\ (:= \{(X^3 - Y^2)g(X,Y) \mid g(X,Y) \in K[X,Y]\})$ を示せ.

(c) 環の同型 $K[X,Y]/(X^3 - Y^2) \cong B$ を示せ.

(d) $(X^3 - Y^2)$ は $K[X,Y]$ の素イデアルであることを示せ.

(e) $a, b \in K$ とする. $(X-a, Y-b)$ は章末問題 5.3 より $K[X,Y]$ の極大イデアルである. ここでは, $(X^3 - Y^2) \subseteq (X-a, Y-b)$ となる $a, b \in K$ を求めよ.

問 5.5 $n \geqq 2$ とする. A は環, $I_1, I_2, \ldots, I_n$ は A のイデアルで, 任意の i, j $(i \neq j)$ に対し, $I_i + I_j = A$ をみたすとする. このとき, $I_1 \cap I_2 \cap \cdots \cap I_n = I_1 I_2 \cdots I_n$ であることを示せ. さらに, 写像

$$\varphi : A \to A/I_1 \times A/I_2 \times \cdots \times A/I_n, \quad x \mapsto (x + I_1, x + I_2, \ldots, x + I_n)$$

は全射な環の準同型写像であり, 環の同型

$$A/I_1 I_2 \cdots I_n \cong A/I_1 \times A/I_2 \times \cdots \times A/I_n$$

を導くことを示せ.

問 5.6 A をユークリッド整域とし, $d : A \setminus \{0\} \to \mathbb{Z}_{\geqq 0}$ を定義 5.42 の性質をみたす写像とする. このとき,

$$\widetilde{d} : A \setminus \{0\} \to \mathbb{Z}_{\geqq 0}, \quad a \mapsto \min_{b \in A \setminus \{0\}} d(ab)$$

とおく.

(a) $\widetilde{d}$ も定義 5.42 の性質をみたす写像であることを示せ. すなわち, 任意の $a, b \in A\ (b \neq 0)$ に対して, $q, r \in A$ で

$$a = qb + r, \quad r = 0 \text{ または } \widetilde{d}(r) < \widetilde{d}(b)$$

となるものが存在することを示せ. (ヒント: $\widetilde{d}(b) = d(bc)$ となる $c \in$

$A \setminus \{0\}$ をとり, $a = q'(bc) + r'$ $(r' = 0$ または $d(r') < d(bc))$ と表す.)

(b) 任意の $a, b \in A \setminus \{0\}$ に対して, $\widetilde{d}(a) \leqq \widetilde{d}(ab)$ が成り立つことを示せ.

注意 この問により, A がユークリッド整域のときは, 定義 5.42 の性質をみたす写像 $\widetilde{d}$: $A \setminus \{0\} \to \mathbb{Z}_{\geqq 0}$ で, さらに, $\widetilde{d}(a) \leqq \widetilde{d}(ab)$ をみたすものの存在が分かる. 教科書によっては, (a)(b) にある 2 つの条件をみたす写像 $\widetilde{d}$ が存在することを, ユークリッド整域の定義にしている. この問によりこの 2 つの定義は同値になる.

問 5.7 p を素数とし, $\mathbb{F}_p := \mathbb{Z}/p\mathbb{Z}$, $\mathbb{F}_p^\times = \mathbb{F}_p \setminus \{0\}$ とおく.

(a) $\mathbb{F}_p[X]$ において, $X^{p-1} - 1 = \prod_{a \in \mathbb{F}_p^\times} (X - a)$ が成り立つことを示せ.

(b) (a) の式の 0 次の項を比べることで, $(p-1)! \equiv -1 \pmod{p}$ が成り立つこと (ウィルソンの定理) を示せ.

問 5.8 p を 4 で割って 1 余る素数とする. $\mathbb{Z}[\sqrt{-1}]$ をガウスの整数環とし, $d: \mathbb{Z}[\sqrt{-1}] \to \mathbb{Z}_{\geqq 0}$ を, $\alpha = a + b\sqrt{-1}$ $(a, b \in \mathbb{Z})$ に $d(\alpha) = \alpha\overline{\alpha} = a^2 + b^2$ を対応させる写像とする.

(a) $k = (p-1)/4$ とおき, $x = (2k)!$ とおく. このとき, $x^2 \equiv -1 \pmod{p}$ であることを示せ. (ヒント:章末問題 5.7(b) を用いよ)

(b) p は $\mathbb{Z}[\sqrt{-1}]$ の素元でないことを示せ.

(c) $\mathbb{Z}[\sqrt{-1}]$ はユークリッド整域なので (例 5.44 参照), 単項イデアル整域であり, したがって, 素元分解整域である. (b) より p は $\mathbb{Z}[\sqrt{-1}]$ の既約元でない. これより, $\mathbb{Z}[\sqrt{-1}]$ の単元でない元 $\alpha, \beta \in \mathbb{Z}[\sqrt{-1}]$ が存在して, $p = \alpha\beta$ と表される. このとき, $p = d(\alpha) = d(\beta)$ を示せ.

(d) $p = a^2 + b^2$ をみたす整数 a, b が存在することを示せ.

問 5.9 $\mathbb{Z}[\sqrt{-2}]$ はユークリッド整域であることを示せ. (ヒント:$\mathbb{Z}[\sqrt{-1}]$ がユークリッド整域であることの証明 (例 5.44) と同様に考える. $d: \mathbb{Z}[\sqrt{-2}] \to \mathbb{Z}_{\geqq 0}$ として, $\alpha = a + b\sqrt{-2}$ $(a, b \in \mathbb{Z})$ に $d(\alpha) = \alpha\overline{\alpha} = a^2 + 2b^2$ を対応させる写像を考えてみよ.)

問 5.10 $m^3 = n^2 + 2$ をみたす整数の組 (m, n) を求めよ. (ヒント:$\mathbb{Z}[\sqrt{-2}]$ において $m^3 = (n + \sqrt{-2})(n - \sqrt{-2})$ と表す. 章末問題 5.9 より $\mathbb{Z}[\sqrt{-2}]$ は素元分解整域になることを使う.)

問 5.11 体 K 上の 2 変数多項式環 $K[X, Y]$ の部分集合 A を,

$$A = \{c + Xf(X,Y) \mid c \in K,\ f(X,Y) \in K[X,Y]\}$$

とおく．このとき，A は $K[X,Y]$ の部分環であることを示せ．さらに，A はネーター環でないことを示せ．

第6章

体と拡大次数

$m \neq 0$ を平方数でない整数とすると，例 4.8 でみたように $\mathbb{Q}[\sqrt{m}] = \{a + b\sqrt{m} \mid a, b \in \mathbb{Q}\}$ は有理数体 $\mathbb{Q}$ を含む体である．$\mathbb{Q}[\sqrt{m}]$ は $\mathbb{Q}$ 上のベクトル空間とみることができ，$1, \sqrt{m}$ がその基底となる．一方，$\sqrt{m}$ は 2 次方程式 $X^2 - m = 0$ の解であり，$\mathbb{Q}$ 上のベクトル空間としてみた $\mathbb{Q}[\sqrt{m}]$ の次元 2 は，$X^2 - m$ の次数に等しい．この章では，体論への入門として，このような仕組みを $\mathbb{Q}$ を体 K，$\sqrt{m}$ を K 上代数的な元 α，$\mathbb{Q}[\sqrt{m}]$ を $K[\alpha]$ に置き換えた一般的な設定で説明する．

この章の 6.3 節は第 5 章の内容を用いるが，それ以外の節は第 4 章に続いて読むこともできる．

記法

5 章と同様，この章でも，環といえば単位元をもつ可換環と仮定する．原則として，環の元の積 $x \cdot y$ は演算記号 $\cdot$ を省略して xy と書く．

6.1 部分体，拡大体，拡大次数

この節では，体の拡大次数を定義しよう．

定義 6.1 （部分体，拡大体） 体 L の空でない部分集合 K が，L の加法 $+$ と乗法 $\cdot$ に関して体になるとき，K を L の**部分体**という．このとき，L を K の**拡大体**という．この関係を，記号 L/K で表す．

例 6.2 (a) $\mathbb{R}$ は $\mathbb{C}$ の部分体である．$\mathbb{C}$ は $\mathbb{R}$ の拡大体である．

200 | 第 6 章 | **体と拡大次数**

(b) $\mathbb{Q}$ は $\mathbb{R}$ の部分体である．$\mathbb{R}$ は $\mathbb{Q}$ の拡大体である．

K は L の部分体とする．L には加法が定まっている．また，K の L への作用を，L の乗法 $\cdot$ によって定義する．この加法と作用によって，L は K 上のベクトル空間とみなすことができる（定義 4.35 参照）．

定義 6.3（**拡大次数, 有限次拡大体, 無限次拡大体**）　(a) K は L の部分体とする．L を体 K 上のベクトル空間とみなしたとき，L の K 上のベクトル空間としての次元を，L の K 上の**拡大次数**という．記号 $[L:K]$ で表す．

(b) $[L:K]$ が有限のとき，L は K の**有限次拡大体**という．$[L:K]=n$ とおくとき，L は K の n 次の拡大体であるという．$[L:K]$ が有限でないとき，L は K の**無限次拡大体**という．

例 6.4　(a) $\mathbb{R}$ は $\mathbb{C}$ の部分体である．$\mathbb{C}$ を $\mathbb{R}$ 上のベクトル空間とみたとき，基底として $1, \sqrt{-1}$ がとれるから，$\mathbb{C}$ の $\mathbb{R}$ 上のベクトル空間としての次元は 2 である．よって，$\mathbb{C}$ は $\mathbb{R}$ の 2 次の拡大体である．すなわち，$[\mathbb{C}:\mathbb{R}]=2$ である．

(b) $m \neq 0$ を平方数でない（すなわち，$\sqrt{m} \notin \mathbb{Z}$ である）整数とする．例 4.8 でみたように $\mathbb{Q}[\sqrt{m}] = \{a + b\sqrt{m} \mid a, b \in \mathbb{Q}\}$ は体である．$\mathbb{Q}[\sqrt{m}]$ を $\mathbb{Q}$ 上のベクトル空間とみたとき，基底として $1, \sqrt{m}$ がとれるから，$\mathbb{Q}[\sqrt{m}]$ の $\mathbb{Q}$ 上のベクトル空間としての次元は 2 である．よって，$\mathbb{Q}[\sqrt{m}]$ は $\mathbb{Q}$ の 2 次の拡大体である．すなわち，$[\mathbb{Q}[\sqrt{m}]:\mathbb{Q}]=2$ である．

(c) $\mathbb{Q}$ は $\mathbb{R}$ の部分体である．$\mathbb{R}$ を $\mathbb{Q}$ 上のベクトル空間とみたとき，$\mathbb{R}$ は $\mathbb{Q}$ 上の有限次元ベクトル空間ではない[1]．よって，$\mathbb{R}$ は $\mathbb{Q}$ の無限次拡大体である．

命題 6.5 L を K の有限次拡大体，K を F の有限次拡大体とする．このとき，

$$[L:F] = [L:K][K:F]$$

が成り立つ．

1] 例えば，$\mathbb{R}$ が連続濃度をもつことから分かる．以下のように，集合の濃度の概念を使わなくても示せる．背理法で，$\mathbb{R}$ が $\mathbb{Q}$ 上の有限次元ベクトル空間と仮定し，$n > [\mathbb{R}:\mathbb{Q}]$ となる正の整数 n をとる．$X^n - 2$ は $\mathbb{Q}[X]$ の既約多項式であるから（章末問題 4.6 参照），$\alpha = \sqrt[n]{2}$ とおけば，$1, \alpha, \ldots, \alpha^{n-1} \in \mathbb{R}$ は $\mathbb{Q}$ 上 1 次独立になる．これは矛盾である．

証明 $[L:K] = n, [K:F] = m$ とおく. L を K 上のベクトル空間とみたときの基底 $x_1, \ldots, x_n \in L$ と, K を F 上のベクトル空間とみたときの基底を $y_1, \ldots, y_m \in K$ をとる. このとき, mn 個の元 $x_1y_1, x_1y_2, \ldots, x_ny_m \in L$ が, L を F 上のベクトル空間とみたときの基底になることを示す.

1 次独立性を示す. $c_{ij} \in F \, (1 \leqq i \leqq n, 1 \leqq j \leqq m)$ とし,

$$\sum_{i=1}^{n} \sum_{j=1}^{m} c_{ij} x_i y_j = 0$$

とする. このとき, $\left(\sum_{j=1}^{m} c_{1j} y_j\right) x_1 + \cdots + \left(\sum_{j=1}^{m} c_{nj} y_j\right) x_n = 0$ となる.

$\sum_{j=1}^{m} c_{1j} y_j, \ldots, \sum_{j=1}^{m} c_{nj} y_j \in K$ で, $x_1, \ldots, x_n$ は L を K 上のベクトル空間とみたときの基底であるから, 任意の $i \, (1 \leqq i \leqq n)$ について,

$$\sum_{j=1}^{m} c_{ij} y_j = 0$$

となる. $c_{i1}, \ldots, c_{im} \in F$ で, $y_1, \ldots, y_m$ は K を F 上のベクトル空間とみたときの基底であるから, 任意の $j \, (1 \leqq j \leqq m)$ について, $c_{ij} = 0$ となる. よって, $x_1y_1, x_1y_2, \ldots, x_ny_m$ は 1 次独立である.

次に, L の K 上のベクトル空間としての基底が $x_1, \ldots, x_n \in L$ なので, L の任意の元 x に対して, $d_1, \ldots, d_n \in K$ が存在して, $x = \sum_{i=1}^{n} d_i x_i$ と表される. さらに, K の F 上のベクトル空間としての基底が $y_1, \ldots, y_m \in K$ なので, 各 $d_i \in K$ に対して, $c_{i1}, \ldots, c_{im} \in F$ が存在して, $d_i = \sum_{j=1}^{m} c_{ij} y_j$ と表される. したがって,

$$x = \sum_{i=1}^{n} \sum_{j=1}^{m} c_{ij} x_i y_j$$

となるので, L の任意の元 x は, $x_1y_1, x_1y_2, \ldots, x_ny_m$ の F 上の 1 次結合で表される.

以上により, $x_1y_1, x_1y_2, \ldots, x_ny_m$ が L の F 上のベクトル空間としての基底になるので,

$$[L:F] = nm = [L:K][K:F]$$

を得る. □

202 第 6 章 | 体と拡大次数

6.2 体 K 上代数的な数，超越的な数

この節では，体 K 上の代数的数とその K 上の最小多項式について説明する．

定義 6.6 （K **上代数的**, K **上超越的**） L は K の拡大体，α は L の元とする．α が K **上代数的** であるとは，K の元を係数とする多項式 $f(X) \neq 0 \in K[X]$ が存在して，$f(\alpha) = 0$ となるときにいう．このような $f(X)$ が存在しないとき，α は K **上超越的** という．

命題 6.7 α は K 上代数的な数とする．このとき，$K[X]$ の既約多項式 $p(X)$ で，最高次の係数が 1 であり，$p(\alpha) = 0$ となるものがただ 1 つ存在する．さらに，$p(X)$ は，$f(\alpha) = 0$ をみたす 0 でない多項式 $f(X) \in K[X]$ のなかで，次数が最小で，最高次の係数が 1 となるものである．

定義 6.8 （**最小多項式**） 命題 6.7 の $p(X) \in K[X]$ を，α の K 上の最小多項式という．

命題 6.7 の証明 $I = \{f(X) \in K[X] \mid f(\alpha) = 0\}$ とおくと，I は $K[X]$ のイデアルであり，α が K 上で代数的だから，$I \neq (0)$ である．命題 4.30 より，ある 0 でない多項式 $p(X)$ が存在して $I = (p(X))$ となる．$p(X)$ の最高次の係数は 1 にとっておく．

もし $p(X)$ が既約でないとすると，$p(X) = p_1(X)p_2(X)$ で，$p_1(X)$ も $p_2(X)$ も定数でない多項式 $p_1(X), p_2(X) \in K[X]$ が存在する．$p(\alpha) = 0$ より，$p_1(\alpha) = 0$ または $p_2(\alpha) = 0$ なので，$p_1(X) \in I$ または $p_2(X) \in I$ となる．しかし，$\deg(p_1(X)) < \deg(p(X))$ かつ $\deg(p_2(X)) < \deg(p(X))$ なので，$I = (p(X))$ であることに矛盾する．よって，$p(X)$ は既約多項式である．以上により，既約多項式 $p(X) \in K[X]$ で，最高次の係数が 1 であり，$p(\alpha) = 0$ となるものの存在が示せた．

次に一意性を示す．$q(X) \in K[X]$ が既約多項式で，最高次の係数が 1 であり，$q(\alpha) = 0$ とする．$q(X) \in I = (p(X))$ だから，$q(X) = f(X)p(X)$ となる $f(X) \in K[X]$ が存在する．$q(X)$ は既約だから，$f(X)$ は定数となる．よって，$q(X) = cp(X) \, (c \in K)$ と表せる．最高次の係数を比べて $c = 1$ を得る．以上により，$q(X) = p(X)$ となるので，一意性も示された．

$p(X)$ はイデアル I の生成元であるから，$f(\alpha) = 0$ をみたす 0 でない多項式 $f(X) \in K[X]$ のなかで，次数が最小のものである．　　　　　　　　　　$\square$

例 6.9　　$L = \mathbb{C}$，$K = \mathbb{Q}$ のときを考える．$m \neq 0$ を平方数でない整数とする．$\alpha = \sqrt{m}$ に対して，$p(X) = X^2 - m \in \mathbb{Q}[X]$ とおく．$p(X)$ は $\mathbb{Q}[X]$ の既約多項式で（例 4.32 参照），最高次の係数が 1 であり，$p(\alpha) = 0$ である（命題 4.30 参照）．よって，$\sqrt{m}$ は $\mathbb{Q}$ 上代数的であり，$X^2 - m$ が $\sqrt{m}$ の最小多項式である．

定義 6.10　（代数的数，超越数）　定義 6.6 で，特に，$L = \mathbb{C}$，$K = \mathbb{Q}$ のときを考える．$\mathbb{Q}$ 上代数的な数 $\alpha \in \mathbb{C}$ を代数的数という．$\mathbb{Q}$ 上超越的な数 $\alpha \in \mathbb{C}$ を超越数という．

例 6.11　　例 6.9 より，$\sqrt{2}, \sqrt{3}, \sqrt{5}$ などは代数的数である．

例 6.12　　円周率 π や，自然対数の底 e は，0 でない有理数係数の多項式の根にならないことが知られている．いいかえれば，π や e は超越数である．e の超越性はエルミートにより 1873 年に，π の超越性はリンデマンにより 1882 年に示された．

問題 6.1　　$i = \sqrt{-1}$ を虚数単位とする．以下の $\alpha, \beta \in \mathbb{C}$ が代数的数であることを示し，それぞれの $\mathbb{Q}$ 上の最小多項式を求めよ．
$$\alpha = \sqrt[3]{2}, \qquad \beta = \exp\left(\frac{2\pi i}{8}\right) = \frac{1 + i}{\sqrt{2}}.$$

6.3　体 K 上 α で生成される体 $K(\alpha)$

L を体 K の拡大体とし，$\alpha \in L$ とする．K 上 α で生成される L の部分環 $K[\alpha]$ は，
$$K[\alpha] = \{f(\alpha) \mid f(X) \in K[X]\} \tag{6.1}$$
で定められた（定義 5.4 参照）．この項では，K 上 α で生成された L の部分体 $K(\alpha)$ を定義しよう．

204 | 第 6 章 | 体と拡大次数

定義 6.13 （K 上 α で生成される体） L を体 K の拡大体とし，$\alpha \in L$ とする.

$$K(\alpha) = \left\{ \left. \frac{f(\alpha)}{g(\alpha)} \,\right|\, \begin{array}{c} f(X), g(X) \in K[X], \\ g(\alpha) \neq 0 \end{array} \right\}$$

とおく．$K(\alpha)$ を K 上 α で生成される体といい，K の単拡大体という.

$K(\alpha)$ が体であることは容易に確かめられる．L の部分体 M が K と α を含むとすると，M は上式の右辺を含む．よって，包含関係について，$K(\alpha)$ は K と α を含む L の最小の部分体である.

例 6.14 $m \neq 0$ を平方数でない整数とする．$\mathbb{Q}[\sqrt{m}] = \{a + b\sqrt{m} \mid a, b \in \mathbb{Q}\}$ は例 4.8 でみたように体である（例 5.6 も参照）．よって，$\mathbb{Q}[\sqrt{m}] = \mathbb{Q}(\sqrt{m})$ である．（$L = \mathbb{C}$，$K = \mathbb{Q}$，$\alpha = \sqrt{m}$ として考えている．）

$\sqrt{m}$ の最小多項式は $X^2 - m$ である．例 6.4 でみたように，$\mathbb{Q}[\sqrt{m}]$ を $\mathbb{Q}$ 上のベクトル空間とみたとき，基底として $1, \sqrt{m}$ がとれるので，$[\mathbb{Q}(\sqrt{m}) : \mathbb{Q}] = 2 = \deg(X^2 - m)$ となる.

次の定理は，例 6.14 の一般化であり，この章の目標の定理である.

定理 6.15 L を K の拡大体，$\alpha \in L$ は K 上代数的とする．$p(X) \in K[X]$ を α の K 上の最小多項式とする.

(a) 環の同型 $K[\alpha] \cong K[X]/(p(X))$ が存在する.

(b) $K[\alpha]$ は体である．したがって，$K[\alpha] = K(\alpha)$ である.

(c) $[K(\alpha) : K] = \deg(p(X))$ が成り立つ．より詳しく，$n = \deg(p(X))$ とおくと，$K(\alpha) = \{c_0 + c_1\alpha + \cdots + c_{n-1}\alpha^{n-1} \mid c_0, c_1, \ldots, c_{n-1} \in K\}$ であり，$K(\alpha)$ を K 上のベクトル空間とみなしたとき，$1, \alpha, \ldots, \alpha^{n-1}$ は $K(\alpha)$ の基底となる.

証明 (a) $\varphi : K[X] \to K[\alpha]$ を $f(X) \in K[X]$ に $f(\alpha) \in K[\alpha]$ を対応させる環の準同型写像とする．φ は全射である．命題 6.7 の証明で示したように，$\mathrm{Ker}\,\varphi = (p(X))$ であるから，準同型定理より，環の同型 $K[\alpha] \cong K[X]/(p(X))$ を得る.

(b) $p(X)$ は既約多項式なので，$(p(X))$ は $K[X]$ の極大イデアルである（例 5.56 参照）．したがって，命題 5.32 より，$K[X]/(p(X))$ は体であるから，$K[\alpha]$ も体で

ある．これより，$K[\alpha] = K(\alpha)$ となる．

(c) $n = \deg(p(X))$ とおく．$K[\alpha]$ の任意の元は，$f(X) \in K[X]$ を用いて，$f(\alpha)$ で表される．ここで，$f(X)$ を $p(X)$ で割って，$f(X) = q(X)p(X) + r(X)$ と表す（定理 4.29 参照）．ただし，$q(X), r(X) \in K[X]$ であり，$r(X) = 0$ または $0 \leqq \deg(r(X)) < n$ である．$r(X) = c_{n-1}X^{n-1} + \cdots + c_0$ $(c_0, \ldots, c_{n-1} \in K)$ と書く．このとき，$f(\alpha) = q(\alpha)p(\alpha) + r(\alpha) = r(\alpha) = c_{n-1}\alpha^{n-1} + \cdots + c_0$ となる．よって，

$$K(\alpha) = K[\alpha] = \{c_0 + c_1\alpha + \cdots + c_{n-1}\alpha^{n-1} \mid c_0, c_1, \ldots, c_{n-1} \in K\}$$

である．

$K(\alpha)$ を K 上のベクトル空間とみたとき，$1, \alpha, \ldots, \alpha^{n-1}$ が 1 次独立であることを示す．$c_0, c_1, \ldots, c_{n-1} \in K$ に対して，

$$c_0 + c_1\alpha + \cdots + c_{n-1}\alpha^{n-1} = 0$$

とする．このとき，$h(X) = c_0 + c_1X + \cdots + c_{n-1}X^{n-1} \in K[X]$ とおけば，$h(\alpha) = 0$ である．よって，最小多項式の次数の最小性より，$h(X) = 0$ となる．よって，$c_0 = c_1 = \cdots = c_{n-1} = 0$ となるから，$1, \alpha, \alpha^2, \ldots, \alpha^{n-1}$ は K 上で 1 次独立である．

以上より，$1, \alpha, \alpha^2, \ldots, \alpha^{n-1}$ は $K(\alpha)$ を K 上のベクトル空間とみたときの基底をなす．よって，$[K(\alpha) : K] = n = \deg(p(X))$ である． $\square$

注意 α が K 上超越的な元のときは，$K[\alpha]$ よりも $K(\alpha)$ の方が真に大きい．例えば，$\dfrac{1}{\alpha}$ は $K(\alpha)$ の元であるが，$K[\alpha]$ の元ではない．実際，仮に $\dfrac{1}{\alpha} \in K[\alpha]$ とすると，ある $n \geqq 0$ と $c_0, \ldots, c_n \in K$ $(c_n \neq 0)$ が存在して，$\dfrac{1}{\alpha} = c_0 + \cdots + c_n\alpha^n$ となるが，これから，$c_n\alpha^{n+1} + \cdots + c_0\alpha - 1 = 0$ となる．これは，α が K 上超越的な元であることに矛盾する．よって，$\dfrac{1}{\alpha} \notin K[\alpha]$ である．

6.4 この先にあること（ガロア理論）

本書では，体論への入門はここまでで終わりとしたい．大学の学部で習う体論では，この後に，良い性質を持つ体の拡大 L/K と K 上の体 L の自己同型のな

206 | 第 6 章 **体と拡大次数**

す群の関係など，ガロア理論に進んでゆくだろう．

以下では，ガロア理論がどのようなものかを述べよう．証明などはないので，おはなしを聞く感じで軽く読んでほしい．

6.4.1 ガロア理論

ガロア理論は，体の拡大と群を結びつける理論である．

L を K の有限次拡大体としよう[2]．次のような群を考える．

$$\mathrm{Aut}(L/K) := \left\{ f : L \to L \;\middle|\; \begin{array}{l} f\text{ は体の同型写像で，} \\ \text{任意の } x \in K \text{ に対して } f(x) = x \end{array} \right\}.$$

ここで，体 L と写像 $f : L \to L$ に対して，L を環とみて f が環の同型写像であるとき，f を体の同型写像であるという．$\mathrm{Aut}(L/K)$ は写像の合成に関して群になる．

まとめると，有限次拡大 L/K に対して，群 $\mathrm{Aut}(L/K)$ を作ることができた．証明はしないが，$\mathrm{Aut}(L/K)$ は有限群であって，$|\mathrm{Aut}(L/K)| \leqq [L : K]$ が成り立つことが分かる．

定義 6.16（ガロア拡大）　$|\mathrm{Aut}(L/K)| = [L : K]$ が成り立つときに，L/K は**ガロア拡大**であるという[3]．

ガロア拡大 L/K については，$|\mathrm{Aut}(L/K)| = [L : K]$ なので，群 $\mathrm{Aut}(L/K)$ は拡大 L/K の情報を十分にもっていることが期待できる（そして，この期待は下の定理 6.17 でみるように正しい）．

以下では，L は K の有限次ガロア拡大体であるとする．

$$\mathcal{S} = \{ M \mid M \text{ は } K \subseteq M \subseteq L \text{ をみたす体} \},$$
$$\mathcal{T} = \{ H \mid H \text{ は } \mathrm{Aut}(L/K) \text{ の部分群} \}$$

とおく．

$M \in \mathcal{S}$ に対して，$H_M := \{ f \in \mathrm{Aut}(L/K) \mid \text{任意の } x \in M \text{ に対して，} f(x) = x \}$

2] L が K の無限次拡大体のときには，無限次ガロア理論とよばれるものがあるが，ここでは述べない．

3] 通常は，有限次拡大 L/K がガロア拡大であることを，正規拡大かつ分離拡大であることで定義する．定義 6.16 はこの定義と同値である．

とおくと，$H_M \in \mathcal{T}$ であることが確かめられる．逆に，$H \in \mathcal{T}$ に対して，$M_H :=$ $\{x \in L \mid$ 任意の $f \in H$ に対して，$f(x) = x\}$ とおくと，$M_H \in \mathcal{S}$ が確かめられる．

このとき，次の定理が成り立つ．

定理 6.17（ガロアの基本定理）　L は K の有限次ガロア拡大体とする．このとき，

$$\varphi : \mathcal{S} \to \mathcal{T}, \quad M \mapsto H_M$$

は全単射写像になる．φ の逆写像は，$H \in \mathcal{T}$ に $M_H \in \mathcal{S}$ を対応させる写像で与えられる．さらに，$M_1, M_2 \in \mathcal{S}$ が $M_1 \subseteq M_2$ をみたせば，$H_{M_1} \supseteq H_{M_2}$ となる（すなわち，φ は包含関係を逆にする全単射写像である）[4]．

有限次ガロア拡大 L/K に対して，群 $\mathrm{Aut}(L/K)$ をガロア群という．2.9 節の「歴史的なこと」で少し述べたように，ガロア群は，代数方程式の根号による解の公式が存在するかどうかという問題に対して，ガロアによって考えられた．現在では，ガロア群は，整数論や代数幾何など数学のさまざまな分野で言葉として使われている．

6.4.2　例

$L = \mathbb{Q}(\sqrt{2} + \sqrt{3})$, $K = \mathbb{Q}$ のときに，ガロアの基本定理（定理 6.17）がどのようなことを述べているかみてみよう．

$\alpha = \sqrt{2} + \sqrt{3}$ とおく．α の $\mathbb{Q}$ 上の最小多項式 $p(X)$ は $p(X) = X^4 - 10X^2 + 1$ となるので（章末問題 6.3 参照），定理 6.15 から $[L : \mathbb{Q}] = 4$ であり，$L = \{c_0 + c_1\alpha + c_2\alpha^2 + c_3\alpha^3 \mid c_0, \ldots, c_3 \in \mathbb{Q}\}$ となる．また，$\alpha^{-1} = \sqrt{3} - \sqrt{2}$ なので，$\sqrt{2} = (\alpha - \alpha^{-1})/2 \in L$, $\sqrt{3} = (\alpha + \alpha^{-1})/2 \in L$ である．

さて，

$$\alpha_0 = \alpha, \quad \alpha_1 = \sqrt{2} - \sqrt{3}, \quad \alpha_2 = -\sqrt{2} + \sqrt{3}, \quad \alpha_3 = -\sqrt{2} - \sqrt{3}$$

とおくと，$p(X) = (X - \alpha_0)(X - \alpha_1)(X - \alpha_2)(X - \alpha_3)$ となる．各 $i = 0, \ldots, 3$ に対して，α_i の $\mathbb{Q}$ 上の最小多項式は $p(X)$ になり，$\alpha_i \in L$ であるから，$L = \mathbb{Q}(\alpha_i)$ となることが分かる．定理 6.15 から体の同型写像 $\mathbb{Q}(\alpha_i) \to \mathbb{Q}[X]/(p(X))$ が存在

---

[4] さらに，$[L : M] = |H_M|$ が成り立つなど，φ はさまざまな「良い」性質をもつ．

する. これから,
$$f_i : L \to L, \quad c_0 + c_1\alpha + c_2\alpha^2 + c_3\alpha^3 \mapsto c_0 + c_1\alpha_i + c_2\alpha_i^2 + c_3\alpha_i^3$$
は体の同型写像である. まとめると, $\mathrm{Aut}(L/\mathbb{Q})$ の元 f_0, f_1, f_2, f_3 が構成できた. 一方, $|\mathrm{Aut}(L/\mathbb{Q})| \leqq [L:\mathbb{Q}] = 4$ であるから, $\mathrm{Aut}(L/\mathbb{Q}) = \{f_0, f_1, f_2, f_3\}$ となり, L は $\mathbb{Q}$ 上のガロア拡大体である.

f_0 は恒等写像であるから $\mathrm{Aut}(L/\mathbb{Q})$ の単位元であり, $i = 1, 2, 3$ については, f_i^2 が恒等写像になる. よって, $\mathrm{Aut}(L/\mathbb{Q}) \cong \mathbb{Z}/2\mathbb{Z} \times \mathbb{Z}/2\mathbb{Z}$ である. $\mathrm{Aut}(L/\mathbb{Q})$ の自明でない部分群は, $H_1 := \langle f_1 \rangle$, $H_2 := \langle f_2 \rangle$, $H_3 := \langle f_3 \rangle$ の 3 個がある. ガロアの基本定理で, H_i に対応する体 M_i を考えよう.
$$M_1 = \{x \in L \mid f_1(x) = x\} = \{a + b\sqrt{2} \mid a, b \in \mathbb{Q}\} = \mathbb{Q}(\sqrt{2})$$
である. 同様に, $M_2 = \mathbb{Q}(\sqrt{3})$, $M_3 = \mathbb{Q}(\sqrt{6})$ である.

以上をまとめると, 以下のような対応の図が得られる.

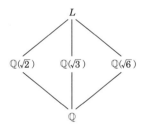 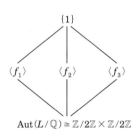

章末問題

 (a) $\gamma_1, \ldots, \gamma_n \in \mathbb{C}$ は $(\gamma_1, \ldots, \gamma_n) \neq (0, \ldots, 0)$ をみたすとする.
$$M = \left\{ \sum_{i=1}^n c_i \gamma_i \,\middle|\, c_1, \ldots, c_n \in \mathbb{Q} \right\}$$
とおく. $\alpha \in \mathbb{C}$ は, 任意の $i = 1, \ldots, n$ に対して, $\alpha \gamma_i \in M$ をみたすとする. このとき, n 次式 $f(X) \in \mathbb{Q}[X]$ が存在して, $f(\alpha) = 0$ となることを示せ.

章末問題 | 209

(b) $\alpha, \beta \in \mathbb{C}$ を代数的数とし，$f(X), g(X)$ をそれぞれ α, β の $\mathbb{Q}$ 上の最小多項式とする．$n = \deg(f(X))$，$m = \deg(g(X))$ とおく．

$$M = \left\{ \sum_{i=1}^{n-1} \sum_{j=1}^{m-1} c_{ij} \alpha^i \beta^j \ \middle| \ c_{ij} \in \mathbb{Q} \right\}$$

とおいて，(a) を用いることで

$$\alpha + \beta, \quad \alpha - \beta, \quad \alpha\beta, \quad \frac{\alpha}{\beta}$$

はすべて代数的数であることを示せ（ただし，α/β では $\beta \neq 0$ を仮定する）．

問 6.2 $\tan 1°$ は代数的数であることを示せ．

問 6.3 (a) $\sqrt{2} + \sqrt{3}$ の $\mathbb{Q}$ 上の最小多項式を求めよ．

(b) $\mathbb{Q}(\sqrt{2}, \sqrt{3}) = \{f(\sqrt{2}, \sqrt{3}) \mid f(X, Y) \in \mathbb{Q}[X, Y]\}$ とおく．このとき，$\mathbb{Q}(\sqrt{2}, \sqrt{3}) = \{a + b\sqrt{2} + c\sqrt{3} + d\sqrt{6} \mid a, b, c, d \in \mathbb{Q}\}$ を示せ．

(c) $\mathbb{Q}(\sqrt{2}, \sqrt{3}) = \mathbb{Q}(\sqrt{2} + \sqrt{3})$ が成り立つことを示せ．

付録 A

平面の結晶群

付録 A は第 2 章の付録である.

鉱物の結晶は対称性をもっている. 結晶学ははじめは群論と独立に研究されていたが, その後に群論が用いられるようになった. この付録では, 平面の結晶群について簡単にみてみよう.

写真は, 著者がパリ大学 UPMC の鉱物博物館で購入したもの.

A.1 平面の運動群

A.1.1 直交群 O(2)

2 次の実正方行列 T で $^tTT = E_2$ をみたすものを, 2 次の**実直交行列**という. 2 次の実直交行列全体を

$$\mathrm{O}(2) = \left\{ T \in M_2(\mathbb{R}) \,\middle|\, {}^t\!TT = E_2 \right\}$$

とおく．$\mathrm{O}(2)$ は**直交群**とよばれる．

$\mathrm{O}(2)$ は行列に積に関して群になる（問題 2.3 参照）．この項では，$\mathrm{O}(2)$ の元が定める $\mathbb{R}^2$ の線形変換が，原点中心の回転または原点を通る直線に関する対称変換であることをみよう．

補題 A.1　$T \in \mathrm{O}(2)$ とする．このとき，$\det(T) = 1$ または $\det(T) = -1$ である．$\det(T) = 1$ のときは，T が定める $\mathbb{R}^2$ の線形変換は，原点中心の回転を表す．$\det(T) = -1$ のときは，原点を通る直線に関する対称変換を表す．

証明　$T = \begin{pmatrix} a & b \\ c & d \end{pmatrix}$ とおく．${}^t\!TT = E_2$ であることから，

$$a^2 + c^2 = 1, \quad ab + cd = 0, \quad b^2 + d^2 = 1$$

を得る．$a^2 + c^2 = 1$ から，ある θ が存在して，$a = \cos\theta,\ c = \sin\theta$ と表せる．$ab + cd = 0$ より，ベクトル $\begin{pmatrix} a \\ c \end{pmatrix}$ と $\begin{pmatrix} b \\ d \end{pmatrix}$ は直交する．また，$b^2 + d^2 = 1$ であるから，

$$T = \begin{pmatrix} \cos\theta & -\sin\theta \\ \sin\theta & \cos\theta \end{pmatrix} \quad \text{または} \quad T = \begin{pmatrix} \cos\theta & \sin\theta \\ \sin\theta & -\cos\theta \end{pmatrix}$$

となることが分かる．

最初の場合は，$\det(T) = 1$ のときであり，T が定める線形変換 $f_T : \mathbb{R}^2 \to \mathbb{R}^2,\ x \mapsto Tx$ は原点中心の θ 回転を表す．

後の場合は，$\det(T) = -1$ のときである．3 角関数の加法定理より，

$$T \begin{pmatrix} \cos\dfrac{\theta}{2} \\ \sin\dfrac{\theta}{2} \end{pmatrix} = \begin{pmatrix} \cos\dfrac{\theta}{2} \\ \sin\dfrac{\theta}{2} \end{pmatrix}, \quad T \begin{pmatrix} -\sin\dfrac{\theta}{2} \\ \cos\dfrac{\theta}{2} \end{pmatrix} = - \begin{pmatrix} -\sin\dfrac{\theta}{2} \\ \cos\dfrac{\theta}{2} \end{pmatrix}$$

となるから，T が定める線形変換 $f_T : \mathbb{R}^2 \to \mathbb{R}^2,\ x \mapsto Tx$ は，原点を通る直線 $\left(\cos\dfrac{\theta}{2}\right) y = \left(\sin\dfrac{\theta}{2}\right) x$ に関する対称変換を表す．　　　□

212 | 付録 A | **平面の結晶群**

A.1.2 運動群 $E(2)$

定義 A.2 （運動群） $T \in \mathrm{O}(2), b \in \mathbb{R}^2$ に対して，

$$f_{T,b} : \mathbb{R}^2 \to \mathbb{R}^2, \quad x \mapsto Tx + b$$

とおく．さらに，このような $f_{T,b}$ 全体のなす集合を

$$E(2) = \{f_{T,b} \mid T \in \mathrm{O}(2), b \in \mathbb{R}^2\}$$

とおいて，平面の**運動群**または平面の**ユークリッド群**という．

補題 A.1 より，$\det(T) = 1$ のときは，T は原点中心の回転を表す．回転角を θ としよう．このとき，$f_{T,b}$ は $\mathbb{R}^2$ の点を，原点中心に θ 回転させてから b だけ平行移動させる写像である．$\det(T) = -1$ のときは，T は原点を通る直線に関する対称変換を表す．その直線を ℓ としよう．このとき，$f_{T,b}$ は $\mathbb{R}^2$ の点を，直線 ℓ に関して対称な点に移してから b だけ平行移動させる写像である．

$x = {}^t(x_1, x_2), y = {}^t(y_1, y_2) \in \mathbb{R}^2$ とする．$\mathbb{R}^2$ の標準的な内積は $(x, y) = x_1 y_1 + x_2 y_2$ で定められる．x の長さは $\|x\| = \sqrt{(x, x)} = \sqrt{x_1^2 + x_2^2}$ である．また，$x, y \in \mathbb{R}^2$ のユークリッド距離 $d(x, y)$ は

$$d(x, y) = \|y - x\| = \sqrt{(y_1 - x_1)^2 + (y_2 - x_2)^2}$$

で定められる．

以下でみるように，$E(2)$ は（運動群という名前の通り）群であり，さらにユークリッド距離を保つ．

命題 A.3 （a）平面の運動群 $E(2)$ は写像の合成に関して群になる．

（b）$f_{T,b} \in E(2)$ とする．このとき，任意の $x, y \in \mathbb{R}^2$ に対して，$d(f_{T,b}(x), f_{T,b}(y)) = d(x, y)$ が成り立つ．

証明 （a）$f_{T_1, b_1}, f_{T_2, b_2} \in E(2)$ とする．このとき，任意の $x \in \mathbb{R}^2$ に対して，

$$\begin{aligned}
(f_{T_1, b_1} \circ f_{T_2, b_2})(x) &= f_{T_1, b_1}(f_{T_2, b_2}(x)) = f_{T_1, b_1}(T_2 x + b_2) \\
&= T_1(T_2 x + b_2) + b_1 = T_1 T_2 x + (T_1 b_2 + b_1)
\end{aligned}$$

となる．ここで，$\mathrm{O}(2)$ は群なので，$T_1 T_2 \in \mathrm{O}(2)$ である．よって，

$$f_{T_1, b_1} \circ f_{T_2, b_2} = f_{T_1 T_2, T_1 b_2 + b_1} \in E(2) \tag{A.1}$$

となり，写像の合成は $E(2)$ の演算を定める．

$E(2)$ が写像の合成を演算として，群の 3 つの公理（結合則，単位元の存在，逆元の存在）をみたすことも確かめられ，$E(2)$ は群となる．なお，$E(2)$ の単位元は $\mathbb{R}^2$ の恒等変換 $f_{E_2, 0} = \mathrm{id}_{\mathbb{R}^2}$ である．$f_{T, b}$ の逆元は，$f_{T^{-1}, -T^{-1}b}$ である．

(b) T は実直交行列なので，${}^t T T = E_2$ をみたすことに注意すれば，

$$\begin{aligned}
d(f_{T, b}(x), f_{T, b}(y))^2 &= \| (Ty + b) - (Tx + b) \|^2 = \| T(y - x) \|^2 \\
&= (T(y - x), T(y - x)) = (y - x, {}^t T T(y - x)) \\
&= (y - x, y - x) = d(x, y)^2
\end{aligned}$$

を得る． $\qquad\square$

注意　本書では証明しないが，$f : \mathbb{R}^2 \to \mathbb{R}^2$ がユークリッド距離を保つ写像であれば，$f \in E(2)$ となる．すなわち，任意の $x, y \in \mathbb{R}^2$ に対して，$d(f(x), f(y)) = d(x, y)$ が成り立てば，実直交行列 T と $b \in \mathbb{R}^2$ が存在して，$f = f_{T, b}$ となる．

$f_{E_2, b}(x) = x + b \ (x \in \mathbb{R}^2)$ であるから，$f_{E_2, b} \in E(2)$ は b だけ平行移動させる写像を表す．$E(2)$ の元のうち，平行移動全体のなす集合を $\mathrm{Trans}(\mathbb{R}^2) = \{ f_{E_2, b} \in E(2) \mid b \in \mathbb{R}^2 \}$ とおく．

命題 A.4　$E(2)$ の元 $f_{T, b}$ に $\mathrm{O}(2)$ の元 T を対応させる写像を

$$\varphi : E(2) \to \mathrm{O}(2), \quad f_{T, b} \mapsto T$$

とおく．

(a) φ は群の準同型写像である．

(b) $\mathrm{Ker}\,\varphi = \mathrm{Trans}(\mathbb{R}^2)$ である．特に，$\mathrm{Trans}(\mathbb{R}^2)$ は $E(2)$ の正規部分群であり，$E(2)/\mathrm{Trans}(\mathbb{R}^2) \cong \mathrm{O}(2)$ である．

証明　(a) $T_1, T_2 \in \mathrm{O}(2), b_1, b_2 \in \mathbb{R}^2$ とする．式 (A.1) より，$\varphi(f_{T_1, b_1} \circ f_{T_1, b_1}) = T_1 T_2 = \varphi(f_{T_1, b_1}) \cdot \varphi(f_{T_2, b_2})$ となるから，φ は群の準同型写像である．

(b) $\mathrm{Trans}(\mathbb{R}^2)$ の定義から，$\mathrm{Ker}\,\varphi = \mathrm{Trans}(\mathbb{R}^2)$ である．後半は，命題 2.60 と準同型定理（定理 2.62）より従う． $\qquad\square$

214 | 付録 A | **平面の結晶群**

A.2 平面の結晶群

平面の運動群 $E(2)$ の部分群 G が**離散的**であるとは，ある正の数 δ が存在して，恒等写像でない任意の $f_{T,b} \in G$ に対して，

$$(t_{11} - 1)^2 + t_{12}^2 + t_{21}^2 + (t_{22} - 1)^2 + b_1^2 + b_2^2 > \delta \qquad \text{(A.2)}$$

となるときにいう．ここで，t_{ij} は T の (i,j) 成分を表し，$b = {}^t(b_1, b_2)$ である．大雑把にいって，式 (A.2) は，恒等写像 $\mathrm{id}_{\mathbb{R}^2} = f_{E_2,0} \in G$ とそれ以外の G の元が，「距離が $\sqrt{\delta}$ より離れている」ことをいっている．

G を $E(2)$ の離散部分群とする．命題 A.4 の φ の定義域を G に制限したものを，

$$\varphi|_G : G \to \mathrm{O}(2)$$

で表す．$\overline{G} = \varphi(G)$ とおく．$\overline{G}$ は $\mathrm{O}(2)$ の部分群である（命題 2.60 参照）．

また，命題 A.4 より，$\mathrm{Ker}(\varphi|_G) = \mathrm{Trans}(\mathbb{R}^2) \cap G$ である．$\mathrm{Trans}(\mathbb{R}^2)$ の元 $f_{E_2,b}$ に $\mathbb{R}^2$ の元 b を対応させることで，$\mathrm{Trans}(\mathbb{R}^2)$ と $\mathbb{R}^2$ を同一視し，この同一視で $\mathrm{Ker}(\varphi|_G)$ に対応する $\mathbb{R}^2$ の部分群を Λ とおく．G が離散部分群であるということから，Λ は，1 次独立なベクトルを 0 個含むか（このとき，$\Lambda = \{0\}$），1 個含むか（このとき，$b \neq 0 \in \mathbb{R}^2$ が存在して $\Lambda = \mathbb{Z}b$），2 個含むか（このとき，1 次独立な $b_1, b_2 \in \mathbb{R}^2$ が存在して $\Lambda = \mathbb{Z}b_1 + \mathbb{Z}b_2$）のいずれかになることが分かる．

> **定義 A.5**（**平面の結晶群**） $E(2)$ の離散部分群 G で，Λ が 1 次独立なベクトルを 2 つ含むものを，平面の**結晶群**（または，**壁紙群**）という[1]．このとき，$\overline{G}$ を G の**点群**という．

正の整数 n に対して，$\mathbb{R}^2$ の（反時計回りの）$2\pi/n$ 回転を表す行列を $R_{2\pi/n} \in \mathrm{O}(2)$ とおき，$C_n = \langle R_{2\pi/n} \rangle$ とおく．C_n は位数が n の巡回群である．

本書では証明しないが，次の定理が成り立つ．

> **定理 A.6** (a) 平面の結晶群の点群 $\overline{G}$ は，巡回群 C_1, C_2, C_3, C_4, C_6 か 2 面体群 $D_2, D_4, D_6, D_8, D_{12}$ のいずれかと群の同型である．
>
> (b) 平面の結晶群は全部で 17 種類ある．

1] Λ についての条件を入れないで，$E(2)$ の離散部分群を平面の結晶群とよぶこともある．

例 A.7 国際結晶学連合の記号で p4 と表される平面の結晶群は，以下の G と同型である．
$$G = \{f_{T,{}^t(n,m)} \mid T \in C_4,\ n, m \in \mathbb{Z}\}$$
例えば $\mathbb{R}^2$ の点 $(1/4, 1/4)$ の辺りに上向きの小さい矢印 A をおいて，$\{f(A) \mid f \in G\}$ を平面で考えると，以下のような図形（文様）ができる．

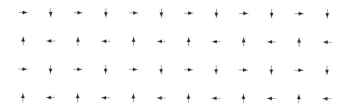

付録B

公開鍵暗号

付録Bは第4章の付録である.

インターネット上のクレジットカードを利用した買い物，ICカードの定期券，仮想通貨など多くの場面で，暗号技術は情報通信技術の安全性を支えている．公開鍵暗号は，あるシステムを使っているたくさんのユーザーがいて，それぞれのユーザーが別のユーザーに秘密のメッセージを送りたい場合に適した暗号である．この付録では，暗号の仕組みを簡単に述べた後に，公開鍵暗号の1つであるRSA暗号に使われている数学の内容をみてみよう．

B.1 暗号の仕組み，古典的な暗号と公開鍵暗号

B.1.1 暗号の仕組み

暗号の仕組みは以下である．まず，平文（もともとの情報）を，規則（暗号方式）にしたがって暗号化する．なお，後で説明するように，同じ規則（暗号方式）でも，鍵を変えることによって，違う暗号文ができる．暗号文を規則にしたがって復号して，もとの平文を得る．

$$\text{平文} \xrightarrow[\substack{\text{暗号化} \\ \text{（鍵）}}]{} \text{暗号文} \xrightarrow[\substack{\text{復号} \\ \text{（鍵）}}]{} \text{平文}$$

B.1.2 古典的な暗号

手始めに，古典的な暗号であるシーザー暗号をみてみよう．シーザー暗号は，古代ローマの政治家・軍人のジュリアス・シーザー（ユリウス・カエサル）が使っ

た暗号である.

WKLV WHAW LV HQFUBSWHG

これは何だろうか. 英語のアルファベットを, 3つ前のアルファベットに変えてみよう. 例えば, A → X, B → Y, C → Z, D → A としてみよう. すると,

THIS TEXT IS ENCRYPTED

(このテキストは暗号化されています) となる. 上に合わせると,

$$\text{平文} \quad \xrightarrow[\substack{\text{暗号化} \\ \text{3つ後ろにずらす}}]{} \quad \text{暗号文} \quad \xrightarrow[\substack{\text{復号} \\ \text{3つ前にずらす}}]{} \quad \text{平文}$$
$$\text{THIS} \ldots \qquad\qquad \text{WKLV} \ldots \qquad\qquad \text{THIS} \ldots$$

がシーザー暗号である.

　すなわち, シーザー暗号の規則 (暗号方式) は, 特定の文字を, 辞書順に特定の数だけ後ろにある文字にずらすというものである. また, 鍵は, 辞書順にずらす数値である. 上の例だと鍵は 3 である.

　同じシーザー暗号の規則 (暗号方式) を使っても, 鍵 (ずらず数値) を変えると, 異なる暗号文ができる. 鍵として, 1 (1つずらす) を使うと, 「THIS TEXT IS ENCRYPTED」は,

UIJT UFYU JT FODSZQUFE

となり, 鍵が 1 の, 先ほどの暗号文 (WKLV WHAW LV HQFUBSWHG) と違う.

B.1.3　公開鍵暗号

　公開鍵暗号は, 不特定多数の人が使うシステムで, それぞれの人が別の人に秘密のメッセージを送りたいときに適した暗号方式である. 公開鍵を使うと, 誰でも平文を暗号化して暗号文が作れる. 一方, 秘密鍵を使ってはじめて, 暗号文を平文に復号できる. それ以外の方法では, 常識的な時間では, 解読は不可能と考えられている.

$$\text{平文} \quad \xrightarrow[\substack{\text{暗号化} \\ \text{公開鍵}}]{} \quad \text{暗号文} \quad \xrightarrow[\substack{\text{復号} \\ \text{秘密鍵}}]{} \quad \text{平文}$$

それぞれのユーザーは，公開鍵と秘密鍵の組を作成する．公開鍵は全員に公開する一方で，秘密鍵は誰にも知られないように厳重に保管する．ユーザーのアリスが，ユーザーのボブにメッセージを送りたいとしよう．このとき，公開されているボブの公開鍵 $K_{\text{pub}}^{\text{Bob}}$ を使って，アリスはメッセージ m（平文）を暗号化し，暗号文 c をボブに送る．ボブは，ボブしか知らない秘密鍵 $K_{\text{prv}}^{\text{Bob}}$ を使って，暗号文 c を復号し，もとのメッセージ m を得る．秘密鍵 $K_{\text{prv}}^{\text{Bob}}$ を知らないボブ以外の人が暗号文を解読することは常識的な時間では不可能と考えられる．

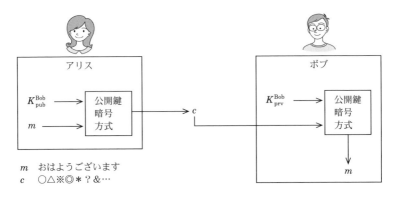

ここで，シーザー暗号を振り返ってみよう．シーザー暗号のときは，暗号化するための鍵 k（k 個後ろにずらす）と復号するための鍵 k（k 個前にずらす）は共通である[1]．一方で，公開鍵暗号では，暗号化するための鍵（公開鍵）から，復号のための鍵（秘密鍵）が分かってしまってはならない．よって，シーザー暗号は，公開鍵暗号ではない[2]．

では，公開鍵暗号に適した暗号方式は存在するのだろうか？ 答えは「存在する」である．ディフィーとヘルマンが，1976 年に公開鍵暗号に関する最初の論文を発表した．(なお，イギリスの機密機関である英国政府通信本部のエリスが 1969 年に公開鍵暗号の概念を発見し，コックスが 1973 年に RSA 暗号を発見していた．) 現在では，RSA 暗号，ElGamal 暗号，楕円曲線暗号，NTRU 暗号など，公開鍵暗号方式はいろいろと作られている．

---

[1] 暗号化と復号に共通の鍵を使う暗号方式を，**共通鍵暗号**という．シーザー暗号は共通鍵暗号である．
[2] なお，現代では，シーザー暗号やその類似の暗号はあまり使えない．アルファベットは 26 文字なので，シーザー暗号の鍵の可能性は 25 個しかなく全数探索で解読できるからである．

例 B.1 2017 年 7 月の日本評論社のウェブページ (`https://www.nippyo.co.jp`) では,

TLS_ECDHE_RSA_WITH_AES_128_GCM_SHA256,
鍵長 128 bit, TLS 1.2

と接続が暗号化されている. いろいろな暗号が組み合わされていることがわかる. ECDHE は楕円曲線ディフィー・ヘルマン鍵共有 (Elliptic curve Diffie–Hellman, ephemeral), RSA は RSA 公開鍵暗号, AES は共通鍵暗号である.

B.2 RSA 暗号

RSA 暗号は, リベスト (R̲ivest), シャミア (S̲hamir), アドルマン (A̲dleman) によって 1977 年に作られた公開鍵暗号の 1 つである. その安全性の根拠を, 大きい整数の素因数分解が困難であることにおいている. 以下で, RSA 暗号の仕組みについて簡単に説明する. 準備として, フェルマーの小定理から始めよう.

B.2.1 フェルマーの小定理

定理 B.2 (フェルマーの小定理) p を素数とする. このとき, p で割り切れない任意の整数 a に対して,
$$a^{p-1} \equiv 1 \pmod{p}$$
が成り立つ.

証明 剰余環 $\mathbb{Z}/p\mathbb{Z}$ において, $[a]^{p-1} = [1]$ が成り立つことを示せばよい. このことは, 例 2.43 でみた. □

系 B.3 p, q を相異なる素数とする. f は $f \equiv 1 \pmod{(p-1)(q-1)}$ をみたす整数とする. このとき, 任意の整数 m に対して,
$$m^f \equiv m \pmod{pq}$$
が成り立つ.

証明 p, q は互いに素だから，$m^f \equiv m \pmod{p}$ かつ $m^f \equiv m \pmod{q}$ を示せば
よい．以下，$m^f \equiv m \pmod{p}$ を示す．m が p の倍数のときは，m^f も m も p の
倍数だからよい．m が p の倍数でないときは，$f = k(p-1)(q-1) + 1\ (k \in \mathbb{Z})$ と
おけば，フェルマーの小定理（定理 B.2）より，$m^f = (m^{p-1})^{k(q-1)} \cdot m \equiv 1 \cdot m = m \pmod{p}$ を得る．$m^f \equiv m \pmod{q}$ も同様である． $\square$

B.2.2 文字を数字にする

簡単のため，文字は A, B, ..., Z（26 文字）だけで作られているとする．$N = 26$ とおく．アルファベット 1 文字に数字を対応させるには，A に 0 を，B に 1
を，...，Z に 25 を対応させればよい．

A	B	C	D	E	$\cdots$	V	W	X	Y	Z
0	1	2	3	4	$\cdots$	21	22	23	24	25

k を正の整数とする．アルファベット k 文字に数字を対応させるには，アル
ファベット k 文字を $\square_1 \square_2 \cdots \square_k$（$\square_i$ はアルファベット 1 文字）とし，$\square_i$ に対
応する数字を $a_i\ (0 \leqq a_i < 26)$ とするとき，

$$a_1 N^{k-1} + a_2 N^{k-2} + \cdots + a_{k-1} N + a_k$$

を対応させればよい．

例 B.4 アルファベット 2 文字 OK は，どの数字に対応しているだろうか．上
の対応で，O は 14 に，K は 10 に対応しているので，OK は $14 \cdot 26 + 10 = 374$
に対応する．

B.2.3 大きい整数の素因数分解は困難

9090909090909090909090909090909090909091 を因数分解できるだろうか．手計
算では，常識的な時間では無理かもしれない．実は，

9090909090909090909090909090909090909091

$$= 2670502781396266997 \cdot 3404193829806058997303$$

である. 一方, 右辺の 2 つの素数が与えられれば, その積を計算するのは手計算でもできるだろう.

一般に, 大きい整数の素因数分解は非常に難しいと考えられている.

問題 B.1 9991 を素因数分解せよ.

B.2.4 RSA 暗号の仕組み

RSA 暗号の仕組みを説明しよう.

メッセージ m は, $0 \leq m < N$ である整数と同一視されているとする. 例えば, アルファベット A, B, ..., Z からなる k 文字がメッセージ全体の集合とすると, $N = 26^k$ とすればよい. メッセージが長いときは, k 文字ごとに区切って, 区切った文字ごとに整数に対応させればよい.

各ユーザーごとに公開鍵と秘密鍵を作る. 各ユーザーは, 2 つの非常に大きい素数 p, q を, $n := pq > N$ となるように選ぶ. 各素数 p, q は秘密にするが, その積 $n = pq$ は公開する. また, 整数 e を, $\mathrm{GCD}\,(e, (p-1)(q-1)) = 1$ となるように, ランダムに選ぶ. 整数 d を, $de \equiv 1 \pmod{(p-1)(q-1)}$ となるようにとる. このような d は, 4.4 節で述べたユークリッドの互除法で求めることができる. (n, e) を**公開鍵**, (n, d) を**秘密鍵**とする.

ユーザーのアリスが, ユーザーのボブにメッセージ $m\,(0 \leq m < N)$ を送りたいとしよう. アリスはボブの公開鍵 $K_{\mathrm{pub}}^{\mathrm{Bob}} := (n, e)$ を用いて, m^e を n で割った余り c を計算し, c (暗号化されたメッセージ) をボブに送る.

ボブはアリスから受け取った c から, もとのメッセージ m を次のように復元できる. ボブは秘密鍵 $K_{\mathrm{prv}}^{\mathrm{Bob}} := (n, d)$ を用いて, c^d を n で割った余りを計算する. すると, もとのメッセージ m を得る (以下の注意参照).

第 3 者が, 公開鍵 (n, e) を用いて, 暗号化されたメッセージ c からもとのメッセージ m を復元できるだろうか. n の素因数分解 $n = pq$ を知ることと, $m \mapsto m^e \pmod{n}$ を復元させる $c \mapsto c^d \pmod{n}$ という秘密鍵 d を知ることが, 決定性多項式時間アルゴリズムがあるという意味で, 同値であることが知られている[3].

3] アレクサンダー・メイ (2004 年) による.

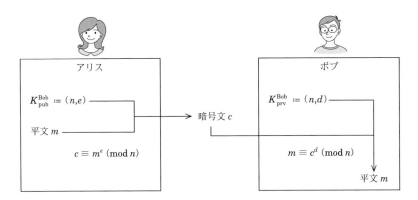

また，d を使う以外に $m \mapsto m^e \pmod{n}$ の復号はできないように思われる[4]．したがって，大きい整数 n の素因数分解ができなければ，RSA 暗号を破ることはできないように思われる．（ここで「思われる」とあるのは，数学的には証明されていないため．）

注意 c^d を n で割った余りが m であることを示そう．m は $0 \leqq m < N < n$ をみたすから，$c^d \equiv m \pmod{n}$ を確かめればよい．さらに，$c \equiv m^e \pmod{n}$ であったから，$m^{ed} \equiv m \pmod{n}$ を確かめればよい．ここで，n は異なる 2 つの素数 p, q の積であり，整数 d の取り方から，$de \equiv 1 \pmod{(p-1)(q-1)}$ である．よって，系 B.3 がそのまま使えて，$m^{ed} \equiv m \pmod{n}$ が成り立つ．

例 B.5 （説明のための例）アリスは，「OK」をボブに送るとしよう．「OK」は B.2.2 項で $m = 374$ に対応する（例 B.4 参照）．ボブの公開鍵は $(n, e) = (851, 35)$ としよう．アリスは $m^e = 374^{35}$ を $n = 851$ で割った余り $c = 657$ を計算し，c をボブに送る．なお，$657 = 25 \times 26 + 7$ は B.2.2 項で「ZH」に対応する．ボブの秘密鍵は $(n, d) = (851, 611)$ である．ボブは，$c^d = 657^{611}$ を $n = 851$ で割って，もとのメッセージ $m = 374$（OK）を得る．

$$\text{OK } (374) \xrightarrow[\text{公開鍵 } (851, 35)]{\text{暗号化}} \text{ZH } (657) \xrightarrow[\text{秘密鍵 } (851, 611)]{\text{復号}} \text{OK } (374)$$

---

[4] ただし，m, e, n に条件がついている場合は，その限りではない．例えば，n と比較してメッセージ m が「小さい」場合は，多項式時間で c から m が復元できることが知られている．

ボブはどのようにして鍵を作ったのだろう．

- まず，素数 $p = 23$ と $q = 37$ を選んだ．p, q は秘密にしておく．
- e をランダムに選ぶ（ただし，e は $(p-1)(q-1) = 22 \times 36 = 792$ と互いに素になるようにとる）．ここでは，$e = 35$ と選んだ．
- $n := pq = 851$ と e の組 $(851, 35)$ を公開鍵として，公開する．
- $ed \equiv 1 \pmod{(p-1)(q-1) = 22 \times 36}$ となる d を，4.4 節で述べたユークリッドの互除法で求める．$d = 611$ が適する．$(n, d) = (851, 611)$ が秘密鍵である．d は秘密にしておく．

注意 $n = 851$ の素因数分解は容易なので，上の例は，説明のための例で実際的な例ではない．また，もし第 3 者がアリスがボブに OK か NO かのどちらかしか送らないと知っていたとする．このとき，第 3 者はボブの公開鍵を使って OK と NO の暗号文を作れるから，OK に対応するのが ZH であることが分かってしまう．実際には，平文の空間は，すべて平文を暗号化して試すことができないくらい大きくとる．

付録 C

音楽 CD とリード・ソロモン符号

　付録 C は第 4 章の付録である.

　音楽 CD には音飛びを防ぐ機能が備わっている. すなわち, 音楽 CD に入っている情報を CD プレーヤーが誤って読み込んだときに, 誤りの程度が大きくなければ, 誤りが訂正できるように情報が符号化されている. 音楽 CD に使われているのはリード・ソロモン符号とよばれる符号であり, 有限体上の多項式環を用いる. この付録では, リード・ソロモン符号がどのようなものかを手短に説明しよう [1].

C.1　ISBN コード

　符号の英語は code（コード）である. ISBN コードは書籍に用いられる符号である. 図の ISBN コード 978-4-535-80651-1 は, 日評ベーシック・シリーズとして最初に刊行された中井久夫『［新版］精神科治療の覚書 』のものである.

　ハイフンを除いた 9784535806511 は 13 個の数字の列である. 最初の 3 つの数字「978」は書籍であることを表し, 次の「4 」は日本語であることを表す. その次の「535」は日本評論社の出版者記号であり, その後の「80651」が書名コードである. 最後の数字 1 はチェックデジットとよばれる. ISBN コードは, 奇数番目の数字を 1 倍して偶数番目の数字を 3 倍して足し合わせると 10 で割り切れるよ

　1]　音楽 CD 以外にも, 携帯電話による通信など, 誤りが訂正できるように情報が符号化されているものは多い. 古くは, 1970 年代のマリナー探査機による火星表面の画像伝送のときにも誤り訂正符号は使われた. なお, 有限体上の代数曲線から定まる代数幾何符号, グラフで表現される低密度パリティ検査（LDPC）符号, ターボ符号など, さまざまな誤り訂正符号が構成されている.

うになっている．実際，

$$1 \times (9+8+5+5+0+5+1) + 3 \times (7+4+3+8+6+1) = 120$$

は 10 で割り切れる．

ISBN コードを機械で読み取るときに，誤りが起こったとしよう．誤りが 1 箇所であれば，ISBN コードは読み取りに誤りが起こったことが分かるようになっている．例えば，12 番目の数字 1 を 0 と誤って読み取ったとすると，

$$1 \times (9+8+5+5+0+5+1) + 3 \times (7+4+3+8+6+0) = 117$$

となって 10 で割り切れないから，どこかで誤りがあったことが分かる．したがって，ISBN コードは 1 箇所の誤りを検出できる符号である[2]．

C.2　誤り訂正符号とは

ISBN コードは 1 箇所の誤りを検出するが，誤りを訂正する機能はない．1 箇所の誤りを検出するだけでなく訂正もできる符号はどうすれば作れるだろうか．

ISBN コード 9784535806511 の最後の数字（チェックデジット）の 1 を取り除いた 12 個の数字

$$978453580651 \tag{C.1}$$

を考えよう．簡単なのは，この数字 978453580651 を，

$$999777888444555333555888000666555111 \tag{C.2}$$

と 3 つずつ同じ数字でつなげる方法である．こうすれば，例えば 1 箇所の数字が誤って読み込まれても，どこで読み取りを誤ったかが分かるので訂正できる．例えば，2 番目の数字 9 を 0 と誤って読み取ったとすると，909⋯ の 1 番目と 3 番

---

[2] ただし，どの数字を誤って読み取ったかまでは分からない．ISBN コードは，どこか 1 箇所の数字を誤って読み取ったときに，（どこかで）誤りがあることのみを検出するコードである．

目の数字が 9 であることから，誤って読み込んだのが 2 番目の数字 0 であり，正しい数字は 9 であることが分かる．

以上をまとめる．$A = \{0, 1, \ldots, 9\}$ とし，

$$E : A^{12} \to A^{36}, \quad (x_1, x_2, \ldots, x_{12}) \mapsto (x_1, x_1, x_1, x_2, x_2, x_2, \ldots, x_{12}, x_{12}, x_{12})$$

とおく．さらに，

$$C = E(A^{12}) = \left\{ a = (a_1, a_2, \ldots, a_{36}) \in A^{36} \;\middle|\; \begin{array}{l} i = 1, \ldots, 12 \text{ に対して，} \\ a_{3i-2} = a_{3i-1} = a_{3i} \end{array} \right\} \quad \text{(C.3)}$$

とおく．(C.1) の 12 個の数字 x は A^{12} の元であり，(C.2) の 36 個の数字 a は A^{36} の元である．$a = E(x)$ で，$a \in C$ である．

いま，$a = E(x) = (9, 9, 9, \ldots, 1, 1, 1) \in C$ として，a の 1 箇所の数字が誤って $b = (b_1, \ldots, b_{36}) \in A^{36}$ と読み込まれたとしよう．1 箇所だけ数字が誤って読み込まれたということは，a, b に現れる数字は 1 箇所が異なっている．1 箇所の誤りが訂正できるというのは，$b \in A^{36}$ が与えられたときに，b から正しい $a \in C$ が得られることをいっている．

C.3　誤り訂正符号とは（続き）

C.2 節で述べたことを，一般化しよう．$q \geqq 2$ を整数とし，q 個の元からなる集合 A を固定する．A をアルファベットという．

$n \geqq 1$ を整数とする．A^n の元 $a = (a_1, \ldots, a_n), b = (b_1, \ldots, b_n) \in A^n$ に対して，

$$d_H(a, b) := |\{i \in \{1, 2, \ldots, n\} \mid a_i \neq b_i\}|.$$

とおく．$d_H(a, b)$ は a, b の成分のうち何個が異なっているかを数えている．このとき，d_H が (i)(ii)(iii) をみたすことが容易にわかる．

(i)　任意の $a, b \in A^n$ に対して，$d_H(a, b) \geqq 0$ であり，$d_H(a, b) = 0$ となるのは，ちょうど $a = b$ のときである．

(ii)　任意の $a, b \in A^n$ に対して，$d_H(a, b) = d_H(b, a)$ が成り立つ．

(iii)　任意の $a, b, c \in A^n$ に対して，$d_H(a, c) \leqq d_H(a, b) + d_H(b, c)$ が成り立つ（3 角不等式）．

(i)(ii)(iii) は d_H が距離になることを述べていて，d_H は**ハミング距離**とよばれる．

C.3 | 誤り訂正符号とは（続き） 227

> **定義 C.1** **（符号）** A^n の部分集合 C を符号（または，**誤り訂正符号**）という．C の元を**符号語**という．
>
> 符号 C の基本的な量として，次の3つを考える．
>
> - $n = n(C)$．n を C の**符号長** という．
> - $d = d(C) := \min\limits_{a,b \in C, a \neq b} d_H(a,b)$．$d$ を C の**最小距離**という．
> - $k = k(C) := \log_q |C|$．
>
> この q, n, k, d を符号 C の**パラメータ**といい，C を $[n,k]_q$ 符号，または $[n,k,d]_q$ 符号とよぶ．

例 C.2 式 (C.3) の符号 C を考えよう．$A = \{0, 1, \ldots, 9\}$ は $q := 10$ 個の元からなる集合である．C は A^{36} の部分集合である．$a, b \in C$ で $a \neq b$ のときは，a, b の異なる成分の個数は 3 の倍数であるから，$\min\limits_{a,b \in C, a \neq b} d_H(a,b) = 3$ である．また，$C = E(A^{12})$ であるので，$k = \log_q |C| = 12$ である．よって，C は $[36, 12, 3]_{10}$ 符号である．

　一般の場合に戻って，なぜ C が符号とよばれるかを説明したい．一般に，情報通信は，雑音の入った通信路で行われ，伝送するときに誤りが起こる．そこで，情報をうまく符号化して，誤りを発見して訂正できると嬉しい．

　例えば，ISBN コードの場合は，もともとの情報は 12 個の数字であり，それにチェックデジットとよばれるもう 1 個の数字を付け加えて符号化することで，誤りが 1 つならば，誤りが起きたかどうかを発見できるようになった．C.2 節で考えた符号化は，もともとの情報は 12 個の数字であり，それぞれの数字を 3 つ重ねることで，式 (C.3) で与えられる A^{36} の符号 C を構成した．この C は 1 つの誤りを発見して訂正できる符号であった．

　そこで，A をアルファベットの集合とする．もともとの情報はアルファベット k 文字からなるブロックとしよう．k 文字からなるブロック全体のなす集合は A^k である．符号器によって，この k 文字からなるブロックを n 文字からなるブロックの符号語に変換する．誤りを発見し訂正したいので，$n > k$ である．符号化は，単射

$$E : A^k \to A^n$$

を与えることとみなせる．このとき，E の像 $C := E(A^k)$ が符号である．

さて，C の元を雑音の入った通信路で送る．このとき，受信語は A^n の元であるが，一般には誤りが起こるため C の元とはならない．受信語からどのようにして，もとの符号語を推定し，もとの k 文字のブロックを推定したらよいだろうか．

C の異なる 2 元のハミング距離の最小値を d とおいたことを思い出そう．符号語 $x \in C$ が通信によって，その $d-1$ 個以下の成分が変えられたとする．このとき，d の定義から，受信語は x 以外の符号語にはならない．したがって，受信語の誤りが 1 個以上 $d-1$ 個以下であれば，誤りが起きたことを検出することができる．

さらに，各符号語 $x \in C$ に対して，

$$B(x) := \{a \in A^n \mid d_H(x, a) < d/2\}$$

とおく．3 角不等式より，$x, y \in C$ が $x \neq y$ ならば，$B(x) \cap B(y) = \emptyset$ である．したがって，受信語の誤りが $d/2$ よりも小さければ，受信語とのハミング距離が最小になる符号語がただ 1 つ存在する．この場合，受信語との距離が最小である符号語を，もとの符号語と推定し，E を用いて符号語の逆像として，もとの k 文字のブロックを推定するのは自然だろう．こうして，復号

$$D : A^n \to A^k$$

が得られる（正確には，今の説明では，D の定義域は $\bigcup_{x \in C} B(x)$ である）．この D を最尤復号という．$D \circ E = \mathrm{id}_{A^k}$ である．

C.4 「良い」符号と符号の限界式

性能の「良い」符号とはどういうものだろうか．ここで，符号 C は A^n に含まれているとする．$k = k(C)$ が大きいと，C は情報量が多い．一方，最小距離

$d = d(C)$ が大きいと，C は誤り訂正能力が高い．したがって，n を固定したとき，k, d が大きい符号は「良い」符号と考えられるだろう[3]．しかし，次の命題でみるように，n を固定したとき，k と d を同時に大きくとることはできない．

命題 C.3 （シングルトン限界式） C を $[n, k, d]_q$ 符号とするとき，$d + k \leqq n + 1$ が成り立つ．

証明 2 つのアルファベットの間の全単射で，符号は同じパラメータの符号に移ることに注意する．そこで，アルファベット A にアーベル群の構造を入れる．例えば，A を $\mathbb{Z}/q\mathbb{Z}$ と同一視する．このとき，A^n もアーベル群とみなせる．

$$S = \{(a_1, \ldots, a_{d-1}, 0, \ldots, 0) \in A^n \mid a_1, \ldots, a_{d-1} \in A\}$$

とおく．C の最小距離が d なので，$a, b \in S$ が異なれば，$(C + a) \cap (C + b) = \varnothing$ である．実際，$x, y \in C$ として，$x + a = y + b$ とする．この共通の元の成分の後ろの $n - d + 1$ 個に注目すると，x と y の成分の後ろの $n - d + 1$ 個が一致することがわかり，$d_H(x, y) = n - (n - d + 1) \leqq d - 1$ となる．すると，d が C の最小距離なので，$x = y$ となり，$a = b$ となる．よって，$(C + a) \cap (C + b) \neq \varnothing$ ならば $a = b$ が言えたので，対偶をとって，$a \neq b$ ならば $(C + a) \cap (C + b) = \varnothing$ である．したがって，$\coprod_{a \in S} (C + a) \subseteq A^n$ と $|C + a| = |C|$ より，$|S| \, |C| \leqq q^n$ を得る．$|S| = q^{d-1}$, $|C| = q^k$ であるから，$d + k \leqq n + 1$ である． $\square$

シングルトン限界式の他にも，符号のパラメータ n, k, d にはさまざまな制限がつくことが知られている．

C.5 リード・ソロモン符号

C.3 節で誤り訂正ブロック符号を一般に定義したが，アルファベット A と符号 C にさまざまな仮定をおくことが多い．$q := |A|$ が素数のべきであると仮定し，A を q 個の元からなる有限体 $\mathbb{F}_q$ と同一視する[4]．このとき，$A^n = \mathbb{F}_q^n$ は $\mathbb{F}_q$

---

[3] それ以外にも，符号化や復号の「良い」アルゴリズムがある符号は，「良い」符号と考えられるだろう．

[4] 定義 4.12 で，p が素数のときに $\mathbb{F}_p = \mathbb{Z}/p\mathbb{Z}$ が体であることをみた．本書では証明しないが，任意の正の整数 n に対して，$|F| = p^n$ であるような有限体 F が存在する．

上のベクトル空間となる．さらに，C が $\mathbb{F}_q{}^n$ の部分ベクトル空間であるときに，C を線形符号という．線形符号 C については，$k(C) = \dim_{\mathbb{F}_q} C$ である．そこで，$k = k(C)$ を C の次元という．

定義 C.4（リード・ソロモン符号）　$\mathbb{F}_q$ の零でない元を $\alpha_1, \ldots, \alpha_{q-1}$ とする．k は $0 \leqq k \leqq q-1$ をみたす整数とする．

$$L_{k-1} := \{f(X) = c_0 + c_1 X + \cdots + c_{k-1} X^{k-1} \in \mathbb{F}_q[X] \mid c_0, c_1, \ldots, c_{k-1} \in \mathbb{F}_q\}$$

とおく．このとき，リード・ソロモン符号 $\mathrm{RS}(k, q)$ を

$$\mathrm{RS}(k, q) := \left\{ (f(\alpha_1), \ldots, f(\alpha_{q-1})) \in \mathbb{F}_q{}^{q-1} \mid f(X) \in L_{k-1} \right\}$$

で定める．$\mathrm{RS}(k, q) \subseteq \mathbb{F}_q{}^{q-1}$ である．

写像 $E : L_{k-1} \to \mathbb{F}_q{}^{q-1}$，$f(X) \mapsto (f(\alpha_1), \ldots, f(\alpha_{q-1}))$ は線形写像であるから，$E(L_{k-1})$ は $\mathbb{F}_q{}^{q-1}$ の部分ベクトル空間である．よって，リード・ソロモン符号 $\mathrm{RS}(k, q) = E(L_{k-1})$ は線形符号である．そのパラメータを求めよう．

まず，符号長は $n = q-1$ である．

$E(f(X)) = 0$ ならば，$f(X)$ は $(X - \alpha_1) \cdots (X - \alpha_{q-1})$ で割り切れるが，$k - 1 \leqq q - 2$ なので，$f(X) = 0$ となる．よって，E は単射であり，$\dim_{\mathbb{F}_q} \mathrm{RS}(k, q) = \dim_{\mathbb{F}_q} L_{k-1} = k$ となる．$\mathrm{RS}(k, q)$ の次元は k である．

最後に，$\mathrm{RS}(k, q)$ の最小距離を d とおく．$\mathrm{RS}(k, q)$ が線形符号であることを使うと，

$$d = \min_{a \in \mathrm{RS}(k,q),\, a \neq 0} d_H(0, a)$$

である．$f(X) \in L_{k-1}$ を $d_H(0, E(f(X))) = d$ となる多項式とする．$f(X) \neq 0$ は $\mathbb{F}_q$ の中に $(q-1) - d = n - d$ 個の零をもつので，その次数は $n - d$ 以上である．$f(X) \in L_{k-1}$ なので，$n - d \leqq k - 1$，すなわち $n + 1 \leqq d + k$ が成り立つ．一方で，シングルトン限界式（命題 C.3）より，$n + 1 \geqq d + k$ である．よって，$d = n - k + 1 = q - k$ を得る．

以上により，リード・ソロモン符号 $\mathrm{RS}(k, q)$ は $[q-1, k, q-k]_q$ 符号であり，シングルトン限界式が等号になる符号である．

付録 D

体の拡大次数と作図問題

1796 年 3 月 30 日の朝，十九歳の青年ガウスが目ざめて臥床から起き出でようとする刹那に正十七角形の作図法に思い付いた.

高木貞治『近世数学史談』岩波文庫より [1]

付録 D は第 6 章の付録である.

コンパスと目盛りのついていない定規を用いた作図は少なくとも古代ギリシャまで遡る. この付録では，作図可能な点と $\mathbb{C}$ の部分体を結びつけることで，正 5 角形と正 17 角形が作図可能であること，一般角の 3 等分はできないことを説明する.

D.1 作図可能な数

平面上にいくつかの点が与えられているとしよう. これらの点から，コンパスと目盛りのついていない定規を用いて線と円を描く.

(C1) 異なる 2 点 α, β に対して，α と β を通る直線 ℓ を描く.

(C2) 異なる 2 点 α, β と点 γ に対して，γ を中心に，α と β の距離を半径とする円 C を描く.

さらに，これらの直線と円から，交点（空集合でないと仮定する）として新しい点が構成できる.

1] ガウスは 1777 年 4 月 30 日生まれなので，18 歳と 11 か月のときである.

(P1) ℓ_1, ℓ_2 を (C1) の操作で描いた異なる直線とする．このとき，ℓ_1 と ℓ_2 の交点が構成できる．

(P2) ℓ を (C1) の操作で描いた直線，C を (C2) の操作で描いた円とする．このとき，ℓ と C の交点（2 点または接するときは 1 点）が構成できる．

(P3) C_1, C_2 を (C2) の操作で描いた異なる円とする．このとき，C_1 と C_2 の交点（2 点または接するときは 1 点）が構成できる．

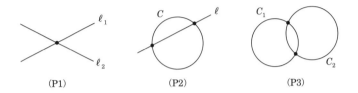

(P1)　　　　　(P2)　　　　　(P3)

以下では，xy 平面を複素平面 $\mathbb{C}$ と同一視する．（平面の点 $(a,b) \in \mathbb{R}^2$ を複素数 $a+bi \in \mathbb{C}$ と同一視する．ここで，$i = \sqrt{-1}$ は虚数単位である．）はじめに，0 と 1 という点が与えられているとする．

定義 D.1　（作図可能な数）　複素数 α が作図可能であるとは，複素平面の点 $0, 1$ からはじめて，コンパスと目盛りのついていない定規を用いて，操作 (C1), (C2), (P1), (P2), (P3) を有限回繰り返すことにより，α が構成できるときにいう．

複素平面の点 $0, 1$ からはじめて，コンパスと目盛りのついていない定規を用いて，操作 (C1), (C2), (P1), (P2), (P3) を有限回繰り返すことで構成できる直線 ℓ と円 C についても，「ℓ は作図可能である」，「C は作図可能である」ということにする．

例 D.2　(a) $0, 1$ から (C1) を用いて，x 軸が直線として描ける．(C2) を用いて，1 を中心とする半径 1 の円が描ける．(P2) を使って，x 軸とこの円の交点は，$0, 2$ である．よって，$2 \in \mathbb{C}$ は作図可能である．この操作を繰り返すと，任意の整数 $n \in \mathbb{Z}$ が作図可能であることが分かる．

(b) 1 を中心とする半径 2 の円を C_1 とする．-1 を中心とする半径 2 の円を C_2 とする．C_1, C_2 は，$0, 1$ という点からはじめて，コンパスと目盛りのついていない定規を用いて作図できる．(P3) を使って，C_1, C_2 の交点

α, β も作図可能である．(C1) を使って，0 と α を通る直線 ℓ を描く．ℓ は 0 を通り x 軸に垂直な直線，つまり y 軸である．よって，y 軸は作図可能である．(C2) を用いて，0 を中心とする半径 1 の円が描き，この円と y 軸の交点を考えて，$i, -i$ が作図可能な数であることが分かる．

補題 D.3 複素数 α が作図可能な数のとき，実部 $\mathrm{Re}(\alpha)$, 虚部 $\mathrm{Im}(\alpha)$ も作図可能な数である．逆に，実数 a, b が作図可能な数のとき，複素数 $a + bi$ も作図可能な数である．

証明の概略 x 軸，y 軸は作図可能である．α を通って x 軸に垂直な直線を作図することができ，その直線と x 軸の交点として実部 $\mathrm{Re}(\alpha)$ が得られる．また，α を通って y 軸に垂直な直線を作図することができ，その直線と y 軸の交点として虚部 $\mathrm{Im}(\alpha)$ が得られる．後半については，a を通って x 軸に垂直な直線と，bi を通って y 軸に垂直な直線を作図することができ，この 2 直線の交点として，$a + bi$ が得られる． $\square$

注意 一般に，作図可能な数全体は $\mathbb{C}$ の部分体をなすことが分かる（証明も難しくない）．

作図可能な数について，次の定理は基本的である．

定理 D.4 $\alpha \in \mathbb{C}$ に対して，以下は同値である．
  (i) α は作図可能な数である．
  (ii) $\mathbb{C}$ の部分体
$$\mathbb{Q} = F_0 \subseteq F_1 \subseteq \cdots \subseteq F_n \subset \mathbb{C}$$
  が存在して，$\alpha \in F_n$ かつ $[F_i : F_{i-1}] = 2 \ (1 \leqq i \leqq n)$ となる．

証明の概略 (i) ならば (ii) を示す．複素数 $a + bi \ (a, b \in \mathbb{R})$ と実数の組 $(a, b) \in \mathbb{R}^2$ を同一視する．補題 D.3 より，$a + bi$ が作図可能な数であることと，a, b が作図可能な数であることは同値である．

(C1) は 2 点 $(a, b), (c, d) \in \mathbb{R}^2$ が与えられたときに，直線 $(a - c)(y - d) = (b - d)(x - c)$ を求めることである．(C2) は，点 $(a, b) \in \mathbb{R}^2$ と半径 r が与えられたときに，円 $(x - a)^2 + (y - b)^2 = r^2$ を求めることである．

234　付録 D ｜ **体の拡大次数と作図問題**

また，作図可能な図形（直線または円）どうしの交点（空集合でないと仮定する）とは，作図可能な数 a, b, c, d, r, s が与えられたときに，(P1) は直線 $ax + by = r$ と $cx + dy = s$ の交点を求める操作であり，(P2) は円 $(x-a)^2 + (y-b)^2 = r^2$ と直線 $cx + dy = s$ の交点を求める操作であり，(P3) は円 $(x-a)^2 + (y-b)^2 = r^2$ と円 $(x-c)^2 + (y-d)^2 = s^2$ の交点を求める操作である．a, b, c, d, r, s および $i = \sqrt{-1}$ を含む体を F とすると，これらの交点（空集合でないと仮定する）は，F に適当な 2 次多項式の判別式 D の平方根 $\sqrt{D}$ を添加した体 F' に含まれている．このとき，$\sqrt{D} \in F$ ならば $F' = F$ であり，$\sqrt{D} \notin F$ ならば $[F' : F] = 2$ である．

上に述べたことを用いて，$\alpha \in \mathbb{C}$ を作図するために操作 (P1), (P2), (P3) を行った回数 N に関する帰納法で，「(i) ならば (ii)」を証明することができる．（$N = 0$ のときは，α は 0 か 1 であり，$F_n = F_0 = \mathbb{Q}$ とおけばよい．）

逆に，$\alpha \in F_n$ で $[F_n : F_{n-1}] = 2$ であれば，α は F_{n-1} の点からコンパスと目盛りのついていない定規を用いて作図できる．帰納的に，α が作図可能な数であることが分かり，「(ii) ならば (i)」を得る．　□

系 D.5 $\alpha \in \mathbb{C}$ は作図可能な数とする．このとき，0 以上の整数 m が存在して，$[\mathbb{Q}(\alpha) : \mathbb{Q}] = 2^m$ となる．

証明 定理 D.4 の部分体 $F_0, \ldots, F_n$ をとる．このとき，命題 6.5 より，$[F_n : \mathbb{Q}] = [F_n : F_{n-1}] \cdots [F_1 : \mathbb{Q}] = 2^n$ である．一方，$\alpha \in F_n$ より，$\mathbb{Q} \subseteq \mathbb{Q}(\alpha) \subseteq F_n$ である．よって，命題 6.5 より，$2^n = [F_n : \mathbb{Q}] = [F_n : \mathbb{Q}(\alpha)][\mathbb{Q}(\alpha) : \mathbb{Q}]$ となる．$[F_n : \mathbb{Q}(\alpha)], [\mathbb{Q}(\alpha) : \mathbb{Q}]$ はいずれも正の整数だから，$[\mathbb{Q}(\alpha) : \mathbb{Q}] = 2^m$（$m$ は 0 以上の整数）の形をしている．　□

D.2　正 5 角形の作図，正 17 角形の作図

D.2.1　正 5 角形の作図

コンパスと目盛りのついていない定規を用いて正 5 角形が作図できることをみよう．複素平面 $\mathbb{C}$ に中心が 0 で頂点の 1 つが 1 にある正 5 角形を考える．$\zeta_5 = \exp(2\pi i/5)$ とおくと，この正 5 角形の他の頂点は $\zeta_5, \zeta_5^2, \zeta_5^3, \zeta_5^4$ である．

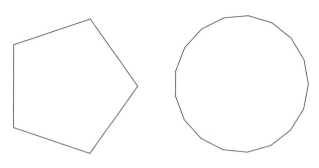

正 5 角形と正 17 角形

ζ_5 が作図可能な数であれば，$\zeta_5^2, \zeta_5^3, \zeta_5^4$ も作図可能な数であることがわかるので，正 5 角形が作図できることを示すには，ζ_5 が作図可能な数であることを示せばよい．

ζ_5 の $\mathbb{Q}$ 上の最小多項式を求めよう．$X^5 - 1 = (X-1)(X^4 + X^3 + X^2 + X + 1) \in \mathbb{Q}[X]$ であり，$\zeta_5^5 = 1$，$\zeta_5 \neq 1$ であることから，$\zeta_5^4 + \zeta_5^3 + \zeta_5^2 + \zeta_5 + 1 = 0$ である．$\Phi_5(X) := X^4 + X^3 + X^2 + X + 1$ は $\mathbb{Q}[X]$ の既約多項式であるから（章末問題 4.6 参照），ζ_5 の $\mathbb{Q}$ 上の最小多項式は $\Phi_5(X)$ となる．さらに，$[\mathbb{Q}(\zeta_5) : \mathbb{Q}] = 4$ である．次に，$\eta = \zeta_5 + \zeta_5^{-1}$ とおく．

$$0 = \zeta_5^{-2} \Phi(\zeta_5) = \zeta_5^2 + \zeta_5^1 + 1 + \zeta_5^{-1} + \zeta_5^{-2} = (\zeta_5 + \zeta_5^{-1})^2 + (\zeta_5 + \zeta_5^{-1}) - 1$$

より，$\eta^2 + \eta - 1 = 0$ である．これより，$[\mathbb{Q}(\eta) : \mathbb{Q}] = 2$ となる．$[\mathbb{Q}(\zeta_5) : \mathbb{Q}] = 4$ であるから，命題 6.5 より $[\mathbb{Q}(\zeta_5) : \mathbb{Q}(\eta)] = 2$ である．

以上により，2 次の拡大体の列

$$\mathbb{Q} \subseteq \mathbb{Q}(\eta) \subseteq \mathbb{Q}(\zeta_5)$$

が構成できたから，定理 D.4 より，ζ_5 は作図可能である．

D.2.2 正 17 角形の作図

$\zeta_{17} = \exp(2\pi i / 17)$ とおく．正 5 角形の場合と同様に，正 17 角形が作図できることを示すには，ζ_{17} が作図可能な数であることを示せばよい．

正 5 角形の場合と同様に，$\Phi_{17}(X) = X^{16} + X^{15} + \cdots + X + 1$ とおけば，$\Phi_{17}(\zeta_{17}) = 0$ である．$\Phi_{17}(X)$ は $\mathbb{Q}[X]$ の既約多項式であるから（章末問題 4.6 参

照），ζ_{17} の $\mathbb{Q}$ 上の最小多項式は $\Phi_{17}(X)$ であり，$[\mathbb{Q}(\zeta_{17}):\mathbb{Q}] = 16$ となる．ここで，

$$\eta := \zeta_{17} + \zeta_{17}^2 + \zeta_{17}^4 + \zeta_{17}^8 + \zeta_{17}^9 + \zeta_{17}^{13} + \zeta_{17}^{15} + \zeta_{17}^{16}$$

$$\eta' := \zeta_{17} + \zeta_{17}^4 + \zeta_{17}^{13} + \zeta_{17}^{16}$$

$$\eta'' := \zeta_{17} + \zeta_{17}^{16}$$

とおけば，2 次の拡大体の列

$$\mathbb{Q} \subseteq \mathbb{Q}(\eta) \subseteq \mathbb{Q}(\eta') \subseteq \mathbb{Q}(\eta'') \subseteq \mathbb{Q}(\zeta_{17}) \tag{D.1}$$

が得られる．したがって，定理 D.4 より，ζ_5 は作図可能である．

注意　(D.1) が実際に 2 次の拡大体の列になっていることは，計算で確かめることができる．例えば，$\theta := \zeta_{17}^3 + \zeta_{17}^5 + \zeta_{17}^6 + \zeta_{17}^7 + \zeta_{17}^{10} + \zeta_{17}^{11} + \zeta_{17}^{12} + \zeta_{17}^{14}$ とおけば，$\eta + \theta = -1$，$\eta\theta = -4$ が計算で確かめられ，η は $X^2 + X - 4 = 0$ の根となる．よって，$[\mathbb{Q}(\eta):\mathbb{Q}] = 2$ が分かる．一方で，ガロア理論を学ぶと，計算で確かめなくても，η, η', η'' を上のように取るとうまくいくことが明快に分かる．興味をもった読者は，ガロア理論をぜひ学んでほしい．

D.3　角の 3 等分は作図不可能

任意に与えられた角を，コンパスと目盛りのついていない定規を用いて 3 等分することができるだろうか．

正 3 角形は，コンパスと目盛りのついていない定規を用いて作図することができるから，$60°$ の角を作ることはできる．では $60°$ の角を 3 等分した $20°$ の角を作れるだろうか．もし，$20°$ の角が作れたとすると，x 軸を（反時計回りに）$20°$ 回転させた直線と，原点中心の半径 1 の円との交点を考えて，

$$\cos(20°) + i\sin(20°)$$

を作図することができるはずである．すると，補題 D.3 より，その実部である $\cos(20°)$ も作図可能な数のはずであり，それを 2 倍した $2\cos(20°)$ も作図可能な数のはずである．そこで，$2\cos(20°)$ が作図可能な数かどうかを調べよう．

$\theta := 20° = \pi/9$ とおき，$\alpha := 2\cos(\theta)$ とおく．α の $\mathbb{Q}$ 上の最小多項式を求めよう．3 倍角の公式より，

$$\alpha^3 - 3\alpha = 2\left(4\cos(\theta)^3 - 3\cos(\theta)\right) = 2\cos(3\theta) = 2\cos\left(\frac{\pi}{3}\right) = 1$$

であるから，$p(X) = X^3 - 3X - 1 \in \mathbb{Q}[X]$ とおけば，$p(\alpha) = 0$ となる．例題 4.33(c) より，$X^3 - 3X - 1$ は $\mathbb{Q}[X]$ の既約多項式である．よって，$X^3 - 3X - 1$ が α の $\mathbb{Q}$ 上の最小多項式であり，定理 6.15 より，$[\mathbb{Q}(\alpha) : \mathbb{Q}] = 3$ が分かる．3 は 2^m（m は 0 以上の整数）の形ではないから，系 D.5 より α は作図可能な数ではない．

以上により，コンパスと目盛りのついていない定規を用いて，$60°$ の角を 3 等分することはできないから，一般に任意に与えられた角を 3 等分することはできない．

注意　一般角が 3 等分できるかどうかは，古代ギリシャの 3 大作図問題の 1 つである．残りの 2 つは

(1) 与えられた立方体のちょうど 2 倍の体積をもつ立方体を作図できるか．

(2) 与えられた円と面積が同じ正方形を作図できるか．

である．(1) は $\sqrt[3]{2}$ が作図可能な数かどうかという問題である．$[\mathbb{Q}(\sqrt[3]{2}) : \mathbb{Q}] = 3$（問題 6.1 参照）と系 D.5 より $\sqrt[3]{2}$ は作図可能な数ではないので，(1) はできない．(2) は $\sqrt{\pi}$ が作図可能な数かどうかという問題である．もし $\sqrt{\pi}$ が作図可能な数であれば，π も作図可能な数のはずである．しかし，リンデマンの定理（例 6.12 参照）より π は超越数なので，系 D.5 によって π は作図可能は数ではない．よって，(2) もできない．

参考文献

ここでは，本書を読んだ後に，さらに代数学を学ぼうとするときの本を挙げる．また，筆者が本書を書くときに参考にさせて頂いた本を挙げる．

代数学の良書は多く出版されている．自分の興味の方向も考えながら，この参考文献にある本に限らず，いろいろと調べて選ばれると良いと思う．

群環体の教科書

本書の後に読む代数学の本は，群，環と加群，体とガロア理論といった個別の本になるだろう．1人の著者が，群，環と加群，体とガロア理論などについて書いた本に以下がある．

[Ka] 桂利行『代数学1：群と環』，『代数学2：環上の加群』，『代数学3：体とガロア理論』東京大学出版会

[Yu] 雪江明彦『代数学1：群論入門』，『代数学2：環と体とガロア理論』，『代数学3：代数学のひろがり』日本評論社

代数学入門

以下は，代数入門の本である．

[Mo] 森田康夫『代数概論』裳華房

[Ho] 堀田良之『代数入門——群と加群』裳華房

[Mo] は，群，環と加群，体の基礎的な事柄から，ホモロジー代数や圏までがコンパクトにまとめられている．[Ho] では，本書ではほとんど扱わなかった加群についていろいろと説明されている．例えば，単項イデアル整域上の加群の理論（単因子論）を用いて，アーベル群の基本定理が証明され，線形代数のジョルダン標準形の理論が見直されている．

以下では，群，環と加群，体についてそれぞれいくつかの本を挙げたい．なお，日評ベーシック・シリーズからも群論の入門書（榎本直也『群論』）が出版された．

群

次の [Ro] は，群論の部分を書くときに大変参考にさせて頂いた．例えば，3.2 節のアーベル群の基本定理の証明（整数成分の行列の性質を用いるが，比較的短くて分かり易いものだと思う）は [Ro] による．

[Ro] Rotman, Joseph J. An introduction to the theory of groups. Fourth edition. Graduate Texts in Mathematics, 148. Springer-Verlag, 1995.

環と加群

大学の学部で最初に習う環と加群の内容は，可換環に関しては，次の [AM] に書かれているあたりではないかと思う．

[AM] Atiyah, M. F.; Macdonald, I. G. Introduction to commutative algebra. Addison-Wesley Publishing Co., 1969.（邦訳：『Atiyah–MacDonald 可換代数入門』新妻弘訳，共立出版）

次の本には [AM] よりも可換環の進んだ内容が書かれている．

[Ma1] Matsumura, Hideyuki. Commutative algebra. W. A. Benjamin, Inc., 1970.

[Ma2] Matsumura, Hideyuki. Commutative ring theory. Cambridge Studies in Advanced Mathematics, 8. Cambridge University Press, 1986. （原著：松村英之『可換環論』共立出版）

ホモロジー代数については，最近出版された次の本を挙げたい．

[Sh] 志甫淳『層とホモロジー代数』共立出版

次は多元環の表現論についての入門書である．

[IS] 岩永恭雄，佐藤眞久『環と加群のホモロジー代数的理論』日本評論社

体

次の 2 冊は，筆者が学部生の頃からあった体論の教科書である．

[Na] 永田雅宜『可換体論』裳華房

[Fu] 藤崎源二郎『体とガロア理論』岩波書店

歴史，付録など

群の歴史について，ラグランジュの定理については [Roth] を，2.9 節の「歴史的なこと」は [Wu] を参考にさせて頂いた．

[Roth] Roth, Richard L. A history of Lagrange's theorem on groups. Math. Mag. 74 (2001), no. 2, 99–108.

[Wu] Wussing, Hans. The genesis of the abstract group concept. MIT Press, 1984.

5.6 節（ネーター環）では [Mu] を参考にさせて頂いた．

[Mu] 向井茂『モジュライ理論 I』岩波書店

付録 A の結晶群については，最近出版された次の本が詳しい．

　[Ko] 河野俊丈『結晶群』共立出版

付録 B の RSA 暗号の記述では [Ko] を，付録 C のリード・ソロモン符号の記述では [St] を，付録 D の作図可能な数の記述では，[Co] を一部参考にさせて頂いた．

　[Ko] Koblitz, Neal. A course in number theory and cryptography. Second edition. Graduate Texts in Mathematics, 114. Springer-Verlag, 1994. （邦訳：N. コブリッツ『数論アルゴリズムと楕円暗号理論入門』櫻井幸一訳，丸善出版）

　[St] Stichtenoth, Henning. Algebraic function fields and codes. Second edition. Graduate Texts in Mathematics, 254. Springer-Verlag, 2009. （邦訳：Henning Stichtenoth『代数関数体と符号理論』新妻弘訳，共立出版）

　[Co] Cox, David A. Galois theory, 2nd Edition John Wiley & Sons, 2012. （邦訳：デイヴィッド・A. コックス『ガロワ理論（上・下）』梶原健訳，日本評論社）

241

練習問題の略解

問題の略解

問題 1.1 例えば，(a) から (d) の順に，$f(x) = x^2$, $f(x) = \exp(x)$, $f(x) = x^3 - x$, $f(x) = x$.

問題 1.2 写像 $S \times S \to S$ が何個あるかを求めればよい．答えは $n^{(n^2)}$ 個ある．

問題 1.3 $S \times S$ の部分集合の個数を数えればよい．答は $2^{(n^2)}$ 個である．

問題 1.4 例えば，日評大学には 1 つのクラブしかなく全員がそのクラブに属している状況では同値関係になる．しかし，一般には，同値関係にならない．例えば，p, q を異なるクラブとする．a さんは p に属し，b さんは 2 つのクラブ p, q に属し，c さんは q に属しているとすると，$a \sim b$ かつ $b \sim c$ だが，$a \not\sim c$ なので，推移律が成り立たない．

問題 2.1 $(x \cdot y)^k = e$ とすると，$y^{km} = x^{km} \cdot y^{km} = (x \cdot y)^{km} = e$ となる．例題 2.11 を使って，km は n の倍数になる．m, n は互いに素なので，k は n の倍数になる．同様に k は m の倍数になり，m, n は互いに素なので，k は mn の倍数である．一方，$(x \cdot y)^{mn} = e$ になる．よって，$x \cdot y$ の位数は mn である．

問題 2.2 $\mathbb{Z} \setminus \{0\}$ の通常の乗法に関する単位元は 1 である．しかし，例えば $x \cdot 2 = 1$ となる整数 $x \in \mathbb{Z}$ は存在しないので，群の「逆元の存在」の公理をみたさない．

問題 2.3 $T_1, T_2 \in \mathrm{O}(n)$ に対して，${}^t(T_1 T_2)(T_1 T_2) = ({}^t T_2 {}^t T_1)(T_1 T_2) = {}^t T_2 T_2 = E_n$ となるから，$T_1 T_2 \in \mathrm{O}(n)$ となる．よって，$\mathrm{O}(n)$ には行列の乗法によって演算が定まっている．一般に行列の乗法について結合則が成り立つので，特に $\mathrm{O}(n)$ に含まれる行列についても結合則が成り立つ．$E_n \in \mathrm{O}(n)$ が単位元である．ヒントにあるように，$T \in \mathrm{O}(n)$ のとき，$T {}^t T = E_n$ が成り立つことより，${}^t T \in \mathrm{O}(n)$ が分かる．$T {}^t T = {}^t T T = E_n$ だから，${}^t T$ が T の逆元になる．よって，$\mathrm{O}(n)$ は群である．

問題 2.6 $\mu_n = \langle \zeta \rangle$ であるから，μ_n は巡回群である．$\mu_n = \langle \zeta^m \rangle$ と $\mathrm{ord}(\zeta^m) = n$ が同値で，この条件は m が n と互いに素になることである．

問題 2.7 (a) H は部分群なので，$a^k \in H$ ならば，$a^{-k} \in H$ である．よって，$H \neq \{e\}$ のとき，正の整数 k が存在して，$a^k \in H$ となる．このことに注意して，ヒントの

ように m をとれば，$\langle a^m \rangle \subseteq H$ である．一方，H の任意の元は a^i と表せる．i を m で割って，$i = qm + r$ $(q, r \in \mathbb{Z}, 0 \leqq r < m)$ と表すと，$a^r = a^i \cdot (a^m)^{-q} \in H$ である．m の最小性より，$r = 0$ となる．よって，$H = \langle a^m \rangle$ となる．

(b) $|G| = n$ とする．H を G の位数 d の部分群とする．(a) のように m をとり，$H = \langle a^m \rangle$ と表す．命題 2.28 より $\mathrm{ord}(a^m) = |H| = d$ なので，$a^{md} = e$ となり，md は n の倍数となる．よって，m は n/d の倍数になる．これから，$\langle a^m \rangle \subseteq \langle a^{n/d} \rangle$ となる．一方，$\langle a^{n/d} \rangle$ も位数が d の群なので，$\langle a^m \rangle = \langle a^{n/d} \rangle$ である．よって，G の部分群で位数が d の群はちょうど 1 つ存在して，それは $\langle a^{n/d} \rangle$ である．

問題 2.8 (a) H が正規部分群でないのは，例えば，$(1\ 2) \in H$ だが，$(1\ n) \cdot (1\ 2) \cdot (1\ n)^{-1} = (2\ n) \notin H$ だからなど．(b) E_{ij} を (i, j) 成分が 1 で他の成分はすべて 0 の行列とする．B が正規部分群でないのは，例えば $P = E_n + E_{1n} \in B$ だが，$Q = E_n + E_{n1}$ とおくと，$QPQ^{-1} = E_n - E_{11} + E_{nn} + E_{1n} - E_{n1} \notin B$ だからなど．

問題 2.9 (a) 集合の直積 $H \times K$ から HK への写像 f を (h, k) を $h \cdot k$ に移す写像として定める．f は全射である．HK の任意の元 y に対して，$y = h_0 \cdot k_0$ となる $h_0 \in H, k_0 \in K$ をとると，$|\{(h, k) \in H \times K \mid h \cdot k = y\}| = |\{(h_0 \cdot x, x^{-1} \cdot k_0) \mid x \in H \cap K\}| = |H \cap K|$ となる．よって，$|H||K| = |H \times K| = |HK||H \cap K|$ を得る．(c) ラグランジュの定理より，$|H \cap K|$ は $|H|$ の約数であり，$|K|$ の約数でもある．$|H|$ と $|K|$ は互いに素なので，$|H \cap K| = 1$ となり，$H \cap K = \{e\}$ となる．

問題 2.10 S_3 の A_3 による左剰余類分解も右剰余類分解も同じで，$S_3 = A_3 \amalg (1\ 2)A_3$．ここで，$(1\ 2)A_3 = \{(1\ 2), (1\ 3), (2\ 3)\}$ は奇置換全体のなす集合で，$(1\ 2)A_3 = A_3(1\ 2)$ などが成り立つ．これは，A_3 が S_3 の正規部分群であることを示している．

問題 2.11 g を G の任意の元とする．$A = eH = H$，$B = gH$ とおく．$g = e \cdot g \in AB$ より，AB がまた左剰余類ならば，$AB = gH$ になる．すなわち，$HgH = gH$ となる．左辺は Hg を含むので $Hg \subseteq gH$ である．左から g^{-1} を右から g^{-1} をかけて，$g^{-1}H \subseteq Hg^{-1}$ となる．ここで g は G の任意の元なので，g^{-1} を g に置き換えて $gH \subseteq Hg$ が成り立つ．よって，$gH = Hg$ となり，H は正規部分群になる．

問題 2.12 $f : G \to G'$ が群の同型写像のとき，逆写像 $f^{-1} : G' \to G$ も群の同型写像になることが確かめられ，$f \circ f^{-1} = \mathrm{id}_{G'}$，$f^{-1} \circ f = \mathrm{id}_G$ になる．逆の方向は，例

題 1.1 を使うと，f が全単射写像になり，f は同型写像になる．

問題 3.1　G 軌道全体の集合を $O(x_1), \ldots, O(x_N)$ と書けば，$|X| = |O(x_1)| + \cdots + |O(x_N)|$ である．命題 3.24 より，$|O(x_i)|$ は $|G| = p$ の約数なので，1 または p である．もし，$|O(x_i)| = 1$ となる $i\,(1 \leqq i \leqq N)$ が存在しないとすると，任意の i に対して $|O(x_i)| = p$ なので，$|X| = pN$ は p の倍数になる．

問題 3.2　例題 3.27 と同様に数えて，11 個．

問題 4.1　例題 4.5 より，$-1 + (-1) \cdot (-1) = (-1) \cdot 1 + (-1) \cdot (-1) = (-1) \cdot 0 = 0.$ 両辺に 1 を加えて，$(-1) \cdot (-1) = 1.$

問題 4.2　ヒントより，標数が 0 でなければ，$n \cdot 1 = 0$ となる最小の正の整数は，1 か素数である．K は零環ではないので，$1 \neq 0$ である．よって，標数は 1 ではない．

問題 4.3　単項イデアルとすると，0 でない多項式 $f(X,Y) \in K[X,Y]$ が存在して，$X = g(X,Y)f(X,Y)$，$Y = h(X,Y)f(X,Y)$ となる $(g, h \in K[X,Y])$．$X = g(X,Y)f(X,Y)$ から X の次数と Y の次数に注意すると，$f = aX + b\,(a, b \in K)$ となる．$Y = h(X,Y)f(X,Y)$ からは $f = cY + d\,(c, d \in K)$ となる．よって，$f = b\,(b \in K \setminus \{0\})$ となる．このとき，$(X, Y) = (b) = K[X,Y]$ となるが，$1 \notin (X,Y)$ より矛盾．よって，単項イデアルではない．

問題 4.4　$d = 137.$ $d = 17a - 5b.$

問題 4.5　例題 4.5 のようにすればよい．

問題 5.1　問題 2.12 のようにすればよい．

問題 5.3　自然な埋め込み写像 $\varphi : \mathbb{Z} \to \mathbb{Q}$ と $\mathbb{Z}$ のイデアル (2) について，$\varphi((2)) = \{2n \mid n \in \mathbb{Z}\}$．一方，体 $\mathbb{Q}$ のイデアルは，(0) と $\mathbb{Q}$ のみなので，$\varphi((2))$ は $\mathbb{Q}$ のイデアルでない．

問題 5.4　$\pi : A \to A/I$ を自然な全射準同型写像として，$\varphi : A[X] \to (A/I)[X]$ を，$a_0 + \cdots + a_n X^n$ を $\pi(a_0) + \cdots + \pi(a_n)X^n$ に移す写像とすれば，φ は全射な準同型写像である．$\mathrm{Ker}\,\varphi = I[X]$ なので，φ に準同型定理を適用して，環の同型 $A[X]/I[X] \cong (A/I)[X]$ を得る．

問題 5.5　$a + I_1 \in A/I_1$ を $a + I_2 \in A/I_2$ にうつす写像 $\varphi : A/I_1 \to A/I_2$ は，全射な準同型写像である．$\mathrm{Ker}\,\varphi = I_2/I_1$ なので，φ に準同型定理を適用して，環の同型

$(A/I_1)/(I_2/I_1) \cong A/I_2$ を得る.

問題 5.6 例題 5.24 のように,$\alpha = a + b\sqrt{-m}$ に対して,$N(\alpha) = \alpha\bar{\alpha} = a^2 + mb^2 \in \mathbb{Z}$ を考えればよい.

問題 5.7 a は A のべき零元なので,$a^n = 0$ となる正の整数 n が存在する.このとき,$(1+a)(1 - a + a^2 - \cdots + (-1)^{n-1}a^{n-1}) = 1$ となるから,$1 + a$ は A の単元である.

問題 5.8 ヒントのようにすると,簡約則から単射で,有限集合のときは全射にもなる.よって,0 でない任意の $a \in A$ に対して,$xa = 1$ となる $x \in A$ が存在する.

問題 5.9 (a) $a_1, a_2 \in A$ が $a_1 a_2 \in \varphi^{-1}(\mathfrak{p})$ をみたすと,$\varphi(a_1 a_2) = \varphi(a_1)\varphi(a_2) \in \mathfrak{p}$ である.よって,$\varphi(a_1) \in \mathfrak{p}$ または $\varphi(a_2) \in \mathfrak{p}$ となり,$a_1 \in \varphi^{-1}(\mathfrak{p})$ または $a_2 \in \varphi^{-1}(\mathfrak{p})$ となる. (b) $\mathbb{Q}$ の極大イデアルは (0) である.自然な埋め込み写像 $\varphi : \mathbb{Z} \to \mathbb{Q}$ により,$\varphi^{-1}((0)) = (0)$ であるが,(0) は $\mathbb{Z}$ の極大イデアルでない.

問題 5.11 (a) $\varphi : \mathbb{Z}[X] \to \mathbb{Z}[\sqrt{-5}]$ を $\varphi(f(X)) = f(\sqrt{-5})$ で定めると,$\operatorname{Ker}\varphi = (X^2 + 5)$ となり,環の準同型定理から $\mathbb{Z}[\sqrt{-5}] \cong \mathbb{Z}[X]/(X^2 + 5)$ となる. (b) $\mathbb{Z}[X]$ のイデアル $I = (2, X^2 + 5)$ を考える.問題 5.5 より,$\mathbb{Z}[X]/I \cong (\mathbb{Z}/(X^2 + 5))(I/(X^2 + 5))$ $\cong A/(2)$ となる.また,問題 5.5 より,$\mathbb{Z}[X]/I \cong (\mathbb{Z}[X]/(2))/I/(2)) \cong \mathbb{F}_2[X]/(X^2 + 5) = \mathbb{F}_2[X]/(X^2 + 1)$ となる.ここで,$\mathbb{Z}[X]/(2) \cong \mathbb{F}_2[X]$ には問題 5.4 を用いた.$\mathbb{F}_2[X]$ において $X^2 + 1 = (X + 1)^2$ なので,$\mathbb{F}_2[X]/(X^2 + 1) = \mathbb{F}_2[X]/((X+1)^2)$ となる.$\mathbb{F}_2[X]/((X+1)^2)$ は整域ではないので,$A/(2)$ は整域でない.したがって,命題 5.32 より,2 は A の素元ではない.

問題 6.1 α の $\mathbb{Q}$ 上の最小多項式は $X^3 - 2$.β の $\mathbb{Q}$ 上の最小多項式は $X^4 + 1$.

問題 B.1 $9991 = 100^2 - 3^2 = (100 - 3) \cdot (100 + 3) = 97 \cdot 103$.

章末問題の略解

問 1.1 (a) 例えば,$(3 \circ 3) \circ 3 = 3^9$,$3 \circ (3 \circ 3) = 3^{27}$. (b) $((10 \circ 10) \circ 10) \circ 10 < (10 \circ (10 \circ 10)) \circ 10 = (10 \circ 10) \circ (10 \circ 10) < 10 \circ ((10 \circ 10) \circ 10) < 10 \circ (10 \circ (10 \circ 10))$.

問 1.4 (a) $x \sim y$ となる y が存在するとは限らない. (b) 例えば,$\mathbb{Z}$ の元 x, y に対して,$x \sim y$ を「$x \neq 0$ かつ $y \neq 0$」で定める.すると,$\sim$ は対称律と推移律をみたす.一方,$0 \not\sim 0$ であるから,反射律をみたさない.

問 1.5 (b) 同値類の代表元としてジョルダン標準形がとれる．スカラー行列 cE_n $(c \in \mathbb{C})$ は，$c \neq c'$ であれば $cE_n \not\sim c'E_n$ だから，商集合は無限集合である．

問 1.6 (b) シルベスターの慣性法則により，同値類の代表元として，
$$\begin{pmatrix} E_p & & \\ & -E_q & \\ & & O_{n-p-q} \end{pmatrix}$$ がとれる．ここで，$p \geqq 0$, $q \geqq 0$, $r \geqq 0$ で $p + q \leqq n$ である．特に，商集合は有限集合である．

問 2.1 群の定義にしたがって 1 つ 1 つ調べればよい．$x \circ y = \exp\left((\log x) \cdot (\log y)\right)$ に注意すると分かりやすい．G の単位元は $\exp(1)$ である．

問 2.2 G の任意の元 a, b に対して，$(ab)^2 = a \cdot b \cdot a \cdot b = e$, 左から a を右から b をかけて $a^2 = e$, $b^2 = e$ を用いると，$b \cdot a = a \cdot b$ を得る．

問 2.3 (a) 任意の置換は有限個の互換の積で表されるので，任意の互換が有限個の隣接互換の積で表されることをみればよいが，$i < j$ に対して，$(i\ j) = (i\ i+1) \cdots (j-2\ j-1)(j-1\ j)(j-2\ j-1) \cdots (i\ i+1)$ よりよい．

問 2.4 (a) $aH = bH$ のとき，$b^{-1} \cdot a \in H$ である．よって，$Ha^{-1} \ni b^{-1} \cdot a \cdot a^{-1} = b^{-1}$ となるので，$Ha^{-1} = Hb^{-1}$ となる．(b) $Ha^{-1} = Hb^{-1}$ ならば $aH = bH$ が分かるので，ϕ は単射である．$H \backslash G$ の任意の元は $Hc\,(c \in G)$ と表せ，$\phi(c^{-1}H) = Hc$ となるので，ϕ は全射である．

問 2.5 (c) $a \in H$ ならば，$aH = H = Ha$ である．$a \neq H$ ならば，(a)(b) より $aH = Ha$ が成り立つ．よって，H は G の正規部分群である．

問 2.6 S_3 の正規部分群は，$\{(1)\}$, A_3, S_3. S_3 の部分群はこれ以外に，$\{(1), (1\ 2)\}$, $\{(1), (1\ 3)\}$, $\{(1), (2\ 3)\}$.

問 2.7 $\mu = \{z \in \mathbb{C}^\times \mid |z| = 1\}$ で，群の同型 $\mathbb{R}/\mathbb{Z} \cong \mu$ を導く．

問 2.8 (c) $\operatorname{Im} \varphi = G'$, $\operatorname{Ker} \varphi = \{aE_2 \mid a \in \mathbb{R},\ a \neq 0\}$ である．
(d) $\operatorname{Im} \psi = \{f(X) = pX + q \mid p, q \in \mathbb{R}, p > 0\}$, $\operatorname{Ker} \psi = \{E_2, -E_2\}$ である．

問 2.9 (a) $h, h_1, h_2 \in H$, $n, n_1, n_2 \in N$ とすると．N は正規部分群なので，$h_2^{-1} \cdot n_1 \cdot h_2 \in N$ である．よって，$(h_1 \cdot n_1) \cdot (h_2 \cdot n_2) = (h_1 \cdot h_2) \cdot ((h_2^{-1} \cdot n_1 \cdot h_2) \cdot n_2) \in HN$ を得る．また，N は正規部分群なので，$h \cdot n^{-1} \cdot h^{-1} \in N$ である．よって，$(h \cdot n)^{-1} = n^{-1} \cdot h^{-1} = h^{-1} \cdot (h \cdot n^{-1} \cdot h^{-1}) \in HN$ となる．定義 2.26 より，HN は G の部分群である．$n \cdot h = h \cdot (h^{-1} \cdot n \cdot h) \in HN$ より，$NH \subseteq HN$ であり，$h \cdot n = (h \cdot$

$n \cdot h^{-1}) \cdot h \in NH$ より, $HN \subseteq NH$ である. よって, $NH = HN$ となる.

(b)(c) N は G の正規部分群であるから, N は HN の正規部分群になる. H の元 h に $hN \in HN/N$ を対応させる写像 $f : H \to HN/N$ は全射な準同型写像である. $\mathrm{Ker}\, f = \{h \in H \mid hN = N\} = H \cap N$ であるから, $H \cap N$ は H の正規部分群であり, 準同型定理から $H/H \cap N \cong HN/N$ を得る.

問 2.10 $f : G/M \to G/N$ を gM に gN を対応させる写像とすれば, f は全射な準同型写像になる. $\mathrm{Ker}\, f = N/M$ なので, N/M は G/M の正規部分群である. 準同型定理を用いて, 群の同型 $(G/M)/(N/M) \cong G/N$ を得る.

問 2.11 (a)(b) は命題 2.60 の証明と同様である. (c) $H' \in \mathcal{S}'$ に $f^{-1}(H') \in \mathcal{S}$ を対応させる写像を φ' とおく. $\varphi : \mathcal{S} \to \mathcal{S}'$ が全単射であるには, 任意の $H \in \mathcal{S}$ と $H' \in \mathcal{S}'$ に対して, $\varphi'(\varphi(H)) = H$ と $\varphi(\varphi'(H')) = H'$ を確かめればよい (例題 1.1 参照). $\varphi'(\varphi(H)) = H$, すなわち, $f^{-1}(f(H)) = H$ を示す. $f^{-1}(f(H)) \supseteq H$ は容易. 逆に, $g \in f^{-1}(f(H))$ とすると, $f(g) \in f(H)$ より, $f(g) = f(h)$ となる $h \in H$ が存在する. このとき, $h^{-1} \cdot g \in \mathrm{Ker}\, f \subseteq H$ なので, $g \in H$ を得る. よって, $f^{-1}(f(H)) = H$ となる. $\varphi(\varphi'(H')) = H'$ は f が全射なので成り立つ. 正規部部分群の対応も同様である.

問 3.1 (a) $\mathbb{Z}/8\mathbb{Z} \times \mathbb{Z}/3\mathbb{Z}$, $\mathbb{Z}/2\mathbb{Z} \times \mathbb{Z}/4\mathbb{Z} \times \mathbb{Z}/3\mathbb{Z}$, $\mathbb{Z}/2\mathbb{Z} \times \mathbb{Z}/2\mathbb{Z} \times \mathbb{Z}/2\mathbb{Z} \times \mathbb{Z}/3\mathbb{Z}$ の 3 つ. (b) 同型類で分けると, $\{(1),(6)\}, \{(2),(8)\}, \{(3)\}, \{(4),(5),(7)\}$.

問 3.2 (a) $g_0 \in G$ をとる. G の作用が推移的なので, $O(g_0) = X$ となる. よって, $|O(g_0)| = n$ である. $|G_{x_0}| n = |G_{x_0}| |O(g_0)| = |G|$ より, $|G|$ は n の倍数である.

(b) $Y = \{(i,j) \in X \times X \mid i \neq j\}$ とおく. G の Y への作用を $g \cdot (i,j) = (g \cdot i, g \cdot j)$ で定めることができる. 仮定より, この作用は推移的で $|Y| = n(n-1)$ だから, (a) より $|G|$ は $n(n-1)$ の倍数である.

問 3.3 n が偶数のとき, $2^{n^2-2} + 2^{(n^2/2)-2} + 2^{(n^2/4)-1}$. n が奇数のとき, $2^{n^2-2} + 2^{(n^2+1)/2-2} + 2^{(n^2+3)/4-2}$.

問 3.4 (i) $x \rhd x = x^{-1}xx = x$. (ii) y,z に対して, $z = y^{-1}xy$ をみたす x は唯一存在して, $x = yzy^{-1}$ で与えられる. (iii) $(x \rhd y) \rhd z = z^{-1}(y^{-1}xy)z = (z^{-1}yz)^{-1}(z^{-1}xz)(z^{-1}yz) = (x \rhd z) \rhd (y \rhd z)$.

問 3.5 (a) ${}^t(x,y) \in V$ とすると, $|x| < |y|$ である. $A^{n\, t}(x,y) = (x + 2ny, y)$ で, $|x + 2ny| \geqq 2|n| \, |y| - |x| = (2|n|-1)|y| + (|y|-|x|) > (2|n|-1)|y| \geqq |y|$ となるから,

$A^n {}^t(x, y) \in U$ である. よって, $f_{A^n}(V) \subseteq U$ を得る. $f_{B^n}(U) \subseteq V$ も同様である.

(b) (a) を用いると, $f_X(V) \subseteq U$ となる. 一方で, $f_{E_2}(V) = V$ で $U \cap V = \varnothing$ である. よって, $X \neq E_2$ である. (c) $A^m X A^{-m}$ は k が奇数の形になっているので (b) が使える.

問 3.6 (c) $Z(Q_8) = \{A^2, E_2\}$. (d) Q_8 の部分群 H で位数が 4 のものは正規部分群であるから (問 2.5 参照), Q_8 の位数 2 の任意の部分群が正規部分群であることを確かめればよい. Q_8 の位数 2 の部分群は, $H = \{E_2, A^2\}$ であり, これが正規部分群であることは $A^2 = B^2$ に注意すれば容易に確かめられる. (e) 関係式を使うと, A を a, B を b に移す全射な準同型写像 $f : Q_8 \to G$ が存在することが分かる. $|G| = 8$ のときは, f は単射になり, $Q_8 \cong G$ となる. (f) 関係式を使うと, A を i, B を j に移す全射な準同型写像 $f' : Q_8 \to G'$ が存在することが分かる. このとき, $f'(AB) = k$, $f'(-E_2) = u$ となる. $|G'| = 8$ のときは, f' は単射になり, $Q_8 \cong G'$ となる.

問 3.7 G を位数 8 の非アーベル群とする. G は巡回群でないから, G には位数 8 の元は存在しない. また, G の任意の元 a が $a^2 = 1$ をみたすと G はアーベル群になるので矛盾するから (章末問題 2.2 参照), G には位数 4 の元 a が存在する. $b \notin \langle a \rangle$ をとる. $[G : \langle a \rangle] = 2$ だから, $\langle a \rangle$ は G の正規部分群なので (章末問題 2.5 参照), $bab^{-1} \in \langle a \rangle$ である. bab^{-1} の位数は a の位数と同じであり (例えば, 命題 2.57(c) と命題 3.45 参照), また G はアーベル群でないことから, $bab^{-1} = a^3$ になる. また, $b^2 \notin \langle a \rangle$ とすると, $[G : \langle a \rangle] = 2$ だから, $b\langle a \rangle = b^2\langle a \rangle$ となり, $b \in \langle a \rangle$ となって矛盾する. よって, $b^2 \in \langle a \rangle$ である. $b^2 = a$ または $b^2 = a^3$ とすると, b は G の位数 8 の元となり矛盾する. よって, $b^2 = 1$ または $b^2 = a^2$ である. $b^2 = 1$ のときは, 補題 3.40 より G は D_8 と同型である. $b^2 = a^2$ のときは, 章末問題 3.6 より G は Q_8 と同型である.

問 3.8 (a) $\sigma, \tau \in A_4$ が共役であるというのは, $\rho \in A_4$ が存在して $\tau = \rho\sigma\rho^{-1}$ となることである. 「$\rho \in S_4$」ではないことに注意する. A_4 の共役類は, $C_1 := \{(1)\}$, $C_2 := \{(1\ 2\ 3), (1\ 3\ 4), (1\ 4\ 2), (2\ 4\ 3)\}$, $C_3 := \{(1\ 3\ 2), (1\ 4\ 3), (1\ 2\ 4), (2\ 3\ 4)\}$, $C_4 := \{(1\ 2)(3\ 4), (1\ 3)(2\ 4), (1\ 4)(2\ 3)\}$ の 4 つある. (b) 例題 3.36 のように議論すればよい. なお, ラグランジュの定理 (2.40 参照) より, H が有限群 G の部分群であれば, $|H|$ は $|G|$ の約数である. この問の (b) は, $|G|$ の約数 d に対して, $|H| = d$ となる G の部分群 H は必ずしも存在しないことを示している. (c) ラグランジュの定理

と (b) より, A_4 の部分群の位数として考えられるのは $1, 2, 3, 4, 12$ である. 位数 1 の部分群は $\{(1)\}$. 位数 2 の部分群は $\langle (1\ 2)(3\ 4) \rangle, \langle (1\ 3)(2\ 4) \rangle, \langle (1\ 4)(2\ 3) \rangle$ の 3 つ. 位数 3 の部分群は $\langle (1\ 2\ 3) \rangle, \langle (1\ 2\ 4) \rangle, \langle (1\ 3\ 4) \rangle, \langle (2\ 3\ 4) \rangle$ の 4 つ. 位数 4 の部分群は 1 つでクラインの 4 元群 $V = C_1 \cup C_4$. 位数 12 の部分群は A_4 自身である. その中で, A_4 の正規部分群は, $\{(1)\}, V, A_4$ の 3 つである.

問 3.9 $a = (1, 0)$, $b = (0, 1)$, $c = (1, 1)$ とおく. $\mathrm{Aut}(G)$ の元 f は G の零元 $(0, 0)$ を $(0, 0)$ に移すので, 零元以外のなす集合 $\{a, b, c\}$ の置換を与える. これにより, $\phi: \mathrm{Aut}(G) \to S_3$ ができる. すなわち, $\phi(f)$ は a, b, c をそれぞれ $f(a), f(b), f(c)$ に移す置換である. この ϕ が群の同型写像になることが確かめられる.

問 4.2 背理法で, $a \in I \setminus J_1$, $b \in I \setminus J_2$ とする. このとき, $a \in J_2$, $b \in J_1$ である. $a + b \in I$ であり, $a + b \in J_1$ ならば, $a = (a + b) - b \in J_1$ となり矛盾. $a + b \in J_2$ としても同様に矛盾する.

問 4.3 (a) 定理 4.5 を用いると, $f(X) = (X - a)g(X) + r$ となる $g(X) \in K[X]$, $r \in K$ が存在する. $f(a) = 0$ のとき, $r = 0$ となる. よって, $f(X) = (X - a)g(X)$ となる.

問 4.4 (a) 背理法で, $\mathrm{GCD}(c_n, \ldots, c_0) \neq 1$ とすれば, ある素数 p が存在して, どの c_k も p の倍数である. 一方, $\mathrm{GCD}(a_\ell, \ldots, a_0) = 1$ なので, p の倍数でない a_i が存在する. $i\,(0 \leq i \leq \ell)$ はこのようなものの中で最小のものとする. 同様に, $\mathrm{GCD}(b_m, \ldots, b_0) = 1$ なので, p の倍数でない b_j が存在する. $j\,(0 \leq j \leq m)$ はこのようなものの中で最小のものとする. このとき, $k = i + j$ とおけば, $c_k = \displaystyle\sum_{i' + j' = k} a_{i'} b_{j'}$ である. 右辺について, $a_i b_j$ 以外の項は p の倍数であり, $a_i b_j$ は p の倍数でないので, 左辺の c_k も p の倍数でない. これは, どの c_k も p の倍数であることに矛盾する.

(b) $h(X)$ が $\mathbb{Q}[X]$ の既約多項式でなければ, $h(X) = \widetilde{f}(X)\widetilde{g}(X)$ となる $\widetilde{f}(X), \widetilde{g}(X) \in \mathbb{Q}[X]$ で, $\widetilde{f}(X), \widetilde{g}(X)$ の次数はいずれも 1 以上のものが存在する. $\widetilde{f}(X) = af(X)$ ($a \in \mathbb{Q}$, $f(X) \in \mathbb{Z}[X]$ で $f(X)$ の係数の最大公約数は 1) と表す. また, $\widetilde{f}(X) = bg(X)$ ($b \in \mathbb{Q}$, $g(X) \in \mathbb{Z}[X]$ で $g(X)$ の係数の最大公約数は 1) と表す. このとき, $h(X) = abf(X)g(X)$ であり, (a) を用いると $ab = \pm 1$ となる. $ab = -1$ のときは, $f(X)$ を $-f(X)$ に置き換えれば, $h(X) = f(X)g(X)$ と分解できる.

問 4.5 $d = \mathrm{GCD}(c_0, \ldots, c_n)$ とおき, $h(X) = d\widetilde{h}(X)$ とおく. $\widetilde{h}(X)$ が $\mathbb{Q}[X]$ の既

約多項式であることを確かめればよい．仮定より p は d の約数はなく，$\widetilde{h}(X)$ は問題文で $h(X)$ を $\widetilde{h}(X)$ に変えた条件をみたしている．よって，$\widetilde{h}(X)$ を $h(X)$ と思い直して，$\mathrm{GCD}(c_0, \ldots, c_n) = 1$ と仮定して問題を解けばよい．背理法で，$h(X)$ が $\mathbb{Q}[X]$ の既約多項式でないとすると，章末問題 4.4 より，$f(X) = a_\ell X^\ell + \cdots + a_0 \in \mathbb{Z}[X]$，$g(X) = b_m X^m + \cdots + b_0 \in \mathbb{Z}[X]$ $(\ell, m \geqq 1)$ で，$\mathrm{GCD}(a_\ell, \ldots, a_0) = 1$，$\mathrm{GCD}(b_m, \ldots, b_0) = 1$ となるものが存在して，$h(X) = f(X)g(X)$ と分解する．$c_0 = a_0 b_0$ は p^2 で割り切れないので，a_0, b_0 のいずれかは p で割り切れない．一般性を失わずに，b_0 が p で割り切れないとしてよい．このとき，$i\,(0 \leqq i \leqq \ell)$ を a_i が p の倍数でないものの中で最小のものとする．$c_i = a_i b_0 + (a_{i-1} b_1 + \cdots)$ であり，左辺について，$a_i b_0$ 以外の項は p の倍数であり，$a_i b_0$ は p の倍数でないので，左辺 c_i は p の倍数でない．仮定より，$i = n$ になる．よって，$\deg(h(X)) = n = i \leqq \ell = \deg(f(X))$ となる．これは，$n = \ell + m > \ell$ に矛盾する．

問 4.6 (a) 章末問題 4.5 がそのまま使える．(b) $f(X) = X^{p-1} + \cdots + X + 1 = \dfrac{X^p - 1}{X - 1}$ とおく．$f(X)$ が $\mathbb{Q}[X]$ の既約多項式であることと，$f(X+1)$ が $\mathbb{Q}[X]$ の既約多項式であることは同値である．ここで，$f(X+1) = \dfrac{(X+1)^p - 1}{(X+1) - 1} = \displaystyle\sum_{i=1}^{p} \binom{p}{i} X^{i-1}$ には章末問題 4.5 を用いることができる．

問 5.1 (c) $\mathbb{C}$ は体であるが，他の 2 つは体ではない．$\mathbb{R}[X]/(X^2)$ における X の剰余類 ε は $\varepsilon \neq 0$ であるが，$\varepsilon^2 = 0$ である．このような元は $\mathbb{R} \times \mathbb{R}$ には存在しない．

問 5.2 $g(X)$ の最高次の係数を b とすると，$bu = 1$ となる $u \in A$ が存在することから，定理 4.29 の証明と同様にして，余りのある割り算ができることと q, r の一意性が分かる．

問 5.3 (a) $\mathrm{Ker}\,\varphi = (X - a, Y - b)$ は以下のようにすれば分かる．$\supseteq$ はよい．$f(X, Y) \in \mathrm{Ker}\,\varphi$ を任意にとる．$f(X, Y) \in K[X, Y]$ を $K[X, Y] = (K[Y])[X]$ とみて，$X - a$ で割ると，章末問題 5.2 から，$f(X, Y) = q(X, Y)(X - a) + r(Y)\,(q(X, Y) \in K[X, Y],\ r(Y) \in K[Y])$ と表せることが分かる．次に，$r(Y) \in K[Y]$ を $Y - b$ で割ると，定理 4.29 から $r(Y) = s(Y)(Y - b) + t\,(s(Y) \in K[Y], t \in K)$ と表せる．よって，$f(X, Y) = q(X, Y)(X - a) + s(Y)(Y - b) + t$ となる．$f(X, Y) \in \mathrm{Ker}\,\varphi$ なので，X に a を Y に b を代入して，$t = 0$ を得る．よって，$f(X, Y) \in (X - a, Y - b)$ が分かる．(c) $K[X, Y]/(X - a, Y - b) \cong K$ で K は体であるから，$(X - a, Y - b)$ は $K[X, Y]$

の極大イデアルである.

問 5.4 (b) $\mathrm{Ker}\,\varphi = (X^3 - Y^2)$ は以下のようにすれば分かる. $\supseteq$ はよい. $f(X,Y) \in$ $\mathrm{Ker}\,\varphi$ を任意にとる. $f(X,Y) \in K[X,Y]$ を $K[X,Y] = (K[Y])[X]$ とみて, $X^3 -$ Y^2 で割ると, 章末問題 5.2 から, $f(X,Y) = q(X,Y)(X^3 - Y^2) + r_2(Y)X^2 +$ $r_1(Y)X + r_0(Y)$ $(r_i(Y) \in K[Y])$ と表せることが分かる. $f(X,Y) \in \mathrm{Ker}\,\varphi$ なので, X に T^2 を Y に T^3 を代入して, $r_2(T^3)T^4 + r_1(T^3)T^2 + r_0(T^3) = 0$ を得る. ここで, $r_2(T^3)T^4, r_1(T^3)T^2, r_0(T^3)$ はそれぞれ $\sum_k c_{3k+1}T^{3k+1}, \sum_k c_{3k+2}T^{3k+2}, \sum_k c_{3k}T^{3k}$ の 形をしているので, $r_2(T^3)T^4 = 0$, $r_1(T^3)T^2 = 0$, $r_0(T^3) = 0$ が成り立つ. よって, $r_2(Y) = 0$, $r_1(Y) = 0$, $r_0(Y) = 0$ となり, $f(X,Y) = q(X,Y)(X^3 - Y^2)$ になっ て, $f(X,Y) \in (X^3 - Y^2)$ が分かる. (d) $K[X,Y]/(X^3 - Y^2) \cong B$ で B は整域で あるから, $(X^3 - Y^2)$ は $K[X,Y]$ の素イデアルである. (e) $\psi : K[X,Y] \to K$ を $\psi(f(X,Y)) = f(a,b)$ で定めると, 章末問題 5.3 から $\mathrm{Ker}\,\psi = (X - a, Y - b)$ である. したがって, $(X^3 - Y^2) \subseteq (X - a, Y - b)$ と $a^3 - b^2 = 0$ が同値になる.

問 5.5 $I_1 + (I_2 \cdots I_n) = A$ が成り立つことを示す. 任意の $j \geqq 2$ に対して, $I_1 +$ $I_j = A$ なので, $a_j \in I_1$, $b_j \in I_j$ で, $a_j + b_j = 1$ となるものが存在する. このと き, $1 = (a_2 + b_2) \cdots (a_n + b_n)$ となる. 右辺を展開すると, $b_2 \cdots b_n$ 以外の項には, $a_2, \ldots, a_n$ の少なくとも 1 つが現れる. よって, $b_2 \cdots b_n$ 以外の項を足し合わせたもの を a とおくと, $a \in I_1$ である. よって, $1 = a + (b_2 \cdots b_n)$ となる. $a \in I_1$, $b_2 \cdots b_n \in$ $I_2 \cdots I_n$ であるから, $I_1 + (I_2 \cdots I_n) = A$ を得る. このとき, 定理 5.39 と n について の帰納法で, $I_1 I_2 \cdots I_n = I_1 \cap (I_2 \cdots I_n) = I_1 \cap I_2 \cap \cdots \cap I_n$ が成り立つ.

$\varphi : A \to A/I_1 \times \cdots \times A/I_n$ を, a に $(a + I_1, \ldots, a + I_n)$ を対応させる環の準同型 写像とする. $\mathrm{Ker}(\varphi) = I_1 \cap \cdots \cap I_n = I_1 \cdots I_n$ である. φ は全射であることを示そう. $(y_1 + I_1, y_2 + I_2, \cdots, y_n + J)$ を $A/I_1 \times A/I_2 \times \cdots \times A/I_n$ の任意の元とする. n に ついての帰納法で, $z \in A$ で $(z + I_2, \ldots, z + I_n) = (y_2 + I_2, \ldots, y_n + I_n)$ となるもの が存在する. さらに, 定理 5.39 から, $x \in A$ で $(x + I_1, x + I_2 \cdots I_n) = (y_1 + I_1, z +$ $I_2 \cdots I_n)$ となるものが存在する. このとき, 任意の $j = 2, \ldots, n$ に対して, $x - z \in$ $I_2 \cdots I_n \subseteq I_j$ だから, $x + I_j = z + I_j$ が成り立つ. $\varphi(x) = (y_1 + I_1, y_2 + I_2, \cdots, y_n +$ $I_n)$ なので, φ は全射である. φ に環の準同型定理を適用して, 環の同型 $A/I_1 \cdots I_n \cong$ $A/I_1 \times \cdots \times A/I_n$ を得る.

問 5.6 (a) ヒントのように，$a = q'(bc) + r'$ $(r' = 0$ または $d(r') < d(bc) = \tilde{d}(b))$ と表す．$\tilde{d}(r') \leqq d(r')$ であることに注意して，$q = q'c, r = r'$ とおけば，$a = qb + r'$ $(r = 0$ または $\tilde{d}(r) < \tilde{d}(b))$ となる．(b) $\tilde{d}(ab) = d(abc)$ となる $c \in A \setminus \{0\}$ をとれば，$\tilde{d}(a) \leqq d(abc) = \tilde{d}(ab)$ である．

問 5.7 (a) フェルマーの小定理より，任意の $a \in \mathbb{F}_p^\times$ に対して，$a^{p-1} = a$ だから，$X^{p-1} - 1$ の根は $\{a \mid a \in \mathbb{F}_p^\times\}$ となる．(b) $\mathbb{F}_p^\times = \{[1], \ldots, [p-1]\}$ なので，(a) の式から，$[(p-1)!] = [-1]$ となる．よって，$(p-1)! \equiv -1 \pmod{p}$ である．

問 5.8 (a) $(p-1)! = 4k \cdots (2k+1)(2k) \cdots 1 = (-1) \cdots (-2k)(2k) \cdots 1 = (-1)^{2k}(2k!)^2 = x^2$ である．章末問題 5.6(b) より $(p-1)! \equiv -1 \pmod{p}$ であるから，$x^2 \equiv -1 \pmod{p}$ となる．(b) (a) より $(x + \sqrt{-1})(x - \sqrt{-1}) = x^2 + 1 = pa$ $(a \in \mathbb{Z})$ と表される．$\mathbb{Z}[\sqrt{-1}]$ はユークリッド整域なので，特に素元分解整域である．もし p が $\mathbb{Z}[\sqrt{-1}]$ の素元とすると，$x + \sqrt{-1}$ か $x - \sqrt{-1}$ のどちらかは p を因子にもつが，$x/p \pm \sqrt{-1}/p$ は $\mathbb{Z}[\sqrt{-1}]$ の元はないので矛盾である．よって，p は $\mathbb{Z}[\sqrt{-1}]$ の素元ではない．(c) $p = \alpha\beta$ より，$p^2 = d(p) = d(\alpha)d(\beta)$ となる．ここで，$d(\alpha), d(\beta)$ は正の整数で，また α, β は単元でないので $d(\alpha) \neq 1, d(\beta) \neq 1$ である．よって，$d(\alpha) = d(\beta) = p$ となる．(d) (c) で $\alpha = a + b\sqrt{-1}$ $(a, b \in \mathbb{Z})$ とおけば，$p = d(\alpha) = a^2 + b^2$ となる．

問 5.9 複素平面 $\mathbb{C}$ で，任意の $m, n \in \mathbb{Z}$ に対して，$m + n\sqrt{-2}$ を中心に半径 1 の開円板を描くと，これらは $\mathbb{C}$ 全体を覆う．よって，例 5.44 と同様にして，$\mathbb{Z}[\sqrt{-2}]$ がユークリッド整域であることが分かる．

問 5.10 $\mathbb{Z}[\sqrt{-2}]$ において，$m^3 = (n + \sqrt{-2})(n - \sqrt{-2})$ と表せる．$\mathbb{Z}[\sqrt{-2}]$ はユークリッド整域であるので，特に素元分解整域である．もし m が偶数とすると $m^3 + 2$ は 4 で割った余りが 2 で，n^2 は 4 で割った余りが 0 となり矛盾する．よって，m は奇数である．これから，$(n + \sqrt{-2})$ と $(n - \sqrt{-2})$ は共通の素元を因子にもたないことが分かる．$(\mathbb{Z}[\sqrt{-2}])^\times = \{1, -1\}$ を使うと，$\alpha = a + b\sqrt{-2} \in \mathbb{Z}[\sqrt{-2}]$ $(a, b \in \mathbb{Z})$ で，$\alpha^3 = n + \sqrt{-2}$ となるものが存在することが分かる．$\alpha^3 = n + \sqrt{-2}$ の両辺の虚部を比べて，$1 = (3a^2 - 2b^2)b$ となり，$b = 1, a = \pm 1$ となる．$\alpha^3 = n + \sqrt{-2}$ の実部を比べて，$n = \pm 5$ を得る．このとき，$m = 3$ である．よって，$m^3 = n^2 + 2$ をみたす整数の組 (m, n) は，$(3, 5)$ と $(3, -5)$ である．

問 5.11 A のイデアル I_n を $I_n = (X, XY, \ldots, XY^n)$ とおくと, $XY^{n+1} \notin I_n$ である. よって, $I_0 \subsetneq I_1 \subsetneq \cdots \subsetneq I_n \subsetneq I_{n+1} \subsetneq \cdots$ となるので, A はネーター環ではない.

問 6.1 (a) $\alpha\gamma_j = \sum_{i=1}^{n} a_{ij}\gamma_j$ $(a_{ij} \in \mathbb{Q})$ とおける. a_{ij} を (i,j) 成分とする n 次正方行列を A とおく. また, $\gamma = {}^t(\gamma_1, \ldots, \gamma_n) \in \mathbb{C}^n$ とおく. このとき, $(\alpha E_n - A)\gamma = 0$ となる. 複素行列の等式とみて, $\gamma \neq 0$ より, $\det(\alpha E_n - A) = 0$ となる. $\det(\alpha E_n - A)$ を展開することにより, $f(\alpha) = 0$ となる n 次式 $f(X) \in \mathbb{Q}[X]$ の存在が分かる.

(b) $f(\alpha) = 0$ より, 任意の $N \geqq n$ に対して, α^N は α の有理数係数の $(n-1)$ 次以下の式で表せる. 同様に, 任意の $M \geqq m$ に対して, β^M は β の有理数係数の $(m-1)$ 次以下の式で表せる. また, $g(X) = b_m X^m + \cdots + b_0$ とおくと, $\beta \neq 0$ のときは $b_0 \neq 0$ である. $\beta^{-1} = -b_0^{-1}(b_1 + \cdots + b_m\beta^{m-1})$ なので, β^{-1} も β の有理数係数の $(m-1)$ 次以下の式で表せる. このことから, (a) を用いることができる.

問 6.2 $\alpha = \cos 1°, \beta = \sin 1°$ とおく. $(\alpha + \sqrt{-1}\beta)^{360} = 1$ より, $\alpha + \sqrt{-1}\beta$ は代数的数である. 同様に, $\alpha - \sqrt{-1}\beta$ も代数的数である. $\sqrt{-1}$ も代数的数であることに注意して, 章末問題 6.2 より, α, β はともに代数的数である. ふたたび章末問題 6.2 より, $\tan 1° = \beta/\alpha$ も代数的数である.

問 6.3 (a) $p(X) = X^4 - 10X + 1 \in \mathbb{Q}[X]$ とおくと, $p(\sqrt{2} + \sqrt{3}) = 0$ となる. $\alpha = \sqrt{2} + \sqrt{3}, \beta = \sqrt{2} - \sqrt{3}, \gamma = -\sqrt{2} + \sqrt{3}, \delta = -\sqrt{2} - \sqrt{3}$ とおく. $p(X)$ が $\mathbb{Q}[X]$ の既約多項式でないとすると, $p(X)$ は $\mathbb{Q}[X]$ の 1 次式と 3 次式の積か, 2 次式と 2 次式の積に分解されるが, $p(X)$ の $\mathbb{C}$ における根が $\alpha, \beta, \delta, \gamma$ であることを使うと, このような分解ができないことが分かる. よって, $p(X)$ が α の $\mathbb{Q}$ 上の最小多項式である.

(c) $(\alpha - \alpha^{-1})/2 = \sqrt{2}, (\alpha + \alpha^{-1})/2 = \sqrt{3}$ より, $\mathbb{Q}(\sqrt{2}, \sqrt{3}) \subseteq \mathbb{Q}(\sqrt{2} + \sqrt{3})$ である. (a) より $[\mathbb{Q}(\sqrt{2} + \sqrt{3}) : \mathbb{Q}] = 4$, (b) より $[\mathbb{Q}(\sqrt{2}, \sqrt{3}) : \mathbb{Q}] = 4$ となるので, $\mathbb{Q}(\sqrt{2}, \sqrt{3}) = \mathbb{Q}(\sqrt{2} + \sqrt{3})$ となる.

索引

あ 行

アーベル Niels Abel (1802–1829)······ 30

アイゼンシュタイン Gotthold Eisenstein (1823–1852)······ 154

アイゼンシュタインの既約性判定法 Eisenstein's irreducibility criterion······ 154

余りのある割り算 division with remainder

$\mathbb{Z}$ における——······ 138

$K[X]$ における——······ 143

アルファベット alphabet······ 226

暗号

共通鍵—— private key cryptography······ 218

公開鍵—— public key cryptography······ 217

安定部分群 stabilizer······ 102

位数 order

群の——······ 35

元の——······ 35

一意分解整域 unique factorization domain, UFD ······ 186

一般線形群 general linear group······ 40

イデアル ideal······ 135

——の積 product of ideals······ 177

——の和 sum of ideals······ 177

極大—— maximal ideal······ 172

素—— prime ideal······ 172

単項—— principal ideal······ 136

有限生成—— finitely generated ideal······ 136

両側—— two-sided ideal······ 135

ウィルソンの定理 Wilson's theorem······ 197

運動群 group of motions······ 212

エルミート Charles Hermite (1822–1901)······ 203

演算 operation······ 8

2 項—— binary operation······ 8

か 行

ガウス Carl Friedrich Gauss (1777–1855)······ 154

ガウスの補題 Gauss's lemma······ 154

ガウスの整数環 ring of Gaussian integers······ 182

可解群 solvable group······ 82

可換 commutative······ 11

可逆元 invertible element······ 169

核 kernel

環の準同型写像の——······ 164

群の準同型写像の——······ 74

拡大次数 degree of field extension······ 200

加群 A-module······ 147

左 A—— left A-module······ 148

右 A—— right A-module······ 148

壁紙群 wallpaper group······ 214

加法······ 36

ガロア Évariste Galois (1811–1832)······ 206

ガロア拡大 Galois extension······ 206

環 ring······ 129

剰余—— residue class ring······ 160

零—— zero ring······ 129

単位元をもつ可換—— commutative ring with the identity······ 128

部分—— subring······ 156

関係 relation······ 15

同値—— equivalence relation······ 14

2 項—— binary relation······ 15

完全代表系 complete system of representatives ······ 19

カンドル quandle······ 125

共役—— conjugation quandle······ 125

簡約則 cancellation law

群の——······ 33

整域の——······ 171

軌道 orbit······ 99

軌道分解 orbit partition······ 101

記法

前置—— prefix notation······ 8

中置 infix notation…… 8
既約元 irreducible element…… 184
既約多項式 irreducible polynomial…… 144
共通部分 intersection…… 2
共役 conjugation…… 111
共役である conjugate…… 111
共役類 conjugacy class…… 111
クライン Felix Klein (1849–1925)…… 45, 80
クラインの 4 元群 Klein 4-group…… 45
グレブナー Wolfgang Gröbner (1899–1980)……
    150
群 group…… 29
  アーベル— abelian group…… 30
  可換— commutative group…… 30
  自明な部分— trivial…… 51
  自明な— trivial group…… 37
  商— quotient group, factor group…… 66
  剰余— residue class group…… 66
  真の部分— proper subgroup…… 51
  正規部分— normal group…… 57
  部分— subgroup…… 50, 52
  無限— infinite group…… 35
  有限— finite group…… 35
クンマー Ernst Kummer (1810–1893)…… 135
係数 coefficient…… 132
結合則 associative law…… 9
結晶群 crystallographic group…… 214
元 element…… 1
交換則 commutative law…… 11
交代群 alternating group…… 44
コーシー Augustin Louis Cauchy (1789–1857)
    …… 117
コーシーの定理 Cauchy's theorem…… 117
コーシー–フロベニウスの補題 Cauchy–Frobenius
    lemma…… 105
互換 transposition…… 42
固定部分群 stabilizer…… 102

さ 行

最小多項式 minimal polynomial…… 202

最大公約数 greatest common divisor…… vii
差集合 set difference…… 2
作用 action…… 98
次元 dimension…… 230
4 元数群 quaternion group…… 126
4 元数体 quaternion…… 153
自己同型群 automorphism group…… 124
  内部— inner automorphism group…… 124
指数 index…… 61
次数 degree…… 132
指数法則 law of exponents…… 34
実数体 field of real numbers…… 131
実直交行列 orthogonal matrix…… 40, 210
写像 map, mapping…… 4
  逆— inverse…… 6
  合成— composite…… 5
  恒等— identity map…… 5
  —が等しい equal…… 5
終域 target…… 5
自由群 free group…… 82
集合
  空— empty set…… 1
  真の部分— proper subset…… 2
  部分— subset…… 2
  無限— infinite set…… 2
  有限— finite set…… 2
巡回群 cyclic group…… 55
準同型写像 homomorphism
  環の— ring homomorphism…… 163
  群の— group homomorphism…… 68
商集合 quotient…… 14
乗積表 multiplication table…… 70
乗法 multiplication…… 30
シロー Ludwig Sylow (1832–1918)…… 121
シローの定理 Sylow's theorems…… 121
推移的 transitive…… 101
推移律 transitive law…… 16
整域 integral domain…… 171
生成される generated
  環が—…… 158
  部分群が—…… 53

積 prouduct…… 30

全射 surjection…… 6

選択公理 axiom of choice…… 19

全単射 bijection…… 6

像 image
    環の準同型写像の—…… 164
    群の準同型写像の—…… 74
    元の—…… 5
    部分集合の—…… 5

素元 prime element…… 184

素元分解整域 unique factorization domain, UFD
    …… 186

素数 prime number…… 142

た 行

体 field…… 130
    拡大— extension field…… 199
    斜体 skew field…… 131
    単拡大— simple extension field…… 204
    部分— subfield…… 199
    無限次拡大— infinite extension field…… 200
    有限次拡大— finite extension field…… 200

対応定理 correspondence theorem
    イデアルの—…… 167
    部分群の—…… 86

対称群 symmetric group…… 42

対称律 symmetric law…… 16

代数的 algebraic…… 202

代数的数 algebraic number…… 203

代表元 representative…… 19, 59

互いに素 relatively prime…… vii

多項式環
    1 変数— polynomial ring in one variable over
    A…… 132
    n 変数— polynomial ring in n variables over
    A…… 133

単位元 identity element…… 11

単元 unit…… 169

単項イデアル整域 principal ideal domain, PID
    …… 183

単射 injection…… 6

置換 permutation…… 40, 46
    奇— odd permutation…… 44
    逆— inverse…… 42
    偶— even permutation…… 44
    恒等— identity permutation…… 41
    巡回— cyclic permutation…… 42
    —群 permutaion group…… 46

中国剰余定理 Chinese remainder theorem……
    90, 92

忠実 faithful…… 123

中心 center…… 112

中心化群 centralizer…… 111

超越数 transcendental number…… 203

超越的 transcendental…… 202

直積 direct product
    環の—…… 177
    群の—…… 88
    集合の—…… 3

直和 direct sum…… 3

直交群 orthogonal group…… 40, 211

定義域 domain…… 5

定数 constant…… 144

デデキント Richard Dedekind (1831–1916)……
    135

点群 point group…… 214

同型 isomorphic
    環が—…… 163
    群が—…… 70

同型写像 isomorphism
    環の— ring isomorphism…… 163
    群の— group isomorphism…… 70

同型定理
    第 1— first isomorphism theorem…… 80
    第 3— third isomorphism theorem…… 85
    第 2— second isomorphism theorem…… 85

同値関係 equivalence relation…… 16

等方部分群 isotropy group…… 102

特殊線形群 special linear group…… 40

トロピカル代数 tropical algebra…… 25

な 行

長さ length…… 42
永田雅宜 (1927–2008)…… 194
2 面体群 dihedral group…… 48
ネーター Emmy Noether (1882–1935)…… 80, 191
ネーター環 Noetherian ring…… 191

は 行

バーンサイドの補題 Burnside lemma…… 105
倍数 multiple…… vii
ハミルトン William Rowan Hamilton (1805–1865)…… 153
ハミング距離 Hamming distance…… 226
パラメータ parameter…… 227
反射律 reflexive law…… 16
非交和 disjoint union…… 3
左完全代表系 complete system of left coset representatives…… 60
左剰余類 left coset…… 59
標数 characteristic…… 135
ヒルベルト David Hilbert (1862–1943)…… 193
ヒルベルトの基底定理 Hilbert's basis theorem…… 193
ピンポン補題 ping-pong lemma…… 126
ブール George Boole (1815–1864)…… 24
ブール演算 Boolean operation…… 24
フェルマーの小定理 Fermat's little theorem…… 62
複素数体 field of complex numbers…… 131
符号 code…… 227
　誤り訂正— error-correcting code…… 227
　線形— linear code…… 230
　—語 code word…… 227
　—長 block length…… 227
符号 signum…… 44
べき零群 nilpotent group…… 82
べき零元 nilpotent element…… 169
法 modulo…… vii

ま 行

右完全代表系 complete system of right coset representatives…… 63
右剰余類 right coset…… 63
矛盾なく定義されている well-defined…… 5

や 行

約数 divisor…… vii
ヤング図形 Young diagram…… 116
ユークリッド群 Euclidean group…… 212
ユークリッド整域 Euclidean domain…… 181
ユークリッドの互除法 Euclidean algorithm…… 140
有限アーベル群の基本定理 fundamental theorem of finite abelian groups …… 95
有理数体 field of rational numbers…… 131

ら 行

ラグランジュの定理 Lagrange's theorem…… 61
隣接互換 adjacent transposition…… 83
リンデマン Ferdinand von Lindemann (1852–1939)…… 203
類等式 class equation…… 113
零因子 zero divisor…… 169
論理積 conjunction…… 24
論理和 disjunction…… 24

わ 行

和集合 union…… 2

川口 周 (かわぐち・しゅう)

1999 年，京都大学大学院理学研究科博士後期課程修了．博士（理学）．
京都大学大学院理学研究科助手・助教，大阪大学大学院理学研究科准教授，
京都大学大学院理学研究科准教授を経て，
2015 年より同志社大学理工学部教授．
専門は代数幾何学．
著書に『モーデル–ファルティングスの定理』（共著，サイエンス社）がある．

N B S
Nippyo
Basic Series
　日本評論社ベーシック・シリーズ＝NBS

代数学入門 ──先につながる群，環，体の入門
（だいすうがくにゅうもん ──さきにつながるぐん，かん，たいのにゅうもん）

2017 年 9 月 25 日　第 1 版第 1 刷発行
2023 年 12 月 15 日　第 1 版第 3 刷発行

著　者────川口　周
発行所────株式会社 日本評論社
　　　　　　〒170-8474 東京都豊島区南大塚 3-12-4
電　話────(03) 3987-8621 (販売) (03) 3987-8599 (編集)
印　刷────三美印刷
製　本────井上製本所
挿　画────オビカカズミ
装　幀────図工ファイブ

ⓒ Shu Kawaguchi 2017　　　　　　　ISBN 978-4-535-80635-1

JCOPY 〈(社)出版者著作権管理機構 委託出版物〉本書の無断複写は著作権法上での例外を除き禁じられています．複
写される場合は，そのつど事前に，(社)出版者著作権管理機構（電話 03-5244-5088, FAX 03-5244-5089, e-mail:
info@jcopy.or.jp）の許諾を得てください．また，本書を代行業者等の第三者に依頼してスキャニング等の行為によりデ
ジタル化することは，個人の家庭内の利用であっても，一切認められておりません．

日評ベーシック・シリーズ

大学で始まる「学問の世界」.
講義や自らの学習のためのサポート役として基礎力を身につけ,
思考力,創造力を養うために随所に創意工夫がなされたテキストシリーズ.

大学数学への誘い　佐久間一浩＋小畑久美[著]

高校数学の復習から始まり,大学数学の入口へ自然と導いてくれる教科書.演習問題はレベルが3段階設定され,理解度がわかるよう工夫を凝らした.　　　　　　◆定価2,200円（税込）

線形代数──行列と数ベクトル空間　竹山美宏[著]

連立方程式や正方行列など,概念の意味がわかるように解説.証明をていねいに噛み砕いて書き,議論が見通しやすくなるよう配慮した.　　　　　　　　　　◆定価2,530円（税込）

微分積分──1変数と2変数　川平友規[著]

例題や証明が省略せずていねいに書かれ,自習書として使いやすい.直観的かつ定量的な意味づけを徹底するよう記述を心がけた.　　　　　　　　　　　◆定価2,530円（税込）

常微分方程式　井ノ口順一[著]

生物学・化学・物理学からの例を通して,常微分方程式の解き方を説明.理工学系の諸分野で必須となる内容を重点的にとりあげた.　　　　　　　　　　◆定価2,420円（税込）

複素解析　宮地秀樹[著]

留数定理および,その応用の習得が主な目的の複素解析の教科書.例や例題の解説に十分なページを割き,自習書としても使いやすい.　　　　　　　　　◆定価2,530円（税込）

集合と位相　小森洋平[著]

大学で最初に学ぶ,集合と位相の入門的テキスト.手を動かしながら取り組むことで,抽象的な考え方が身につくよう配慮した.　　　　　　　　　　◆定価2,310円（税込）

ベクトル空間　竹山美宏[著]

ベクトル空間の定義から,ジョルダン標準形,双対空間までを解説.多彩な例と演習問題を通して抽象的な議論をじっくり学ぶ.　　　　　　　　　　◆定価2,530円（税込）

曲面とベクトル解析　小林真平[著]

理工系で学ぶ「曲線・曲面」と「ベクトル解析」について,両者の関連性に着目しつつ解説.微分形式の具体例と応用にも触れる.　　　　　　　　　◆定価2,530円（税込）

代数学入門──先につながる群,環,体の入門　川口周[著]

大学で学ぶ代数学の入り口である群・環・体の基礎を理解し,つながりを俯瞰的に眺められる一冊.抽象的な概念も丁寧に解説した.　　　　　　　　◆定価2,530円（税込）

群論　榎本直也[著]

「群の集合への作用」を重点的に解説.多くの具体例を通じて,さまざまな興味深い現象を背後で統制する群について理解する.　　　　　　　　　◆定価2,530円（税込）

日本評論社
https://www.nippyo.co.jp/